目次

■ 成績アップのための学習メソッド　▶ 2 〜

■ 学習内容

ぴたトレ0（スタートアップ）　▶ 6 〜 11

※原則，ぴたトレ1は偶数，ぴたトレ2は奇数ページになります。

■ 定期テスト予想問題　▶ 126 〜 143

■ 解答集　▶ 別冊

[写真提供]

コーベット・フォトエージェンシー／シンコーフォト／ミラージュ

成績アップのための 学習メソッド

学習のはじめ

ぴたトレ0
スタートアップ

この学年の内容に関連した,これまでに習った内容を確認しよう。
学習のはじめにとり組んでみよう。

日常の学習

ぴたトレ1
要点チェック

教科書の用語や重要事項を
さらっとチェックしよう。
要点が整理されているよ。

ぴたトレ2
練習

問題演習をして,基本事項を身に
つけよう。ページの下の「ヒント」
や「ミスに注意」も参考にしよう。

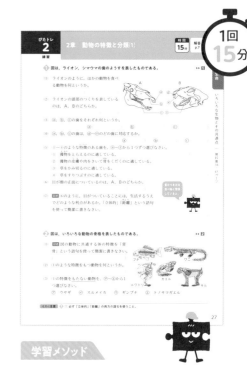

学習メソッド

「わかる」「簡単」と思った内容な
ら,「ぴたトレ2」から始めてもいい
よ。「ぴたトレ1」の右ページの「ぴ
たトレ2」で同じ範囲の問題をあつ
かっているよ。

学習メソッド

わからない内容やまちがえた内容
は,必要であれば「ぴたトレ1」に
戻って復習しよう。▶▶ ❶ のマークが
左ページの「ぴたトレ1」の関連す
る問題を示しているよ。

「学習メソッド」を使うとさらに効率的・効果的に勉強ができるよ！

ぴたトレ3
確認テスト

テスト形式で実力を確認しよう。まずは,目標の70点を目指そう。
「定期テスト予報」はテストでよく問われるポイントと対策が書いてあるよ。

1回 30分

学習メソッド

テスト前までに「ぴたトレ1〜3」のまちがえた問題を復習しておこう。

↓

テスト前

定期テスト予想問題

テスト前に広い範囲をまとめて復習しよう。
まずは,目標の70点を目指そう。

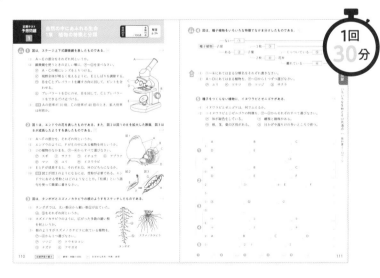

1回 30分

学習メソッド

さらに上を目指すキミは「点UP」にもとり組み,まちがえた問題は解説を見て,弱点をなくそう。

次のページへ続くよ

〔 **効率的・効果的に学習しよう!** 〕

✕ 同じまちがいをくり返さないために

まちがえた問題は,別冊解答の「考え方」を読んで,どこをまちがえたのか確認しよう。

 ### 効率的に 勉強するために

各ページの解答時間を目安にしてとり組もう。まちがえた問題のチェックボックスにチェックを入れて,後日復習しよう。

 ### 理科に特徴的な問題のポイントを押さえよう

[計算],[作図],[記述] の問題にはマークが付いているよ。何がポイントか意識して勉強しよう。

 ## 観点別に自分の学力をチェックしよう

学校の成績はおもに,「知識・技能」「思考・判断・表現」といった観点別の評価をもとにつけられているよ。
一般的には「知識」を問う問題が多いけど,テストの問題は,これらの観点をふまえて作られることが多いため,「ぴたトレ3」「定期テスト予想問題」でも「知識・技能」のうちの「技能」と「思考・判断・表現」の問題にマークを付けて表示しているよ。自分の得意・不得意を把握して成績アップにつなげよう。

 ## 付録も活用しよう

ぴたトレ minibook ✕ 赤シート 中学ぴたサポアプリ

持ち歩きしやすいミニブックに,理科の重要語句などをまとめているよ。スキマ時間やテスト前などに,サッとチェックができるよ。

スマホで一問一答の練習ができるよ。スキマ時間に活用しよう。

〔 勉強のやる気を上げる**4**つの工夫 〕

1 "ちょっと上"の目標をたてよう

ちょっと上に

頑張ったら達成できそうな,今より"ちょっと上"のレベルを目標にしよう。目指すところが決まると,そこに向けてやる気がわいてくるよ。

2 無理せず続けよう

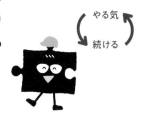

やる気
続ける

勉強を続けると,「続けたこと」が自信になって,次へのやる気につながるよ。「ぴたトレ理科」は1回分がとり組みやすい分量だよ。無理してイヤにならないよう,あまりにも忙しいときや疲れているときは休もう。

3 勉強する環境を整えよう

勉強するときは,スマホやゲームなどの気が散りやすいものは遠ざけておこう。

4 とりあえず勉強してみよう

やる気がイマイチなときも,とりあえず勉強を始めるとやる気が出てくるよ。
わからない問題にいつまでも時間をかけずに,解答と解説を読んで理解して,また後で復習しよう。「ぴたトレ理科」は細かく範囲が分かれているから,「できそう」「興味ありそう」な内容からとり組むのもいいかもね。

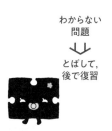

わからない
問題
↓
とばして,
後で復習

（　）と□□□にあてはまる語句を答えよう。

1章　生物のふえ方と成長　／　2章　遺伝の規則性と遺伝子　教科書 p.4〜27

【小学校5年】動物の誕生

□ メダカは，¹（　　　　　　　）（受精したたまご）の中で少しずつ変化して，
やがて子メダカが誕生する。

□ ヒトは，受精してから約38週間，母親の体内の²（　　　　　　　）で育ち，誕生する。

【中学校1年】いろいろな生物とその共通点

□ 胚珠が³（　　　　　　　）（めしべの根もとのふくらんだ部分）の
中にある植物を⁴（　　　　　　　）という。

□ おしべの⁵（　　　　　　）から出た花粉が
めしべの⁶（　　　　　　）につくことを受粉という。

□ ③は，受粉して成長すると，やがて⁷（　　　　　　）になる。
また，胚珠は，受粉して成長すると，
やがて⁸（　　　　　　）になる。

【中学校2年】生物の体のつくりとはたらき

□ 生物の体をつくる基本単位を⁹（　　　　　　）という。⑨には，核や細胞質などがある。

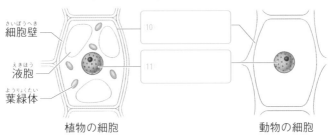

植物の細胞　　　　動物の細胞

3章　生物の種類の多様性と進化　教科書 p.28〜35

【中学校1年】いろいろな生物とその共通点

□ 植物は，被子植物，¹（　　　　　　），
シダ植物，²（　　　　　　）に
分類できる。

□ ヒトや鳥，魚など，背骨をもつ
動物を³（　　　　　　）という。

□ ③は，魚類，両生類，は虫類，鳥類，
哺乳類に分類できる。

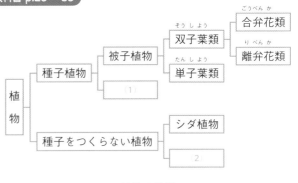

植物の分類

（　）にあてはまる語句を答えよう。

1章　地球から宇宙へ　教科書 p.48〜65

【小学校4年】月と星

□星によって，明るさや色にちがいが

① （　　　　　　）。星は，明るさによって，

1等星，2等星，3等星，…と分けられている。

□星の集まりをいろいろなものに見立てて，

名前をつけたものを ② （　　　　　　）という。

【小学校6年】月と太陽

□月はみずから光を出さず，③ （　　　　　　）の光を

受けてかがやいていて，月のかがやいている側に

③ がある。

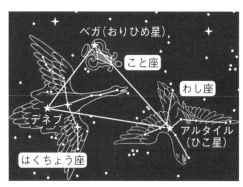

夏の大三角

2章　太陽と恒星の動き　教科書 p.66〜81

【小学校3年】太陽と地面のようす

□太陽は，時刻とともに，① （　　　　　　）から

南の空を通って ② （　　　　　　）へと動く。

【小学校4年】月と星

□時間がたつと，星が見える位置は変わるが，

星の並び方は ③ （　　　　　　）。

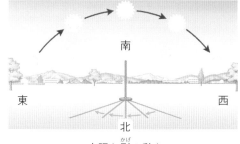

太陽と影の動き

3章　月と金星の動きと見え方　教科書 p.82〜91

【小学校4年】月と星

□月は，時刻とともに，① （　　　　　　）から

南の空を通って ② （　　　　　　）へと動く。

また，月の形はちがっても，動き方は

③ （　　　　　　）。

【小学校6年】月と太陽

□日によって，月の形が変わって見えるのは，

月と ④ （　　　　　　）の位置関係が変わるから

である。

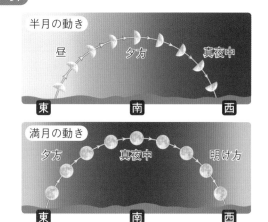

半月の動き
昼　夕方　真夜中
東　南　西

満月の動き
夕方　真夜中　明け方
東　南　西

月の動き

（　）にあてはまる語句を答えよう。

1章　水溶液とイオン　／　2章　電池とイオン　教科書 p.108〜141

【中学校2年】化学変化と原子・分子

□ もとの物質とは性質の異なる別の物質ができる変化を化学変化(化学反応)といい，化学変化でそれ以上分けることができない，物質をつくっている粒子を
① (　　　　　　　)という。①は，種類によって，その質量や大きさが決まっている。

□ 物質を構成する①の種類を元素という。元素はアルファベット1文字，または2文字の
② (　　　　　　　)で表される。

□ 物質の成り立ちを，②と数字などを用いて表した式を③ (　　　　　　　)という。

□ 化学変化を③で表したものを④ (　　　　　　　)という。

$$2H_2O \longrightarrow 2H_2 + O_2$$
水の電気分解を表す化学反応式

□ 1種類の物質が2種類以上の物質に分かれる化学変化を
⑤ (　　　　　　　)といい，電流を流すことによって
物質を⑤することを⑥ (　　　　　　　)という。

【中学校2年】電流とその利用

□ 電気には＋(正)と−(負)の2種類があり，⑦ (　　　　　　　)種類の電気の間には
引き合う力がはたらき，⑧ (　　　　　　　)種類の電気の間にはしりぞけ合う力がはたらく。

□ 電流のもとになる粒子を⑨ (　　　　　　　)という。⑨は−(負)の電気をもつ。

□ 電流は，電源の＋極から−極に流れる。このとき，⑨が移動する向きは電流の向きとは
⑩ (　　　　　　　)である。

3章　酸・アルカリと塩　教科書 p.142〜163

【小学校6年】水溶液の性質

□ 水溶液は，リトマス紙の色の変化によって，酸性，① (　　　　　　　)，アルカリ性の
3つに分けることができる。

　・酸性の水溶液は，② (　　　　　　　)のリトマス紙を③ (　　　　　　　)に変化させる。

　・①の水溶液は，青色，赤色のどちらのリトマス紙の色も変化させない。

　・アルカリ性の水溶液は，④ (　　　　　　　)のリトマス紙を⑤ (　　　　　　　)に変化させる。

酸性	変化なし	中性	変化なし	アルカリ性	青く変色
	赤く変色		変化なし		変化なし

リトマス紙に水溶液をつけたときの色の変化

( )にあてはまる語句を答えよう。

1章 力の合成と分解 ／ 2章 物体の運動
／ 3章 仕事とエネルギー 教科書 p.176〜220

【中学校1年】光・音・力による現象

□力には，次のようなはたらきがある。

①物体を変形させる。

②物体の動き(① ( )や向き)を変える。

③物体を支える。

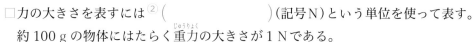

力の大きさ 作用点

作用線

力の向き

力の表し方

□力の大きさを表すには② ( )(記号N)という単位を使って表す。

約100 gの物体にはたらく重力（じゅうりょく）の大きさが1 Nである。

□物体に力がはたらく点を③ ( )という。

□力の大きさ，力の向き，③のことを④ ( )という。

□1つの物体に2つ以上の力がはたらいて，物体が静止しているとき，

物体にはたらく力はつり合っているという。

次の①〜③が 成り立つとき，2力はつり合う。

①2力の大きさは⑤ ( )。

②2力の向きは⑥ ( )である。

③2力は同一直線上にある。

(⑦ ( )が一致（いっち）する)。

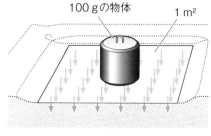

作用点

作用線

2力のつり合い

【中学校2年】地球の大気と天気の変化

□一定面積(1 m² など)あたりの面を垂直（すいちょく）に押（お）す

力の大きさを⑧ ( )という。

⑧は，次の式で求めることができる。

$$⑧〔Pa〕 = \frac{力の大きさ〔N〕}{力がはたらく面積〔m^2〕}$$

100 gの物体 1 m²

圧力

□⑧を表すには⑨ ( )(記号 Pa)，

またはニュートン毎平方メートル（まいへいほう）(記号 N/m²)

という単位を使って表す。

□大気（たいき）の重さ(大気にはたらく重力)によって生じた力による⑧を⑩ ( )という。

⑩は，あらゆる向きから物体の表面に垂直にはたらく。

□⑩を表すには⑪ ( )(記号 hPa)という単位を使って表す。

なお，1 hPa = 100 Pa = 100 N/m² である。⑩の大きさは，海面と同じ高さのところでは

約 1013 hPa であり，この大きさを1気圧という。

（　）にあてはまる語句を答えよう。

4章　多様なエネルギーとその移り変わり 教科書 p.221〜229

【中学校2年】化学変化と原子・分子

□物質が激しく熱や光を出しながら酸素と結びつく化学変化を ¹（　　　　　）という。

【中学校2年】電流とその利用

□電流がもつ，光や熱，音を発生させたり，物体を動かしたりする能力を
²（　　　　　　　　）という。

【小学校4年】金属，水，空気と温度

□金属は，熱せられた部分から順にあたたまっていく。

　一方，水や空気は，熱せられた部分が ³（　　　　　）へ動き，全体があたたまっていく。

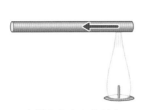

金属のあたたまり方

水のあたたまり方

5章　エネルギー資源とその利用 教科書 p.230〜239

【中学校2年】電流とその利用

□ ¹（　　　　　　）には，X線，α線，β線，γ線などがある。

　¹を出す物質を ²（　　　　　　）という。

　¹は，物質を透過する能力(透過力)がある。

【小学校6年】電気の利用

□電気製品は，電気を光や音，熱，運動などに変えて利用している。

　・豆電球，LED電球…電気を ³（　　　　）に変える。

　・電熱線…電気を ⁴（　　　　）に変える。

　・電子オルゴール，スピーカー…電気を ⁵（　　　　）に変える。

　・モーター…電気を ⁶（　　　　）に変える。

豆電球

モーター

（　）にあてはまる語句を答えよう。

1章　自然界のつり合い　教科書 p.252〜265

【小学校6年】生物と環境

□生物どうしの「食べる・食べられる」という関係によるひとつながりを
①（　　　　　　　）という。

□空気や水，土など，その生物をとり巻いているものを②（　　　　　　　）という。

【中学校2年】生物の体のつくりとはたらき

□細胞内で，酸素を使って栄養分を分解する
ことで生きるためのエネルギーをとり出し，
二酸化炭素を出すはたらきを
③（　　　　　　　）という。

□植物が光を受けて栄養分をつくり出す
はたらきを④（　　　　　　　）という。

④は，葉などの細胞の内部にある
⑤（　　　　　　　）で行われる。

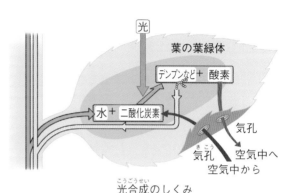

光合成のしくみ

2章　さまざまな物質の利用と人間　教科書 p.266〜274

【中学校1年】身のまわりの物質

□炭素をふくむ物質を①（　　　　　　　）という。また，①以外の物質を②（　　　　　　　）という。

□物質 1 cm³ あたり（単位体積あたり）の質量を③（　　　　　　　）という。

物質の③は，次の式で求めることができる。

$$物質の③〔g/cm^3〕＝\frac{物質の質量〔g〕}{物質の体積〔cm^3〕}$$

【中学校2年】電流とその利用

□金属のように，電気抵抗が小さく，電流が流れやすい物質を④（　　　　　　　）という。

また，ガラスやゴムのように，電気抵抗が非常に大きく，電流が流れにくい物質を
⑤（　　　　　　　）という。

【中学校2年】化学変化と原子・分子

□化学変化でそれ以上分けることができない，物質をつくっている粒子を⑥（　　　　　　　）という。

⑥の種類によって，質量や大きさは異なる。

□⑥が結びついてできる，物質の性質を示す最小の粒子を⑦（　　　　　　　）という。

⑦をつくる⑥の種類と数によって，物質の性質が決まる。

□1種類の元素からできている物質を⑧（　　　　　　　）という。

また，2種類以上の元素からできている物質を⑨（　　　　　　　）という。

1章　生物のふえ方と成長(1)

（　　）と□□□にあてはまる語句を答えよう。

1 無性生殖

教科書 p.5 〜 7　▶▶①

☐(1)　生物が自分と同じ種類の新しい個体をつくることを ①（　　　　　　　）という。

☐(2)　雌雄の親を必要とせず，親の体の一部が分かれて子になる生殖を ②（　　　　　　　）という。

☐(3)　植物で，体の一部から新しい個体をつくる無性生殖を ③（　　　　　　　）という。

2 動物の有性生殖

教科書 p.8 〜 9　▶▶②

☐(1)　雌雄の親がかかわって子をつくるような生殖を ①（　　　　　　　）という。

☐(2)　雌の卵巣では ②（　　　　　　　）が，雄の精巣では ③（　　　　　　　）がつくられる。

☐(3)　生殖のためにつくられる特別な細胞を ④（　　　　　　　）という。

☐(4)　精子の核と卵の核が合体することを ⑤（　　　　　　　）といい，できた新しい細胞を ⑥（　　　　　　　）という。

☐(5)　受精卵は細胞の数をふやして ⑦（　　　　　　　）になる。

☐(6)　受精卵が胚を経て成体になるまでの過程を ⑧（　　　　　　　）という。

☐(7)　図の ⑨ 〜 ⑫

⑨　　　　　⑩

雌　　　　　雄

⑪　　　　　⑫

3 植物の有性生殖

教科書 p.10 〜 11　▶▶③

☐(1)　被子植物では，花粉の中に雄の生殖細胞である ①（　　　　　　　）がつくられ，胚珠の中では雌の生殖細胞の ②（　　　　　　　）がつくられる。

☐(2)　花粉がめしべの柱頭につくと，③（　　　　　　　）が胚珠に向かってのび，その中を ④（　　　　　　　）が移動する。

☐(3)　花粉管が胚珠に達すると，精細胞の核と卵細胞の核が合体し，⑤（　　　　　　　）ができる。

☐(4)　図の ⑥ 〜 ⑧

⑥

⑦

⑧

子房　胚珠　種子　果実

要点
●動物では，雄の精子と雌の卵が受精して，受精卵ができる。
●被子植物は，花粉管の中の精細胞と胚珠の中の卵細胞が受精して受精卵ができる。

1章　生物のふえ方と成長(1)

時間 **15分**　解答 p.3

① A～Dの生物は，雌雄の親を必要としない生殖を行う。　▶▶ **1**

A　酵母　　B　アメーバ　　C　プラナリア　　D　オランダイチゴ

□(1)　雌雄の親を必要としない生殖を何というか。　　　　（　　　　　　　　　）

□(2)　A～Dのふえ方を，㋐～㋓から1つずつ選びなさい。

A（　　　　）　B（　　　　）　C（　　　　）　D（　　　　）

㋐　体が2つに分かれる。

㋑　みずから体を切断し，切り口から体が再生される。

㋒　地面をはうようにのびた茎の先端で葉や根が成長する。

㋓　体の一部から芽が出るようにふくらみ，それが分かれる。

どれも親の体の一部からできるんだね。

□(3)　記述 (1)で生まれた子の特徴は，親と比べてどうなっているか。

（　　　　　　　　　　　　　　　　　　　　　　　）

② 図は，ヒキガエルの受精卵の育つようすを表したものである。　▶▶ **2**

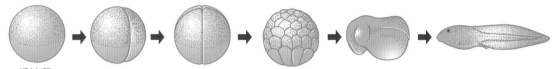

受精卵

□(1)　受精卵について述べた次の文の（　）にあてはまる語句を答えなさい。

動物の場合，雌の生殖細胞である①（　　　　　　　　　）の核と雄の生殖細胞である

②（　　　　　　　　　）の核が合体して受精卵になる。

□(2)　動物の場合，受精卵が細胞の数をふやしはじめてから，自分で食べ物をとりはじめる前までを何というか。　　　　　　　　　　（　　　　　　　　　）

③ 図1は，被子植物の花のつくり，図2は花粉からのびた管が胚珠に達したようすを模式的に表したものである。　▶▶ **3**

□(1)　花粉がめしべの柱頭につくことを何というか。

（　　　　　　　　　）

□(2)　めしべの柱頭についた花粉が胚珠に向かってのばす管を何というか。　（　　　　　　　　　）

□(3)　X，Yは生殖細胞である。その名前を書きなさい。

X（　　　　　　　）　Y（　　　　　　　）

□(4)　Xの核とYの核が合体することを何というか。

（　　　　　　　　　）

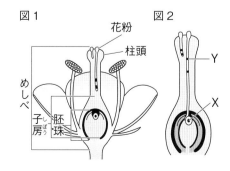

図1　花粉　柱頭　めしべ　子房　胚珠

図2　Y　X

ヒント　**①** (2)酵母とアメーバは単細胞（たんさいぼう）生物である。

13

（　）と□にあてはまる語句を答えよう。

1 体が成長するときの細胞分裂

教科書 p.12～15　▶▶

- (1)　1つの細胞が2つに分かれることを $^{(1)}$（　　　　　　　）といい，このときに細胞内に見られるひものようなものを $^{(2)}$（　　　　　　　）という。

- (2)　植物では，細胞分裂は，おもに根や茎の先端近くでさかんに行われている。その部分を，^{3}（　　　　　　　）という。

- (3)　多細胞生物の細胞には，子孫を残すためにつくられる ^{4}（　　　　　　　）と，体をつくっている ^{5}（　　　　　　　）がある。

- (4)　体細胞の数をふやす細胞分裂を，^{6}（　　　　　　　）という。

- (5)　図の 7～11

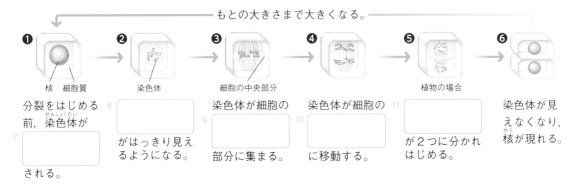

もとの大きさまで大きくなる。

① 核　細胞質

分裂をはじめる前，染色体が ^{7} ［　　　　］される。

② 染色体

^{8} ［　　　　］がはっきり見えるようになる。

③ 細胞の中央部分

染色体が細胞の ^{9} ［　　　　］部分に集まる。

④

染色体が細胞の ^{10} ［　　　　］に移動する。

⑤ 植物の場合

^{11} ［　　　　］が2つに分かれはじめる。

⑥

染色体が見えなくなり，核が現れる。

2 生殖細胞がつくられるときの細胞分裂

教科書 p.16　▶▶

- (1)　生殖細胞がつくられるときの細胞分裂は，染色体の数がもとの細胞の半分になる。このような分裂を ^{1}（　　　　　　　）という。

- (2)　染色体の数が半分になった卵(卵細胞)と精子(精細胞)の ^{2}（　　　　　　　）によって，子の細胞は親と ^{3}（　　　　　　　）数の染色体をもつ。

- (3)　図の 4～6

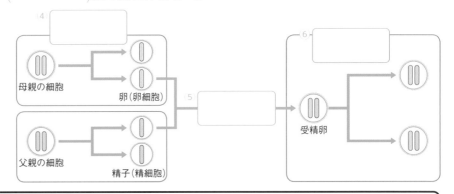

^{4} ［　　　　］

母親の細胞　　卵(卵細胞)

^{5} ［　　　　］

父親の細胞　　精子(精細胞)

^{6} ［　　　　］

受精卵

要点
- ●細胞分裂には，体細胞をつくる体細胞分裂と生殖細胞をつくる減数分裂がある。
- ●染色体の数は，減数分裂によって半分になり，受精によって親と同じ数になる。

1 図のような手順で，細胞分裂のようすを顕微鏡で観察した。 ▶▶ **1**

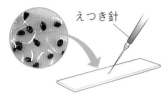 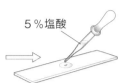  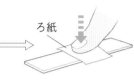

❶発芽したタマネギの根の先端を切りとり，えつき針で細かくくずす。

❷5％塩酸を1滴落とし，3〜5分間待ち，ろ紙で塩酸を吸いとる。

❸酢酸オルセイン溶液を1滴落とし，5分間待ち，カバーガラスをかける。

❹ろ紙でおおい，指でゆっくりと根を押しつぶす。

☐(1) ❷の5％塩酸のはたらきを，㋐〜㋒から1つ選びなさい。 (　　　　)
　　　㋐　核や染色体を染める。　　㋑　細胞を離れやすくする。
　　　㋒　細胞を生きていた状態で固定する。

☐(2) 記述 ❹の下線部の操作を行う理由を，「細胞」という語句を使って簡潔に書きなさい。
　　　(　　　　　　　　　　　　　　　　　　　　　　　　　　　　　)

☐(3) 図は，このとき観察された細胞の模式図である。

A B C D E F ←X

　　① F などに見られるひものようなものXを何というか。 (　　　　)
　　② Aをはじめにして，細胞分裂が進む順にB〜Fを並べなさい。

　　　A→(　　　)→(　　　)→(　　　)→(　　　)→(　　　)

2 図は，親から子へ染色体が伝わるようすを表したものである。 ▶▶ **2**

☐(1) Aは，生殖細胞がつくられるときの細胞分裂である。この分裂を何というか。 (　　　　)

☐(2) Bは，雌雄の生殖細胞の核が合体して1つの細胞になることを表している。これを何というか。
　　　(　　　　　　　)

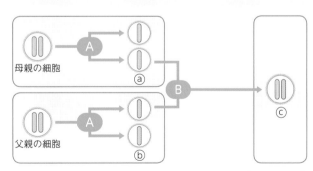

☐(3) ⓐ〜ⓒの細胞の染色体の数の関係はどうなるか。㋐〜㋖から1つ選びなさい。 (　　　)
　　㋐　ⓐ＞ⓑ＞ⓒ　　　㋑　ⓐ＝ⓑ＝ⓒ　　　㋒　ⓐ＜ⓑ＜ⓒ　　　㋓　ⓐ＝ⓑ＜ⓒ
　　㋔　ⓐ＞ⓑ＝ⓒ　　　㋕　ⓐ＝ⓑ＞ⓒ　　　㋖　ⓐ＜ⓑ＝ⓒ

ミスに注意 **1** (2)理由を問われているので，文末は「〜から。」や「〜ため。」とする。

ヒント **2** (3)図から，染色体の数を読みとればよい。

1章　生物のふえ方と成長

時間 30分　／100点　合格 70点　解答 p.3

① 図1は，ヒキガエルの受精のようすを表したものである。　　　　　38点

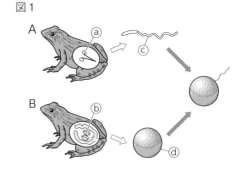

図1

- □(1) 雄は，A，Bのどちらか。
- □(2) ⓒやⓓのように，子孫を残すためにつくられる特別な細胞を何というか。
- □(3) 雄と雌がかかわって子ができるふえ方を何というか。
- □(4) 受精卵が胚を経て，成体になるまでの過程を何というか。
- □(5) ⓐ，ⓑでそれぞれⓒ，ⓓがつくられる。ⓐ〜ⓓはそれぞれ何を表しているか。

- □(6) 記述 受精卵(図2のⓐ)は数時間たつと，ⓘのように変化した。このとき，細胞の数はふえているが，全体の大きさはあまり変化していない。その理由を「分裂」「成長」という語句を使って簡潔に書きなさい。思

図2

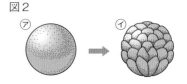

② 図1のように，発芽して1cmぐらいにのびたソラマメの根に等間隔に印をつけた。　　　　　19点

- □(1) 細胞分裂が行われているのは，図1のⓐ〜ⓒのどの部分か。
- □(2) 図2は，根が4cmぐらいまでのびたときのようすを模式的に表したものである。印の間隔はどのようになっているか。ⓐ〜ⓔから1つ選びなさい。
- □(3) 図3は，図1のⓐ〜ⓒの部分の細胞の大きさのちがいを模式的に表したものである。正しいものをⓐ〜ⓔから1つ選びなさい。思
- □(4) 根の細胞のような，体をつくる細胞を何というか。

図1　図2

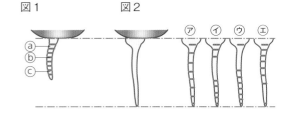

図3

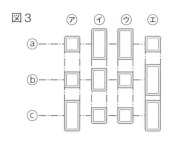

- □(5) 図4は，細胞分裂のようすを模式的に表したものである。A〜Fを，Aをはじめにして，分裂が進む順に並べなさい。

図4

A	B	C	D	E	F

❸ 図は，ある被子植物の花のつくりを模式的に表したものである。 19 点

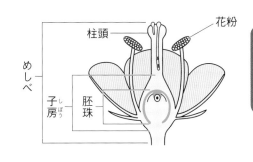

□(1) 花粉がめしべの柱頭（ちゅうとう）につくと，めしべの中の胚珠（はいしゅ）まで何をのばしていくか。

□(2) 精細胞の核（かく）と卵細胞（らんさいぼう）の核が合体することを何というか。

□(3) 受精卵は，細胞分裂をくり返して何になるか。

□(4) [記述] (1)のはたらきを，「精細胞」「卵細胞」という語句を使って簡潔に書きなさい。[思]

❹ 図は，動物の場合の親から子へ染色体（せんしょくたい）が伝わるようすを模式的に表したものである。 24 点

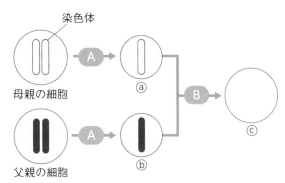

□(1) Aでは，染色体の数が半分になっている。Aは何を表しているか。

□(2) Bでは，ⓐとⓑが合体してⓒができている。Bは何を表しているか。

□(3) ⓐ〜ⓒはそれぞれ何を表しているか。⑦〜⑨から選びなさい。
　　⑦　卵　　⑦　精子　　⑨　受精卵

□(4) [作図] ⓒの染色体のようすをかきなさい。

❶
(1) 3点	(2) 4点	(3) 4点	(4) 4点
(5) ⓐ 4点	ⓑ 4点	ⓒ 4点	ⓓ 4点
(6)			7点

❷
| (1) 3点 | (2) 3点 | (3) 3点 | (4) 4点 |
| (5)　A， | | | 6点 |

❸
| (1) 4点 | (2) 4点 | (3) 4点 |
| (4) | | 7点 |

❹
(1) 4点	(2) 4点	(4)
(3) ⓐ 3点	ⓑ 3点	
ⓒ 3点		7点

定期テスト
予報　細胞分裂の順番に関する出題がよく見られます。
細胞分裂の際の染色体の動きをしっかり理解しておきましょう。

生命　生命の連続性 — 教科書4〜16ページ

17

2章　遺伝の規則性と遺伝子(1)

（　）にあてはまる語句を答えよう。

1 遺伝の規則性

教科書 p.17～20　▶▶①

□(1)　生物のもつ形や性質などの特徴を ¹(　　　　　　　)という。

□(2)　親の形質が子やそれ以後の世代に現れることを ²(　　　　　　　)という。

□(3)　遺伝する形質のもとになるものを ³(　　　　　　　)という。

□(4)　⁴(　　　　　　　)生殖では，子は親の遺伝子をそのまま受けつぎ，親と同じ形質になる。

□(5)　⁵(　　　　　　　)生殖では，両親の遺伝子を半分ずつもつ受精卵ができる。

□(6)　自家受粉によって親，子，孫と世代を重ねても，つねに親と同じ形質の個体ができる場合，これを ⁶(　　　　　　　)という。

□(7)　エンドウの種子の形の「丸」と「しわ」のように，同時に現れることができない2つの形質を ⁷(　　　　　　　)という。

□(8)　対立形質をもつ純系どうしをかけ合わせたとき，子に現れる形質を ⁸(　　　　　　　)形質，子に現れない形質を ⁹(　　　　　　　)形質という。

親　　　　　　　　　　　　　　　　　　　子　　　　　　　　　　　　孫

まいて育てる。　　　受粉　　　　　　まいて育てる。　　　（自家受粉）

丸い種子(純系)

しわのある種子(純系)

すべて丸い種子　　　丸い種子としわのある種子

2 遺伝のしくみ(1)

教科書 p.21～22　▶▶②

□(1)　遺伝子の記号はアルファベットを用いて表す。種子を丸くする遺伝子をA，しわにする遺伝子をaとすると，丸い種子をつくる純系がもつ遺伝子の組み合わせは ¹(　　　　　　)，しわのある種子をつくる純系がもつ遺伝子の組み合わせは ²(　　　　　　)と表せる。

□(2)　対になっている親の遺伝子は，³(　　　　　　　)の結果，分かれて別々の生殖細胞の中に入る。これを ⁴(　　　　　　　)の法則という。

□(3)　丸い種子をつくる純系としわのある種子をつくる純系をかけ合わせた子の遺伝子の組み合わせは ⁵(　　　　　　)となる。

丸い種子

減数分裂

しわのある種子

生殖細胞　　　受精　　　受精卵

要点
●同時に現れない2つの形質を対立形質という。
●対になっている遺伝子は，減数分裂の結果，別々の生殖細胞に入る(分離の法則)。

① 自家受粉により代々丸い種子をつくるエンドウと，代々しわのある種子をつくる
エンドウをかけ合わせた。　▶▶**1**

□(1)　親の形質が子やそれ以後の世代に現れることを何というか。　（　　　　　　　）

□(2)　親，子，孫と世代を重ねても，親と同じ形質をもつ場合，これを何というか。
　　　　　　　　　　　　　　　　　　　　　　　　　　　　　（　　　　　　　）

□(3)　エンドウの種子の形には「丸」と「しわ」があり，「丸」と「しわ」は同時には現れない。
　　このように同時に現れない形質を何というか。　（　　　　　　　）

□(4)　生殖と遺伝子について述べた次の文の（　）にあてはまる語句を書きなさい。
　　　無性生殖では，受精が行われず，①（　　　　　　　　　）分裂によって子がつくられるので，
　　子には親と②（　　　　　　　　）形質が現れる。有性生殖では，③（　　　　　　　　）分裂によっ
　　て生じた生殖細胞が受精して子がつくられるので，両親の遺伝子を④（　　　　　　　　）
　　ずつもつ受精卵がつくられる。

□(5)　代々丸い種子をつくるエンドウと，代々しわのある種子をつくるエンドウをかけ合わせた
　　結果，できた種子はすべて丸い種子であった。
　　①　丸い種子のように，子に現れる形質を何というか。　（　　　　　　　）
　　②　しわのある種子のように，子に現れない形質を何というか。　（　　　　　　　）

② 図は，丸い種子をつくる純系のエンドウとしわのある種子をつくる純系のエンド
ウをかけ合わせたときの遺伝子の伝わり方を表したものである。　▶▶**2**

□(1)　減数分裂のときに，対になっている遺伝
　　子が分かれて別々の生殖細胞に入ること
　　を，何の法則というか。
　　　　　　　（　　　　　　　）

□(2)　Aは種子を丸くする遺伝子，aは種子を
　　しわにする遺伝子である。子の細胞⑦〜
　　⑨の遺伝子の組み合わせをそれぞれ書き
　　なさい。
　　　⑦（　　　　　）　⑨（　　　　　）
　　　⑨（　　　　　）

□(3)　⑦〜⑨の種子の形は「丸」，「しわ」のど
　　ちらか。それぞれ書きなさい。
　　　⑦（　　　　　）　⑦（　　　　　）
　　　⑨（　　　　　）　⑨（　　　　　）

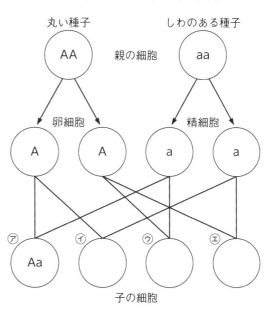

遺伝子の記号で，大文字は顕性（けん
せい）形質，小文字は潜性（せんせい）
形質だね。

2章 遺伝の規則性と遺伝子(2)

( ) と ☐ にあてはまる語句を答えよう。

1 遺伝のしくみ(2)

教科書 p.22 ～ 24　▶▶ ❶ ❷

☐(1) 丸い種子をつくる純系のエンドウ
　　（遺伝子の組み合わせ AA）としわの
　　ある種子をつくる純系のエンドウ
　　（遺伝子の組み合わせ aa）をかけ合
　　わせて生じる子の遺伝子の組み合わ
　　せは，(1)(　　　　　　　　)になる。

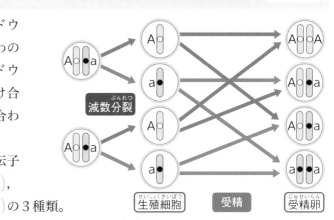

減数分裂

生殖細胞　受精　受精卵

☐(2) 子が自家受粉したとき，孫の遺伝子
　　の組み合わせは，(2)(　　　　　)，
　　(3)(　　　　　)，(4)(　　　　　)の3種類。

☐(3) 孫の遺伝子の組み合わせの割合は，AA：Aa：aa＝(5)(　　　　　　　　)となる。

☐(4) AAやAaのように(6)(　　　　　)形質の遺伝子をもつ場合，(7)(　　　　　)形質は
　　現れない。

☐(5) AAとAaという遺伝子の組み合わせをもつものは(8)(　　　　　　)種子，aaと
　　いう遺伝子の組み合わせをもつものは(9)(　　　　　)種子になるので，孫にでき
　　る種子は，丸い種子：しわのある種子＝(10)(　　　　　)という割合になる。

☐(6) 表の(11)～(18)

親から子への遺伝子の伝わり方

丸い種子 親

しわのある種子 親	A	A
a	(11)	(12)
a	(13)	(14)

子から孫への遺伝子の伝わり方

丸い種子 子

丸い種子 子	A	a
A	(15)	(16)
a	(17)	(18)

2 遺伝子の本体

教科書 p.25　▶▶ ❷

☐(1) 遺伝子は，細胞の核内の(1)(　　　　　　)
　　にふくまれている。

英語では，Deoxyribonucleic acid
というよ。

☐(2) 遺伝子の本体は(2)(　　　　　)（デオキ
　　シリボ核酸）という物質である。

☐(3) ある生物に別の生物の遺伝子を導入するなど，生物の遺伝子を変化させることを
　　(3)(　　　　　　　)という。

要点

●顕性形質の純系と潜性形質の純系を親とすると，孫の形質は，顕性：潜性＝3：1。
●形質のもとになる遺伝子の本体はDNA（デオキシリボ核酸）である。

2章　遺伝の規則性と遺伝子(2)

❶ **遺伝子に関するモデル実験を行った。**　　　　　　　　　　　　▶▶ **1**

実験 1．種子を丸くする遺伝子(A)と種子をしわにする遺伝子(a)のモデルとして，図のようなカードを2枚ずつつくる。

2．2人1組になり，1人は純系(AA)の親役，もう1人は純系(aa)の親役として，それぞれのカードを2枚ずつもつ。

3．2人の親役がカードを出し合い，どのような組み合わせができるかを記録する。

4．3で組み合わせたカードを使って，孫の遺伝子はどのような組み合わせができるかを記録する。

□(1) 3の操作を50回くり返したが，遺伝子の組み合わせはすべて同じになった。その組み合わせを書きなさい。　　　　　　　　　　　　　　　　　　　　　　（　　　　　　　　　　）

□(2) 計算 4の操作を50回くり返した結果，表のような結果になった。AA，Aa，aaの遺伝子の組み合わせが現れる割合はどうなるか。もっとも簡単な整数の比で表しなさい。

遺伝子の組み合わせ	AA	Aa	aa
出現した回数〔回〕	12	25	13

　　　　　　　　　　AA：Aa：aa＝（　　　　：　　　　：　　　　）

□(3) 計算 (2)から，孫の代には，顕性形質と潜性形質がどのような割合で現れると考えられるか。もっとも簡単な整数の比で表しなさい。

　　　　　　　　　　　　顕性形質：潜性形質＝（　　　　：　　　　）

❷ **遺伝の規則性を調べるため，実験を行った。**　　　　　　　　　▶▶ **1 2**

実験 1．丸い種子をつくる純系のエンドウ(遺伝子の組み合わせAA)としわのある種子をつくる純系のエンドウ(遺伝子の組み合わせaa)をかけ合わせると，子はすべて丸い種子になった。

2．生じた子どうしをかけ合わせると，図のように，孫には丸い種子としわのある種子ができた。

□(1) 計算 遺伝の規則性が成り立つものとした場合，孫の中で，Aaという遺伝子の組み合わせをもつ種子は約何個になると考えられるか。⑦〜⑨から1つ選びなさい。
　　　　　　　　　　　　　　　　　　　　　　（　　　　　　　　）

　⑦　約1400個　　⑦　約2700個　　⑨　約3600個

□(2) 遺伝子の本体は何という物質か。アルファベット3文字で答えなさい。　　（　　　　　　　　）

親	丸い種子　　しわのある種子
子	丸い種子
孫	丸い種子　　しわのある種子 5474個　　1850個

ヒント　❶ (2)AAの出現した回数を1として，Aa，aaの割合を計算しよう。
　　　　❶ (3)遺伝子の組み合わせがAAでもAaでも顕性形質が現れる。

21

2章 遺伝の規則性と遺伝子

時間30分 ／100点　合格70点　解答 p.6

① 図は，エンドウの種子の形が親から子へ，子から孫へどのように遺伝するかを調べた結果である。　24点

☐(1) エンドウの種子の形の丸い種子としわのある種子のように，同時に現れない形質のことを何というか。

☐(2) 子の種子の形はどうなるか。⑦～⑤から1つ選びなさい。

　⑦　すべて丸い種子

　⑦　すべてしわのある種子

　⑦　丸い種子としわのある種子がほぼ同じ数できる。

　⑤　丸い種子としわのある種子がほぼ3：1の割合でできる。

☐(3) 種子を丸くする遺伝子をA，種子をしわにする遺伝子をaとすると，孫の代の遺伝子の組み合わせの割合（AA：Aa：aa）は，⑦～⑤のどれになるか。

　⑦　1：1：2　　⑦　1：2：1　　⑦　2：1：1　　⑤　2：2：1

☐(4) 計算 (3)から，孫の代の丸い種子の中で，遺伝子の組み合わせがAAであるものは約何個と考えられるか。思

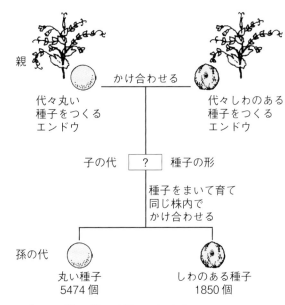

親　代々丸い種子をつくるエンドウ

かけ合わせる

代々しわのある種子をつくるエンドウ

子の代　　？　種子の形

種子をまいて育て同じ株内でかけ合わせる

孫の代　丸い種子 5474個　　しわのある種子 1850個

② メンデルは，エンドウを使って実験を行い，遺伝の規則性を調べた。　32点

実験 1．丸い種子をつくる純系のエンドウとしわのある種子をつくる純系のエンドウをかけ合わせて子をつくると，子はすべて丸い種子になった。

　　2．得られた子の種子をまいて育て，<u>自家受粉</u>によって孫をつくった。その結果，丸い種子としわのある種子の数の割合は約3：1になった。

☐(1) 記述 図は，エンドウの花の断面を表したものである。エンドウは，自然の状態では，下線部のように自家受粉する。その理由を，「花弁」「花粉」という語句を使って簡潔に書きなさい。

☐(2) 種子を丸くする遺伝子をA，しわにする遺伝子をaとする。

　① 子の遺伝子の組み合わせを書きなさい。

　② 計算 実験で得られた孫のうち，遺伝子の組み合わせがAaとなるものの割合は全体の約何％か。思

　③ 孫の代のしわのある種子をまいて育てたとき，葉の細胞内の染色体にある，種子の形に関する遺伝子の組み合わせはどのようになるか。思

胚珠

子房

成績評価の観点　技…観察・実験の技能　思…科学的な思考・判断・表現

❸ 表は，メンデルが行った実験の結果の一部である。「親の形質の組み合わせ」とは，それぞれの形質で純系の親どうしをかけ合わせることを表している。　44点

形質	親の形質の組み合わせ	子の形質	孫の形質と個体数	
子葉の色	黄色×緑色	黄色	黄色 6022	緑色 2001
花のつき方	葉のつけ根×茎の先端	葉のつけ根	葉のつけ根 651	茎の先端（Ｘ）
たけの高さ	高い×低い	高い	高い（Ｙ）	低い 277

☐(1)　表のような場合，子に現れる形質を何というか。

☐(2)　[計算] 花のつき方やたけの高さについて，子葉の色と同じ規則性をもって遺伝することがわかっている。表のＸ，Ｙにあてはまる個体数はおよそいくつと考えられるか。もっとも適切なものを，㋐〜㋕から１つずつ選びなさい。

　　　㋐　200　　㋑　400　　㋒　600　　㋓　800　　㋔　1000　　㋕　1200

☐(3)　子葉の色が黄色の種子をつくるエンドウの個体Ｚがある。Ｚに子葉の色が緑色の種子をつくるエンドウをかけ合わせると，子葉の色が黄色の種子と子葉の色が緑色の種子がほぼ同じ数できた。ただし，子葉の色を黄色にする遺伝子をＢ，緑色にする遺伝子をｂとする。

　　① 個体Ｚの子葉の色を表す遺伝子の組み合わせを，遺伝子の記号を使って書きなさい。

　　② [作図] 表の結果と①から，遺伝子の組み合わせを図で示したい。図の染色体を表す◻の中に遺伝子の記号（Ｂは○，ｂは●で表す）をかきなさい。

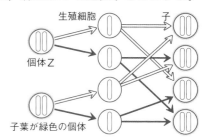

生殖細胞　　子
個体Ｚ
子葉が緑色の個体

❶	(1) 　6点	(2) 　5点	(3) 　5点		
	(4) 　8点				
❷	(1) 　10点				
	(2) ① 　6点	② 　8点	③ 　8点		
❸	(1) 　6点				
	(2) Ｘ 　8点				
	Ｙ 　8点				
	(3) ① 　8点				
	② 右に記入 　14点				

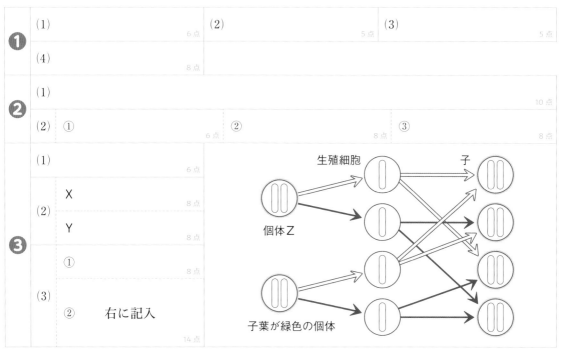

生殖細胞　　子
個体Ｚ
子葉が緑色の個体

[定期テスト予報] 孫の代の個体数やその割合などに関する出題がよく見られます。
孫の代の遺伝子の組み合わせの求め方をしっかり身につけましょう。

3章　生物の種類の多様性と進化(1)

時間 10分　解答 p.7

（　）と□にあてはまる語句を答えよう。

1 脊椎動物の共通点

教科書 p.28～29　▶▶1

□(1)　下の表をもとに考えると，魚類ともっとも似ているのは①(　　　　)で，次が②(　　　　)である。

□(2)　脊椎動物のなかまはそれぞれ共通の特徴をもっており，共通点が多いほど，なかまとして③(　　　　)関係といえる。

□(3)　表の④～⑩

特　徴	魚　類	両生類	は虫類	鳥　類	哺乳類
④□をもっている。	○	○	○	○	○
⑤□で呼吸する時期がある。	○	○			
⑥□で呼吸する時期がある。		○	○	○	○
卵生で，卵を⑦□に産む。	○	○			
卵生で，卵を⑧□に産む。			○	○	
胎生である。					○
羽毛や体毛が⑨□。				○	○
羽毛や体毛が⑩□。	○	○	○		

2 生物の変化・脊椎動物が出現する時期

教科書 p.29～30　▶▶2

□(1)　生物は，長い年月をかけて世代を重ねる間に，形質が変化する。このような変化を①(　　　　)という。

□(2)　もっとも古い脊椎動物の化石は，②(　　　　)のはじめの地層から見つかる原始的な③(　　　　)のものである。古生代の中期から後期の地層からは，④(　　　　)や⑤(　　　　)の化石，中生代の地層からは，⑥(　　　　)や⑦(　　　　)の化石が見つかっている。

要点
- 脊椎動物の５つのなかまで，共通点が多いほど，なかまとして近い関係といえる。
- 長い年月をかけて，生物の形質が変化することを進化という。

3章　生物の種類の多様性と進化(1)

1 表のように，脊椎（せきつい）動物のなかまの特徴（とくちょう）をまとめた。　▶▶ **1**

特　徴	魚　類	両生類	は虫類	鳥　類	哺乳類
背骨（せぼね）をもっている。	○	○	○	○	○
えらで呼吸（こきゅう）する時期がある。	○	○			
肺（はい）で呼吸する時期がある。		○	○	○	○
卵生（らんせい）で，卵（らん）を水中に産む。	○	○			
卵生で，卵を陸上に産む。			○	○	
胎生（たいせい）である。					○
羽毛（うもう）や体毛がある。				○	○
羽毛や体毛がない。	○	○	○		

☐(1)　右の表は，5つのなかまの共通する特徴の数をまとめたものである。①〜⑧にあてはまる数を書きこみなさい。

☐(2)　次の文の（　）にあてはまる脊椎動物のなかまを書きなさい。

魚類				
4	両生類			
2	③	は虫類		
①	④	⑥	鳥類	
②	⑤	⑦	⑧	哺乳類

　哺乳類（ほにゅうるい）となかまとしてもっとも近い関係にあるのは ¹（　　　　　　），もっとも遠い関係にあるのは ²（　　　　　　）である。

2 図は，脊椎動物の出現する年代を表したものである。　▶▶ **2**

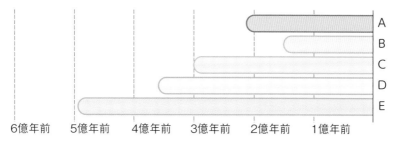

6億年前　5億年前　4億年前　3億年前　2億年前　1億年前

A　B　C　D　E

☐(1)　A〜Eの脊椎動物は，それぞれ何類か。

A（　　　　　）　B（　　　　　）　C（　　　　　）
D（　　　　　）　E（　　　　　）

☐(2)　生物が長い年月の中で世代を重ねる間に変化していくことを何というか。（　　　　　　　）

ヒント　**2**(1) 地球上に出現したのは，魚類，両生類，は虫類，哺乳類，鳥類の順である。

（　）にあてはまる語句を答えよう。

1 進化の証拠

教科書 p.30〜31　▶▶ ❶ ❷

□(1) 約1億5千万年前の地層から発見された化石は，は虫類と鳥類の特徴をあわせもち，¹（　　　　　　　）と名づけられた。

外見（想像図）

□(2) シソチョウの化石には，羽毛があり，前あしが翼になっているという²（　　　　　　　　）の特徴がある。

□(3) シソチョウの化石には，口に歯があり，翼の先に爪があるという³（　　　　　　　）の特徴もある。

□(4) ⁴（　　　　　　　）のあるものが進化して，シソチョウのような中間的な特徴をもつ生物になり，それが⁵（　　　　　　　）へと進化したのではないかと考えられている。

□(5) 基本的なつくりが同じで，起源は同じものであったと考えられている器官を⁶（　　　　　　　）という。

□(6) 相同器官は，脊椎動物のなかまが同じ基本的なつくりをもつ⁷（　　　　　　　）の祖先から進化したことを示す証拠と考えられている。

2 生物の移り変わりと進化

教科書 p.32〜33　▶▶ ❸

□(1) 最初に陸上に現れた植物は，¹（　　　　　　　）でふえるコケ植物やシダ植物である。その後，シダ植物のあるものから，種子でふえる²（　　　　　　　）が現れ，一時繁栄した。

□(2) 裸子植物から，³（　　　　　　　）が進化した。

□(3) 地球上に最初に現れた脊椎動物は⁴（　　　　　　　）で，海で生活していた。

□(4) 浅瀬を移動できた魚類の中から，最初の⁵（　　　　　　　）が進化した。

□(5) 両生類のあるものから，⁶（　　　　　　　）や⁷（　　　　　　　）が進化した。

□(6) 羽毛恐竜のようなは虫類の中から，⁸（　　　　　　　）が進化したと考えられている。

約5億4100万年前〜約2億5200万年前
古生代

約2億5200万年前〜約6600万年前
中生代

約6600万年前〜現在
新生代

要点
●進化の証拠としては，シソチョウや相同器官があげられる。
●生物は長い年月の間に進化して，水中から陸上へと生活の場を広げた。

① **図は，1億5千万年前の地層から見つかった動物の骨格である。** ▶▶ **■**

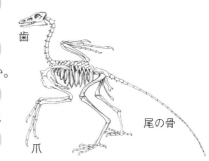

歯

尾の骨

爪

□(1)　図の動物の名前を書きなさい。（　　　　　　　　　　）

□(2)　(1)の化石が発見された地層が堆積したのは，古生代，中生代，新生代のどの地質時代か。（　　　　　　　）

□(3)　(1)には，歯や爪，尾の骨がある。これは何類の特徴か。

（　　　　　　　　　）

□(4)　(1)の前あしは，翼になっていたと考えられている。これは何類の特徴か。　（　　　　　　　　）

② **図は，脊椎動物の骨格を比較したものである。** ▶▶ **■**

□(1)　A〜Cにあてはまる脊椎動物のなかまの名前をそれぞれ書きなさい。

A（　　　　　　　）
B（　　　　　　　）
C（　　　　　　　）

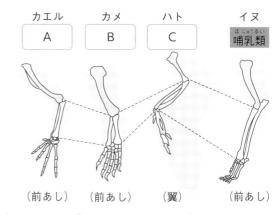

カエル　A

カメ　B

ハト　C

イヌ　哺乳類

（前あし）　（前あし）　（翼）　（前あし）

□(2)　図のように，見かけの形やはたらきはちがっていても，基本的なつくりが同じで，起源は同じものであったと考えられる器官を何というか。　（　　　　　　　　）

□(3)　記述 (2)のような器官からどのようなことがわかるか。「基本的なつくり」「脊椎動物」「進化」という語句を使って簡潔に書きなさい。

（　　　　　　　　　　　　　　　　　　　　　　　　　　　）

③ **地球上に見られる生物は，共通の祖先から進化したものである。** ▶▶ **②**

□(1)　植物のなかまは，地球上にどのような順に現れたか。⑦〜⑨を並べなさい。　（　　　　　→　　　　　→　　　　　）

⑦　被子植物　　⑦　裸子植物　　⑨　コケ植物やシダ植物

□(2)　地球上に最初に現れた脊椎動物は何類か。（　　　　　　）

□(3)　①〜③は，それぞれ何類から進化したと考えられているか。

①　は虫類　　　　　　　　　（　　　　　　　）

②　鳥類　　　　　　　　　　（　　　　　　　）

③　哺乳類　　　　　　　　　（　　　　　　　）

最初の脊椎動物は，海で生活していたんだ。

ミスに注意 **②** (3)「〜ことがわかるか」とあるので，文末を「〜こと。」とする。

ヒント **③** (1) 最初に陸上に現れた植物は，胞子（ほうし）でふえる。

3章　生物の種類の多様性と進化

時間 30分　　/100点　　合格 70点　　解答 p.8

❶ 表は，脊椎動物の5つのなかまの特徴をまとめたものである。　37点

特　徴		A	B	C	D	E
子の産み方	卵生	○	○	○	○	
	胎生					○
呼吸のしかた	肺で呼吸することがある。		○	○	○	
	えらで呼吸することがある。	○			○	
体表のようす	うろこやうすい皮膚でおおわれる。	○	○		○	
	羽毛や毛でおおわれる。			○		○

☐(1) 記述 脊椎動物に共通する特徴は何か。

☐(2) A〜Eは，脊椎動物のどのなかまの特徴をまとめたものか。㋐〜㋔から1つずつ選びなさい。
　㋐　魚類　　㋑　鳥類　　㋒　両生類　　㋓　は虫類　　㋔　哺乳類

☐(3) 次の文は，脊椎動物の関係について説明したものである。（　）にあてはまるものを，B〜Eから1つずつ選びなさい。思
　　Aともっとも近い関係にあるのは（ ① ）で，次が（ ② ）である。もっとも遠い関係にあるのは（ ③ ）である。

❷ 図は，脊椎動物が出現する時代を表したものである。　35点

☐(1) 長い年月をかけて世代を重ねる間に，生物の形質が変化することを何というか。

☐(2) A〜Eは，それぞれ何類が出現する時代を表しているか。

☐(3) 地球上に最初に現れた脊椎動物は，どこで生活していたか。

☐(4) 地球上で生命が誕生したのはいつごろとされるか。㋐〜㋓から1つ選びなさい。
　㋐　約5億年前　　㋑　約12億年前　　㋒　約38億年前　　㋓　約46億年前

☐(5) 記述 進化にともなって，脊椎動物の生活場所はどのように変化したと考えられるか。簡潔に書きなさい。思

❸ 図は，哺乳類の前あしにあたる部分である。

□(1) 図のように，見かけの形やはたらきはちがっていて
　　も，基本的なつくりは同じで，起源は同じもので
　　あったと考えられる器官を何というか。

□(2) ①～③の前あしはどのようなはたらきをもっている
　　か。⑦～⑨から1つずつ選びなさい。
　　① コウモリ　　② クジラ　　③ ヒト
　　　⑦ 泳ぐ。　　　⑦ 飛ぶ。　　　⑦ 物を持つ。

□(3) 記述 (1)の器官から，これらの哺乳類の進化の道すじ
　　について，どのようなことがわかるか。「基本的な
　　つくり」という語句を使って簡潔に書きなさい。思

□(4) 生物が地球に現れた順について，正しいものを⑦～①から1つ選びなさい。
　　⑦ 最後に出現した脊椎動物は哺乳類で，胞子でふえる植物が種子植物より先に出現した。
　　⑦ 最後に出現した脊椎動物は哺乳類で，種子植物が胞子でふえる植物より先に出現した。
　　⑦ 最後に出現した脊椎動物は鳥類で，胞子でふえる植物が種子植物より先に出現した。
　　① 最後に出現した脊椎動物は鳥類で，種子植物が胞子でふえる植物より先に出現した。

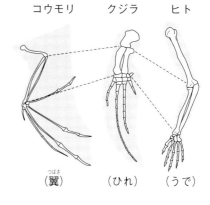

コウモリ　　クジラ　　ヒト

（翼）　　（ひれ）　　（うで）

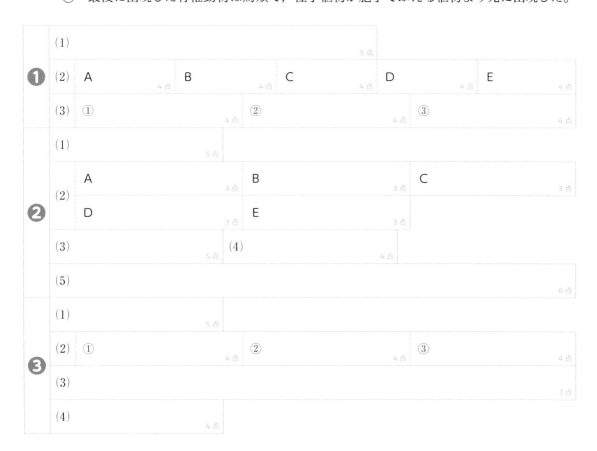

( )と□にあてはまる語句を答えよう。

1 地球・月・太陽

教科書 p.48〜51　▶▶ ❶ ❷

□(1) 地球には，¹( )を多くふくむ大気と豊富な²( )の水があり，生命が存在できる条件を備えている。

□(2) 月の表面には，いん石の衝突でできた³( )が多数ある。

□(3) 太陽は⁴( )(気体)でできている。

□(4) 太陽の表面には⁵( )とよばれる暗く見える部分がある。

□(5) 黒点の位置は，少しずつ一方向へ移動している。これは，太陽が⁶( )しているためである。

□(6) 中央部で円形に見える黒点が，周辺部へ移動すると縦長の形になることから，太陽は⁷( )であることがわかる。

□(7) 太陽のようにみずから光をはなつ天体を⁸( )という。

□(8) 図の⁹〜¹⁰

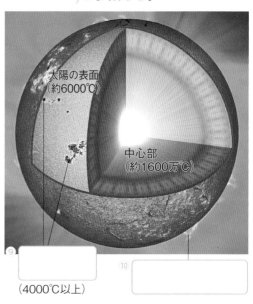

太陽の表面
(約6000℃)

中心部
(約1600万℃)

⁹[ ]
(4000℃以上)

¹⁰[ ]

2 地球・月・太陽の運動

教科書 p.52　▶▶ ❸

□(1) 地球は，¹( )を中心に1日に1回転している。これを，地球の²( )といい，1回転するのにかかる時間を³( )という。

□(2) 地球は，自転しながら太陽のまわりを1年で1周している。この運動を，地球の⁴( )といい，1周するのにかかる時間を⁵( )という。

□(3) 図の⁶〜⁸

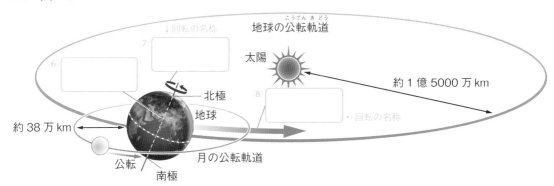

地球の公転軌道

↓回転の名称

⁷[ ]

⁶[ ]

太陽

約1億5000万km

北極

⁸[ ]

地球

·回転の名称

約38万km

公転　南極

月の公転軌道

要点
●太陽の表面には，黒点やプロミネンスが見られる。
●地球は1日に1回自転しながら，太陽のまわりを1年かけて公転している。

❶ 図は，太陽のつくりを模式的に表したものである。 ▶▶ 1

□(1) 太陽の表面の炎のようなガスの動きＡを何というか。
（　　　　　　　　　）

□(2) 太陽全体をとり巻く高温のガスＢを何というか。
（　　　　　　　　　）

□(3) Ｃのように暗く見える部分を何というか。
（　　　　　　　　　）

□(4) ①，②の温度を，⑦〜⑤から1つずつ選びなさい。
① 太陽の表面の温度 （　　　　　　）
② Ｃの部分の温度 （　　　　　　）
⑦ 約4000℃ ⑦ 約6000℃ ⑦ 約100万℃ ⑤ 約1600万℃

❷ 図は，黒点の動きを観察して，スケッチしたものである。 ▶▶ 1

□(1) 黒点は，図の右，左どちらの向きに移動しているか。
（　　　　　　　　　）

□(2) 図のような黒点の動きから，太陽は何という運動をして
いることがわかるか。⑦〜⑤から1つ選びなさい。
（　　　　　　　　　）
⑦ 公転 ⑦ 自転 ⑦ 年周運動

□(3) 記述 黒点の形は中央部では円形であるが，周辺部にいく
と縦長に見える。このことからどのようなことがわかる
か。簡潔に書きなさい。
（　　　　　　　　　　　　　　　　）

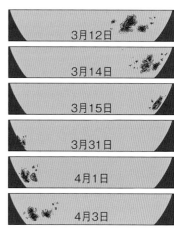

3月12日
3月14日
3月15日
3月31日
4月1日
4月3日

❸ 図は，地球を模式的に表したものである。 ▶▶ 2

□(1) 地球が太陽のまわりを1年かけて1周することを何とい
うか。 （　　　　　　　）

□(2) 地球の北極と南極を結ぶ軸Ａを何というか。
（　　　　　　　）

□(3) 地球が(2)を中心に1日に1回転する運動Ｂを何というか。
（　　　　　　　）

□(4) (3)の運動の向きは，ⓐ，ⓑのどちらか。 （　　　　　）

地球
北極
南極
Ａ
Ｂ
ⓐ ⓑ

ミスに注意 ❷ (3)「どのようなこと」とあるので，文末は「〜こと。」とする。

（　）と□□□にあてはまる語句を答えよう。

1 太陽系

教科書 p.53〜57　▶▶①

- (1) 太陽とそのまわりの天体をまとめて ¹(　　　　　　　　)という。
- (2) 太陽のまわりを公転している天体のうち，水星，金星，地球，火星，木星，土星，天王星，海王星の8個を ²(　　　　　　　)という。
- (3) 太陽に近い水星，金星，地球，火星を ³(　　　　　　　)型惑星，それ以外の木星，土星，天王星，海王星を ⁴(　　　　　　　)型惑星という。
- (4) 太陽系には，太陽のまわりを公転する小天体で，その多くが火星と木星の間にある ⁵(　　　　　　　)や，惑星のまわりを公転している ⁶(　　　　　　　)，氷やちりが集まってできた天体で，細長いだ円軌道で公転している ⁷(　　　　　　　)，おもに海王星より外側にある冥王星などの ⁸(　　　　　　　　)がある。
- (5) 図の ⑨〜⑭

惑星　太陽　水星　地球　天王星　海王星

2 宇宙の広がり

教科書 p.58〜62　▶▶②

- (1) 地球から恒星までの距離は，光が1年間に進む距離を ¹(　　　　　　　)とした単位で表される。
- (2) 肉眼で見えるもっとも暗い恒星の明るさを6等級とし，その ²(　　　　　　　)倍の明るさを1等級とする。
- (3) 太陽系の外側には，約2000億個の恒星が ³(　　　　　　　)とよばれる大きな集団をつくっている。
- (4) 銀河系の外側にある銀河系と同じような恒星の集まりを ⁴(　　　　　　　)という。

太陽系の位置

真横から見た銀河系の図

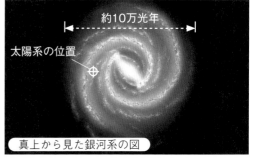

約10万光年

太陽系の位置

真上から見た銀河系の図

要点
- ●惑星は，地球型惑星と木星型惑星に分けられる。
- ●太陽系をふくむ，約2000億個の恒星の集まりを銀河系という。

1 図は，太陽とそのまわりを回る惑星を表している。　▶▶ **1**

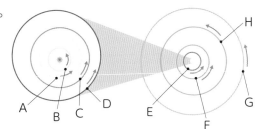

□(1) A〜Hの天体の名前を，それぞれ書きなさい。

A（　　　　　）　B（　　　　　）

C（　　　　　）　D（　　　　　）

E（　　　　　）　F（　　　　　）

G（　　　　　）　H（　　　　　）

□(2) 太陽と太陽のまわりを公転している天体をま
とめて何というか。（　　　　　）

□(3) 赤道半径がもっとも大きい惑星はどれか。A〜Hから１つ選びなさい。（　　　）

□(4) おもに水素とヘリウムからなる大気をもつ惑星はどれか。A〜Hからすべて選びなさい。
（　　　　　）

□(5) (4)のような惑星を何というか。（　　　　　）

□(6) 惑星の公転について述べた文としてもっとも適切なものを，⑦〜㊇から１つ選びなさい。
（　　　　　）

　⑦　ほぼ同じ平面上を公転するが，惑星によって公転の向きは異なる。

　⑦　ほぼ同じ平面上を公転し，すべて地球と同じ向きに回る。

　⑦　異なる平面上を公転し，惑星によって公転の向きは異なる。

　㊇　異なる平面上を公転するが，すべて地球と同じ向きに回る。

□(7) 多くは火星と木星の間の軌道を公転する，さまざまな大きさで不規則な形をした小天体を
何というか。（　　　　　）

□(8) 月のように，惑星のまわりを公転している天体を何というか。（　　　　　）

2 図は，太陽系をふくむ多数の恒星の集まりを模式的に表したものである。　▶▶ **2**

□(1) 地球から恒星までの距離は，何という単位を使って
表されるか。（　　　　　）

□(2) 太陽系をふくむ多数の恒星の集まりを何というか。
（　　　　　）

□(3) (2)を横から見ると，どのような形をしているか。
（　　　　　）

□(4) (2)にふくまれる恒星の数として適切なものを，⑦〜
㊇から選びなさい。（　　　）

　⑦　約2000個　　⑦　約2000万個　　⑦　約2000億個　　㊇　約2000兆個

□(5) 図のさらに外側にある，同じような恒星の集まりを何というか。（　　　　　）

ヒント　**1** (4)質量が大きく，密度(みつど)が小さい惑星である。

❶ 図は，太陽の表面と内部のようすを模式的に表したものである。 31点

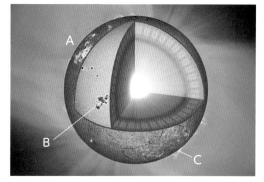

- □(1) 太陽のように，みずから光をはなつ天体を何というか。
- □(2) 皆既日食のときに観察できるうすいガスの層Aを何というか。
- □(3) 表面の暗く見える部分Bを何というか。
- □(4) 記述 Bが暗く見える理由を，「表面温度」という語句を使って簡潔に書きなさい。思
- □(5) 炎のようなガスの動きCを何というか。
- □(6) Bの部分の観察を続けると，しだいに東から西に向かって移動していった。このことからわかることは何か。⑦～⊥から1つ選びなさい。
  - ⑦　太陽は，東から西へ自転している。
  - ⑦　太陽は，ガス(気体)でできている。
  - ⑦　太陽は，球形をしている。
  - ⊥　太陽の活動は，表面よりも内部のほうが活発である。

- □(7) 作図 右の図は，太陽の表面を観察したとき，表面の中央部に見えたBを模式的に表したものである。数日後の観察で，Bが周辺部へ移動したときの見え方を，形の変化がわかるようにかきこみなさい。技

❷ 図は，太陽系の8つの惑星の軌道を表している。 46点

- □(1) A～Hの惑星の名前を書きなさい。
- □(2) Iは，氷やちりが集まってできた天体の軌道である。この天体を何というか。
- □(3) ①～⑥は，太陽系の天体について述べたものである。下線部が正しい場合には○を書きなさい。まちがっている場合は正しく直しなさい。思
  - ①　地球にいちばん近い惑星は火星である。
  - ②　火星と木星には衛星がある。
  - ③　月は地球の衛星である。
  - ④　惑星の公転の向きは，地球型惑星と木星型惑星で逆向きである。
  - ⑤　木星型惑星は地球型惑星よりも，平均密度が大きい。
  - ⑥　太陽系には，太陽，8つの惑星とその衛星，すい星以外に天体がない。

太陽に近い4つの惑星の軌道を拡大したもの

0　1億km

0 10 20 30億km

❸ 図は，恒星^{こうせい}の大きな集まりのうち，太陽をふくむものを模式的に表したものである。

23 点

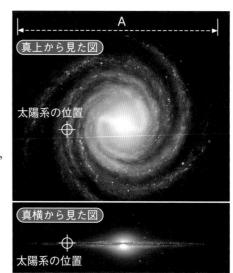

真上から見た図
A
太陽系の位置

真横から見た図
太陽系の位置

□(1) 図のような，太陽をふくむ非常に多くの恒星の集まりを何というか。

□(2) Aの距離^{きょり}はどのくらいか。㋐〜㋓から1つ選びなさい。
　㋐　約1000光年　　㋑　約1万光年
　㋒　約10万光年　　㋓　約100万光年

□(3) 地球から見ると，中心方向にある恒星の集まりは，帯状に見える。これを何というか。

□(4) 次の文の（　）にあてはまる語句を書きなさい。
　図のような恒星の集まりの中には，（　①　）とよばれる恒星の集団や，（　②　）とよばれる雲のようなガスの集まりもある。

□(5) 図の恒星の集まりの外側には，同じような恒星の集まりがたくさんある。これらを何というか。

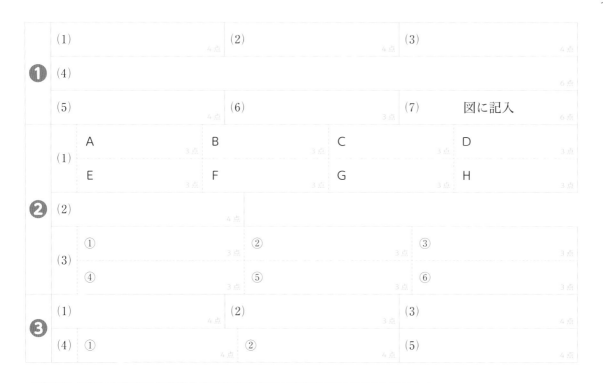

❶	(1)		(2)		(3)	
		4 点		4 点		4 点
	(4)					
						6 点
	(5)		(6)		(7)　図に記入	
		4 点		3 点		6 点

❷	(1)	A		B		C		D	
			3 点		3 点		3 点		3 点
		E		F		G		H	
			3 点		3 点		3 点		3 点
	(2)								
			4 点						
	(3)	①		②		③			
			3 点		3 点		3 点		
		④		⑤		⑥			
			3 点		3 点		3 点		

❸	(1)		(2)		(3)	
		4 点		4 点		4 点
	(4)　①		②		(5)	
		4 点		4 点		4 点

定期テスト予報　太陽のようすや黒点の移動に関する問題がよく出ます。
黒点の移動のようすからわかることをしっかり身につけましょう。

（　）と□□□にあてはまる語句を答えよう。

1 太陽の１日の動き

教科書 p.66〜69

- □(1)　太陽の１日の動きは，地球の ¹（　　　　　　　）による見かけの運動で，太陽の ²（　　　　　　　）という。

- □(2)　太陽の高度がもっとも高くなるのは，太陽の方位が ³（　　　　　　　）になったとき，つまり，太陽が天の ⁴（　　　　　　　）上にきたときである。

- □(3)　(2)を，太陽の ⁵（　　　　　　　）といい，そのときの太陽の高度を ⁶（　　　　　　　）という。

- □(4)　地上の方位は，北極点の方向を北，南極点の方向を南として，南から90°左が ⁷（　　　　　　　），90°右が ⁸（　　　　　　　）である。

- □(5)　図の ⁹〜¹⁴

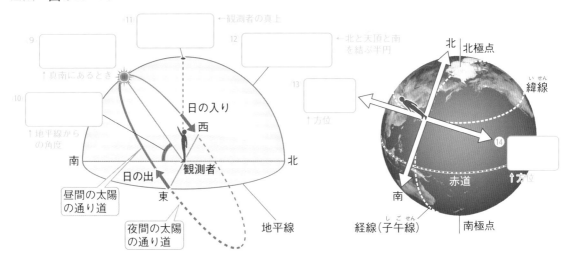

2 太陽の動きと季節の変化

教科書 p.70

- □(1)　夏は南中高度が ¹（　　　　　　　），冬になると南中高度が ²（　　　　　　　）なる。

- □(2)　夏至は，日の入りが ³（　　　　　　　）よりで遅い。

- □(3)　冬至は，日の入りが ⁴（　　　　　　　）よりで早い。

- □(4)　図の ⁵〜⁷

要点

●太陽の日周運動は，地球の自転による見かけの運動である。
●太陽の南中高度は，夏は高く，冬は低い。

1 図は，透明半球を使って，１時間ごとの太陽の位置を記録したものである。　▶▶ **1**

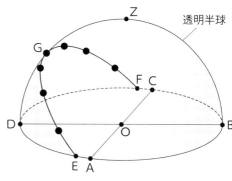

□(1) 透明半球で太陽の位置を記録するとき，フェルトペンの先の影をどの点に合わせるか。A〜D，O，Zから１つ選びなさい。　（　　　　）

□(2) 太陽の位置を記録した点をなめらかな曲線で結び，それを透明半球のふちまでのばす。この曲線と透明半球のふちとの交点をそれぞれE，Fとすると，E，Fはそれぞれ何の位置を表しているか。

E（　　　　　　　　）の位置　　　F（　　　　　　　　）の位置

□(3) 太陽の位置を記録した●と●の間の長さは，どのようになっているか。⑦〜⑰から１つ選びなさい。　（　　　　）

　⑦　しだいにせまくなる。　　⑦　しだいに広くなる。　　⑰　ほぼ一定である。

□(4) (3)から，太陽の動く速さについて，どのようなことがわかるか。⑦〜⑰から１つ選びなさい。　（　　　　）

　⑦　しだいに遅くなる。　　⑦　しだいに速くなる。　　⑰　ほぼ一定である。

□(5) Gの位置にあるとき，太陽の高度がもっとも高くなった。このことを，太陽の何というか。

太陽の（　　　　　　　　）

□(6) (5)のときの太陽の高度を何というか。　（　　　　　　　　）

□(7) (6)の高度を図の記号を使って，∠WXYのように表しなさい。　（　　　　　　）

□(8) 太陽が，１日で地球のまわりを１周する動きのことを，太陽の何というか。

太陽の（　　　　　　　　）

2 図は，季節による太陽の日周運動のちがいを表したものである。　▶▶ **2**

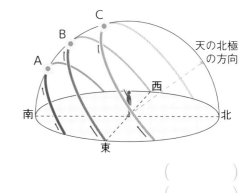

□(1) ①〜④の太陽の通り道を，A〜Cから１つずつ選びなさい。

　①　春分（　　　）　　②　夏至（　　　）
　③　秋分（　　　）　　④　冬至（　　　）

□(2) ①，②のようになるのは，太陽がA〜Cのどの通り道を通ったときか。同じ記号をくり返し使ってもかまわない。

　①　南中高度がもっとも高い。　（　　　　　）
　②　日の入りの位置がもっとも南よりである。　（　　　　　）

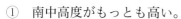
ヒント　1 (7)地平線から南中した太陽までの角度が南中高度である。

地球

宇宙を観る ── 教科書66〜70ページ

2章　太陽と恒星の動き(2)

（　）と　□　にあてはまる語句を答えよう。

1 太陽の南中高度と昼間の長さの変化

教科書 p.72　▶▶ 1

□(1)　太陽の南中高度や昼間の長さが季節によって変わるのは，地球の 1（　　　　　　　　）が公転面に垂直な方向に対して約 2（　　　　　　　）°傾いたまま，自転しながら 3（　　　　　　　　）しているためである。

□(2)　北半球では，夏は北極側が太陽の方向に傾くため，南中高度は 4（　　　　　　　　）なり，昼間の長さは 5（　　　　　　　）なる。

□(3)　冬は北極側が太陽と反対方向に傾くため，南中高度が 6（　　　　　　）なり，昼間の長さは 7（　　　　　　）なる。

□(4)　春分と秋分には，地軸の傾きが太陽の方向に対して 8（　　　　　）°になるため，太陽は 9（　　　　　　）から出て 10（　　　　　　　）に沈み，昼間と夜間の長さがほぼ同じになる。

□(5)　図の 11 〜 13

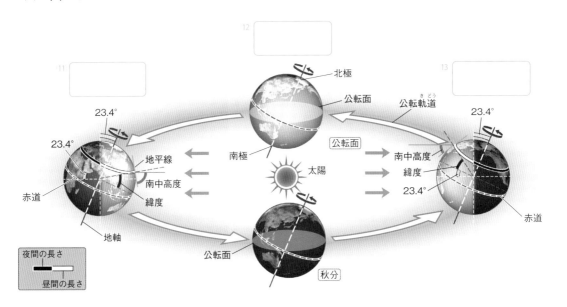

2 季節による気温の変化

教科書 p.73　▶▶ 2

□(1)　太陽の高度が 1（　　　　　　　）ほど，単位面積あたりに地面が得るエネルギーが大きくなる。

□(2)　昼間の長さが 2（　　　　　　　）ほど，1日のうちに地面が得るエネルギーが大きくなる。

□(3)　日本では，太陽の南中高度や昼間の長さが1年の間に大きく変化するため，太陽から受けとる 3（　　　　　　　　）の量が変化し，気温が変化する。

要点
●地球は，地軸が公転面に垂直な方向に対して約 23.4° 傾いたまま公転している。
●1年を通して太陽の南中高度や昼間の長さが変化し，季節で気温が変化する。

1 図は，地球が太陽のまわりを公転するようすを表している。　▶▶ **1**

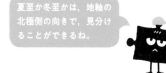

□(1) 地球が太陽のまわりを公転する向きは，ⓐ，ⓑのどちらか。　（　　　）

□(2) 地球は，公転面に垂直な方向に対して地軸が何度傾いたまま，自転しながら公転しているか。⑦～⑤から1つ選びなさい。　（　　　）

　　⑦　12.3°　　⑥　23.4°

　　⑦　34.5°　　⑤　45.6°

□(3) A～Dはそれぞれ，春分・夏至・秋分・冬至のどの地球の位置を表したものか。

　　　A（　　　）　　　B（　　　）

　　　C（　　　）　　　D（　　　）

夏至か冬至かは，地軸の北極側の向きで，見分けることができるね。

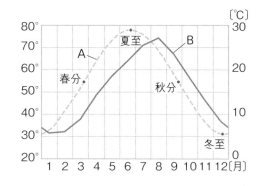

□(4) ①～④のようになるのは，地球がA～Dのどの位置にあるときか。A～Dからそれぞれすべて選びなさい。

　　①　太陽の南中高度がもっとも高い。　　　　　　　　　（　　　）

　　②　昼間の長さがもっとも短い。　　　　　　　　　　　（　　　）

　　③　太陽が真東から出て真西に沈む。　　　　　　　　　（　　　）

　　④　昼間と夜間の長さがほぼ同じになる。　　　　　　　（　　　）

□(5) 記述 地軸が公転面に対して垂直な状態で太陽のまわりを公転しているとしたとき，太陽の南中高度や昼間の長さはどのようになると考えられるか。簡潔に書きなさい。

　（　　　　　　　　　　　　　　　　　　　　　　　　　　　　　　　　　）

2 図は，季節による太陽の南中高度と気温の変化を表したものである。　▶▶ **2**

□(1) 太陽の南中高度の変化を表しているのは，A，Bどちらのグラフか。　（　　　）

□(2) 季節による気温の変化に影響するものは何か。太陽の南中高度のほかに1つ書きなさい。

　（　　　　　　　　　　　　　　）

□(3) 記述 太陽の南中高度などが1年の間に大きく変化するのはなぜか。「地軸」「公転」という語句を使って簡潔に書きなさい。

　（　　　　　　　　　　　　　　　　　　　

ヒント　**1** (3) 夏至のときは北極側が太陽の方向に傾き，冬至のときは南極側が太陽の方向に傾く。

ミスに注意　**2** (3) 理由を問われているので，文末は「～から。」や「～ため。」とする。

地球 | 宇宙を観る ── 教科書72～73ページ

2章　太陽と恒星の動き①

❶ 日本のある地点で，透明半球を使って太陽の１日の動きを観測した。

26点

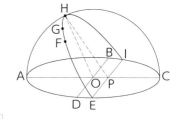

観測 1. 図の点Ｆと点Ｇは，それぞれ午前10時と午前11時に，記録した太陽の位置を表したものである。

2. もっとも高いときの太陽の位置が点Ｈである。

3. 観測した点をなめらかな線で結び，透明半球のふちと接する点をＥ，Ｉとする。

☐(1) 作図 観測者の位置はどこか。図中に×印で記入しなさい。技

☐(2) 観測者から見て，①真東の方位にあたる位置，②日の入りの位置はそれぞれどれか。Ａ〜Ｉから１つずつ選びなさい。

☐(3) この日の南中高度を，⑦〜エから１つ選びなさい。

⑦　∠AHO　　④　∠AOH　　⑦　∠APH　　エ　∠BOH

 ☐(4) 計算 透明半球上で，ＥＦの長さは114 mm，ＦＧの長さは24 mmであった。この日の日の出の時刻はいつか。⑦〜オから１つ選びなさい。思

⑦　5時15分　　④　5時45分　　⑦　6時15分

エ　6時45分　　オ　7時15分

❷ 図１は，日本での春分・夏至・秋分・冬至の太陽の通り道を表したものである。また，図２は，そのときの地球の位置を表したものである。

46点

図１
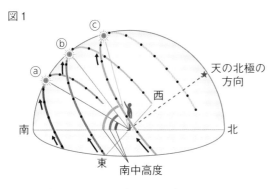

図２
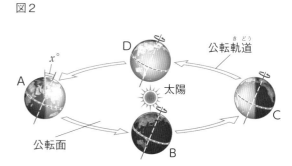

☐(1) 太陽の１日の動きを，何というか。

☐(2) 夏至のときの太陽の通り道を表しているのは，ⓐ〜ⓒのどれか。

☐(3) *x*°は何度か。⑦〜エから１つ選びなさい。

⑦　約11.5°　　④　約18.6°　　⑦　約23.4°　　エ　約30.7°

☐(4) 地球がＡ〜Ｄの位置にあるときの太陽の通り道を，ⓐ〜ⓒから１つずつ選びなさい。同じ記号を２回使ってもよい。

 ☐(5) 計算 北緯30°の地点では，①〜③のときの太陽の南中高度はそれぞれ何度になるか。思

①　春分のとき　　②　夏至のとき　　③　冬至のとき

❸ 図1は太陽の1日の動きを，図2は季節による昼間の長さの変化を表したものである。

28点

□(1) 図1のAは，春分，夏至，秋分，冬至のいずれかのときに記録した太陽の通り道である。Aを記録した日を⑦〜④から1つ選びなさい。

図1

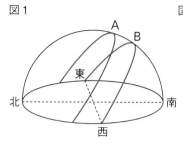

図2

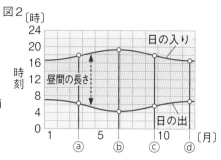

　⑦　春分　　④　夏至　　⑨　秋分　　④　冬至

□(2) 太陽が天の子午線上にくることを何というか。

□(3) 記述 日本では，地面が受けとる太陽のエネルギーの量は1年のうちで大きく変化する。太陽がAのように動くとき，地面が得るエネルギーの量はどうなるか。簡潔に書きなさい。

□(4) 図1のBは，Aを記録してから9か月後に記録したものである。この日の日の出・日の入りの時刻を表しているのは，図2の⑧〜⑩のどれか。思

□(5) 次の文は，季節によって気温が変化する理由を述べたものである。（　）にあてはまる語句を書きなさい。

　　日本では，太陽の（ ① ）や（ ② ）が大きく変化するため，太陽から受けとるエネルギーの量も変わり，気温も変化する。

❶	(1)	図に記入 6点	(2)	① 4点		② 4点
	(3) 4点		(4) 8点			
❷	(1) 4点		(2) 4点		(3) 4点	
	(4) A 4点		B 4点	C 4点	D 4点	
	(5) ① 6点		② 6点		③ 6点	
❸	(1) 4点		(2) 4点			
	(3) 8点					
	(4) 4点		(5) ① 4点		② 4点	

定期テスト **予報**　季節による地球の位置と太陽の通り道がよく問われます。
春分・夏至・秋分・冬至の地球の位置と太陽の通り道をしっかり理解しましょう。

（ ）と ▢ にあてはまる語句を答えよう。

1 天体の位置の表し方

教科書 p.74 ▶▶ ①

▢(1) 天体をプラネタリウムのドームに投影された像のように表すことにしたとき，このドームにあたるものを①（　　　　　）という。

▢(2) 私たちが見ている空は，天球上の地平線から②（　　　　　）にある部分である。

▢(3) 天球上の天体の位置は，方位と③（　　　　　）で表す。

▢(4) 図の ④ 〜 ⑥

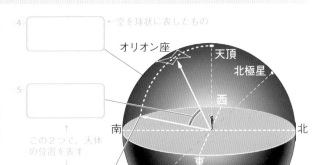

④ ▢　←空を球状に表したもの

オリオン座
天頂
北極星
西
南　　北
東

⑤ ▢

この2つで，天体の位置を表す。

⑥ ▢

2 星の1日の動き

教科書 p.75〜77 ▶▶ ② ③

▢(1) 北の空の星は，①（　　　　　）付近を中心に，1時間に約②（　　　　　）°の速さで③（　　　　　）回りに回転する。

▢(2) 東の空に見えた星は時間とともに，④（　　　　　）の空に移動し，⑤（　　　　　）の地平線に沈む。

▢(3) 星の1日の動きも，太陽の1日の動きと同じく⑥（　　　　　）といい，地球が自転しているために起こる動きである。

▢(4) 観測する場所の⑦（　　　　　）が変わると，星の動き方も変わる。

▢(5) 図の ⑧ 〜 ⑭

⑧ ▢
天頂
天の ⑪ ▢
天球
西
南　　北極　　北
南極
赤道
地球の ⑩ ▢ の向き
地平線　東
天の ⑨ ▢

天頂　天の北極
南　西　東　北
⑫ ▢ 付近の星の動き

天頂
西
南　東　北
⑬ ▢ での星の動き

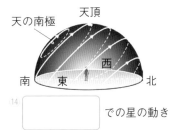

天頂　天の南極
西
南　東　北
⑭ ▢ での星の動き

要点
- 天体の位置は，天体の見える**方位**と**高度**を用いて表す。
- 星の1日の動きは，地球の**自転**による**日周運動**である。

❶ **図は，天体の位置や動きを表すため，空を球状に表したものである。** ▶▶ 1⃣

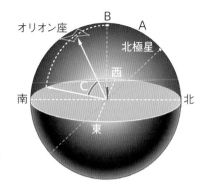

□(1)　空を球状に表したものAを何というか。
（　　　　　　　　）

□(2)　観測者の真上の点Bを何というか。
（　　　　　　　　）

□(3)　地平線から天体までの角度Cを何というか。
（　　　　　　　　）

□(4)　天体の位置は何を用いて表されるか。2つ答えなさい。
（　　　　　　　）（　　　　　　　）

❷ **図は，北半球の星の動きを表したものである。** ▶▶ 2⃣

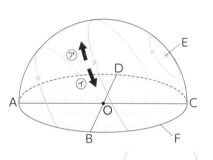

□(1)　星の日周運動の向きは，㋐，㋑のどちらか。
（　　　　　　　　）

□(2)　点Eは，地軸の延長と天球の交点である。点Eを何というか。
（　　　　　　　　）

□(3)　点Eの近くにあり，時間がたってもほとんど動かない星は何か。
（　　　　　　　　）

□(4)　北を表しているのは，A～Dのどれか。
（　　　　　　）

□(5)　半球のふちFは何を表しているか。
（　　　　　　）

□(6)　記述 星の日周運動の原因は何か。「地球」という語句を使って簡潔に書きなさい。
（　　　　　　　　　　　　　　　　　　　　　　　　　）

❸ **図は，地球上の各地点で見られた星の動きを表したものである。** ▶▶ 2⃣

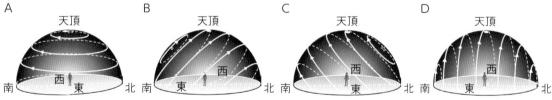

□(1)　星の動き方が変わるのは，観察する場所の緯度，経度のどちらが変わるときか。
（　　　　　　　　）

□(2)　A～Dのような星の動きが観察される場所を，㋐～㋓から1つずつ選びなさい。

A（　　　）　B（　　　）　C（　　　）　D（　　　）

㋐　赤道　　㋑　北半球　　㋒　南半球　　㋓　北極点付近

ミスに注意 ❷(1) 北半球の空の星は，点Eを中心として反時計回りに回転する向きに動く。

ヒント ❸(2) 南半球では，天の南極を中心にして，星が回転して見える。

（　）と □ にあてはまる語句を答えよう。

1 四季の星座の移り変わり

教科書 p.78〜80　▶▶ **1 2**

□(1) 12月の真夜中に，¹（　　　　　　）の空に見えたオリオン座は，1か月後の同じ時刻には約²（　　　　　　）°西に移動し，春には³（　　　　　　）の地平線まで移動する。

□(2) 季節による星座の移り変わりは，地球が⁴（　　　　　　）の周期で，太陽のまわりを⁵（　　　　　　）していることによって起こる。

□(3) 星座の星の位置を基準にすると，地球から見た太陽は，地球の⁶（　　　　　　）によって，星座の中を動いているように見える。

□(4) 星座の中の太陽の通り道を⁷（　　　　　　）といい，太陽がこの通り道を1周する時間が⁸（　　　　　　）である。

□(5) 図の⁹〜¹⁴

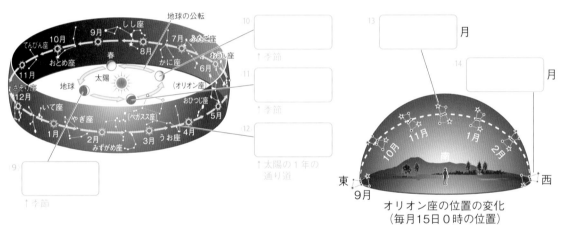

オリオン座の位置の変化
（毎月15日0時の位置）

2 地球の公転と星座の動き

教科書 p.80〜81　▶▶ **1 2**

□(1) 星座の見える方向は，¹（　　　　　　）線で表すことができる。

□(2) 地球は，公転軌道を²（　　　　　　）年かかって360°移動するので，1か月では約³（　　　　　　）°移動する。

□(3) 真夜中の南の空に見えたオリオン座は，1か月後の同じ時刻には⁴（　　　　　　）に約⁵（　　　　　　）°移動して見える。

□(4) 星の1年間の見かけの動きを，星座の星の⁶（　　　　　　）という。

□(5) 図の⁷

要点
●星座の星の年周運動は，地球の公転による見かけの運動である。
●星座の中の太陽の通り道を黄道という。

1 図は，同じ時刻に見えたある星座の位置を，1か月ごとに記録したものである。A〜Eは星座の位置，X〜Zは方位を表している。▶▶ **1** **2**

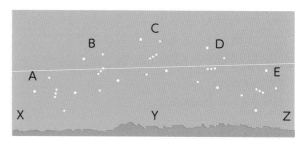

□(1) 図の星座の名前を書きなさい。
（　　　　　　　　　）

□(2) 図のような星座の星の1年間の動きを何というか。（　　　　　　　　　）

□(3) 星座の星は，1か月に約何度移動するか。（　　　　　　　）

□(4) 12月15日0時に，この星座が南中していた。

① 南中した星座の位置はどれか。A〜Eから1つ選びなさい。（　　　　）

② 方位Xは，東・西・南・北のどれか。（　　　　）

③ 2月15日0時，この星座が見られる位置は，A〜Eのどれか。（　　　　）

④ 6月15日0時，この星座が見られる位置は，A〜Eのどれか。見ることができない場合は「見られない」と書きなさい。（　　　　　）

□(5) 図のような星座の星の1年間の動きにもっとも関係の深いものはどれか。⑦〜⑤から1つ選びなさい。（　　　　）

⑦ 太陽の自転　　⑦ 太陽の公転　　⑦ 地球の自転　　⑤ 地球の公転

2 図は，星座の中を太陽が移動していく経路を表したものである。▶▶ **1** **2**

□(1) 太陽の星座の中の通り道を何というか。（　　　　　　　）

□(2) 太陽が(1)の通り道を1周するのにどのくらいの時間がかかるか。⑦〜⑤から1つ選びなさい。（　　　　）

⑦ 1か月　　⑦ 6か月　　⑦ 1年　　⑤ 10年

□(3) [記述] 太陽が星座の中を移動していくのはなぜか。「地球」という語句を使って簡潔に書きなさい。

（　　　　　　　　　　　　　　　　　　　　　　　　）

地球は太陽のまわりを回っているよね。

ヒント　**1** (3)同じ時刻に見える星の位置は，1年たつともとにもどる。

ミスに注意　**2** (3)理由を問われているので，文末は「〜から。」や「〜ため。」とする。

2章　太陽と恒星の動き②

時間30分　／100点　合格70点　解答 p.14

❶ 図の天球で，点Pは地軸の延長と天球が交わる点，点Qは観測者の真上の点である。天球上の星A～Cは同時に南中し，南中したとき，AB間とBC間の天球上の距離は等しい。

34点

- ☐(1) 地軸の延長と天球の交点Pを何というか。
- ☐(2) 観測者の真上の点Qを何というか。
- ☐(3) 南中高度がもっとも高いのは，星A～Cのどれか。㋐～㋓から1つ選びなさい。

  ㋐　A　　㋑　B　　㋒　C　　㋓　どれも同じ。

- ☐(4) 記述 点Pの近くには北極星がある。時間がたっても北極星がほとんど動かないのはなぜか。「地軸」という語句を使って簡潔に書きなさい。

- ☐(5) 地平線から出てくる時刻がもっとも早いのは，星A～Cのどれか。㋐～㋓から1つ選びなさい。思

  ㋐　A　　㋑　B　　㋒　C　　㋓　どれも同じ。

- ☐(6) 図のように，星A～Cは東から西へ動いている。このような天体の動きの原因となる地球の運動は何か。

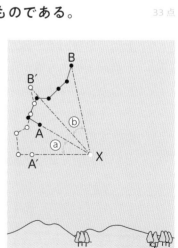

- (7) 図よりも高緯度の地点での天体の運動を考えたとき，天球はどのように変わるか。㋐～㋓から1つ選びなさい。思
  - ㋐　点Pは点Qから遠ざかり，星Aの見える時間が短くなる。
  - ㋑　点Pは点Qから遠ざかり，星Cの見える時間が短くなる。
  - ㋒　点Pは点Qに近づき，星Aの見える時間が短くなる。
  - ㋓　点Pは点Qに近づき，星Cの見える時間が短くなる。

❷ 図は，ある日の20時と22時に北斗七星を観測したものである。

33点

- ☐(1) 天球上で天体の位置は，何と何を使って表すか。㋐～㋓から2つ選びなさい。

  ㋐　方位　　㋑　距離　　㋒　高度　　㋓　等級

- ☐(2) 図のような星の動きを何というか。
- ☐(3) 星Xを何というか。
- ☐(4) 20時に観測されたのは，AB，A′B′のどちらか。
- ☐(5) ∠ⓐは何度か。㋐～㋓から1つ選びなさい。

  ㋐　約15°　　㋑　約30°　　㋒　約45°　　㋓　約60°

- (6) 記述 ∠ⓐと∠ⓑは等しくなる。その理由を，「地球」「見かけ」「速さ」という語句を使って，簡潔に書きなさい。思

3 図は，太陽のまわりを公転する地球と，天球上の太陽の通り道にある4つの星座の位置関係を表したものである。

33点

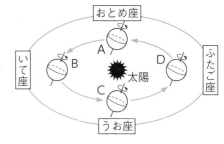

- □(1) 北半球でもっとも多くの太陽のエネルギーを受けとるのは，地球がA〜Dのどの位置にあるときか。
- □(2) 天球上の太陽の通り道を，何というか。
- □(3) 地球がAの位置にあるとき，日本で真夜中に南中する星座はどれか。
- □(4) 地球がBの位置にあるとき，日本で夕方に南中する星座はどれか。
- □(5) (3)の星座は，地球がAの位置にあったときから3か月後の同じ時刻には，東・西・南・北のどの方位の空で観測できるか。
- □(6) 地球がDの位置にあるとき，日本で1日中見ることができない星座はどれか。
- □(7) 日本で，真夜中にいて座が東の空に見えるのは，地球がA〜Dのどの位置にあるときか。
- □(8) 地球がBの位置から公転するのにつれて，地球から見た太陽は，星座の間をどのように動いていくように見えるか。⑦〜⑤から1つ選びなさい。
  - ⑦　いて座→うお座→ふたご座→おとめ座
  - ⑦　いて座→おとめ座→ふたご座→うお座
  - ⑦　ふたご座→おとめ座→いて座→うお座
  - ⑤　ふたご座→うお座→いて座→おとめ座

❶	(1) 5点	(2) 5点	(3) 4点
	(4) 7点		
	(5) 4点	(6) 5点	(7) 4点
❷	(1) 4点	4点	(2) 5点
	(3) 5点	(4) 4点	(5) 4点
	(6) 7点		
❸	(1) 4点	(2) 5点	(3) 4点
	(4) 4点	(5) 4点	(6) 4点
	(7) 4点	(8) 4点	

定期テスト予報 地球の公転と星座を結びつけた問題がよく出されます。
地球で明け方・真夜中・夕方の位置と，星座の見える方位を理解しましょう。

（　）と▢にあてはまる語句を答えよう。

1 月の動きと見え方

教科書 p.83～84　▶▶ ❶

- (1) 月は地球の¹（　　　　　）で、太陽の光を²（　　　　　）して、太陽の方向にある半分だけがかがやいている。
- (2) 月が地球のまわりを³（　　　　　）することで、太陽，月，地球の位置関係が変わり，月のかがやいて見える部分が変化する。
- (3) 同じ時刻に見える月の位置は，1日に約12°⁴（　　　　　）から⁵（　　　　　）へと移動し，月の出の時刻は1日に約50分⁶（　　　　　）なる。
- (4) 満月から次の満月までには約⁷（　　　　　）日かかる。
- (5) 図の 8 ～ 10

8 ▢　↑月の名称

月　地球から見たときの月の形

（半月）　三日月　地上　夕方
月の公転の向き　東　地球　西　昼　自転の向き
（日末）月の出

太陽の光

9 ▢　↑月の名称　　　10 ▢　↑月の名称

2 日食と月食

教科書 p.84～85　▶▶ ❷

- (1) 月が太陽と重なり，太陽がかくされる現象を¹（　　　　　）という。
- (2) 月が地球の影に入る現象を²（　　　　　）という。
- (3) 太陽，月，地球が³（　　　　　）上に並ぶときに，日食や月食が起こる。
- (4) 図の 4 ～ 6

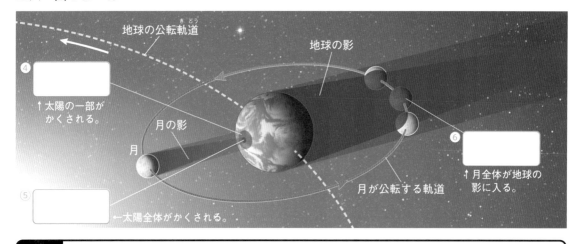

地球の公転軌道　地球の影
4 ▢　↑太陽の一部がかくされる。
月の影　月
5 ▢　←太陽全体がかくされる。
月が公転する軌道
6 ▢　↑月全体が地球の影に入る。

要点
- ●月は地球の衛星で，地球のまわりを公転している。
- ●太陽が月にかくされる現象を日食，月が地球の影に入る現象を月食という。

❶ **図は，太陽，月，地球の位置関係を表したものである。** ▶▶ **１**

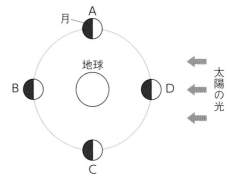

□(1) 月のように，惑星のまわりを公転する天体を何と
いうか。　　　　　　　（　　　　　　　　　）

□(2) 月がA〜Dの位置にあるとき，見られる月をそれ
ぞれ何というか。

A（　　　　　　　）　B（　　　　　　　）

C（　　　　　　　）　D（　　　　　　　）

□(3) Aをはじめとして，B〜Dを月が公転する順に並
べなさい。（ A →　　　　 →　　　　 →　　　　 ）

□(4) 作図 Cの月が南中しているとき，肉眼で南の空に見える月はどのよ
うな形をしているか。右の図にかきなさい。

□(5) 月が東の空からのぼり，南の空を通り，西に沈むように見えるのは
なぜか。⑦〜①から１つ選びなさい。　　　　（　　　　　　）

⑦　地球が北極側から見て，時計回りに自転しているから。

⑦　地球が北極側から見て，反時計回りに自転しているから。

⑦　月が北極側から見て，時計回りに公転しているから。

①　月が北極側から見て，反時計回りに公転しているから。

❷ **図は，太陽，月，地球の位置関係を表したものである。** ▶▶ **２**

□(1) 図1のように，太陽，月，地球が一直線に
並んだとき，太陽がかくされる現象を何と
いうか。　　　　（　　　　　　　　　）

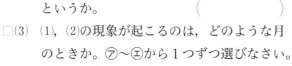

図1

□(2) 図2のように，太陽，月，地球が一直線に
並んだとき，月が地球の影に入る現象を何
というか。　　　　　　（　　　　　　　　　）

図2

□(3) (1)，(2)の現象が起こるのは，どのような月
のときか。⑦〜①から１つずつ選びなさい。

(1)の現象（　　　　）　(2)の現象（　　　　）

⑦　満月　　⑦　上弦の月　　⑦　下弦の月　　①　新月

□(4) 記述 太陽の半径は月の半径の約400倍の大きさなのに，図1のときに，太陽全体が月に
かくされる現象が起こるのはなぜか。その理由を，簡潔に書きなさい。

（　　　　　　　　　　　　　　　　　　　　　　　　　　　　　　　　　　　）

ミスに注意 ❶ (4) 地球のどの位置から月を観測するのかを考え，月の形を判断する。

ヒント ❷ (3) 月の，太陽の光が当たっている部分が，地球からどのように見えるかを考える。

3章　月と金星の動きと見え方(2)

（　）と　　　　にあてはまる語句を答えよう。

1 金星の動きと見え方

□(1) 太陽がのぼる前の東の空に見られる金星を (1)（　　　　　　　　　），太陽が沈んだあとの
西の空に見られる金星を (2)（　　　　　　　　　）という。

□(2) 金星は，太陽系の (3)（　　　　　　　）である。

□(3) 金星は，地球からの距離が
(4)（　　　　　　　）ほど，丸くて小さく
暗く見える。地球に (5)（　　　　　　　）
なるほど，細長くて大きく明るく見え
る。

□(4) 金星が満ち欠けするのは，金星が太陽
の光を (6)（　　　　　　）してかがやい
ているため，地球，金星，太陽の位置
により見かけの形が変わるからである。
また，地球からの (7)（　　　　　　　）に
よって見かけの大きさも変化する。

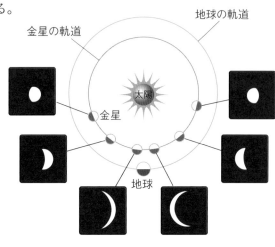

□(5) 金星は地球よりも太陽の近くを公転しているので，地球から見て太陽と反対方向に位置す
ることがない。そのため，金星は (8)（　　　　　　　　）には見えない。

□(6) 金星は，地球と公転する軌道や公転周期がちがうため，たえず地球と金星の
(9)（　　　　　　　　　）が変化していくので，見かけの動きが複雑になる。

□(7) 図 (10) 〜 (15)

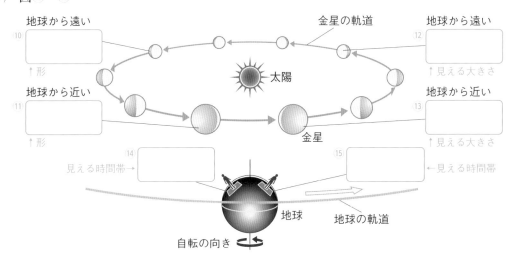

要点
●金星は，太陽系の惑星で，地球の内側を公転している。
●金星は，夕方の西の空か明け方の東の空で見られ，真夜中には見られない。

1 図は，太陽，金星，地球の位置関係を表したものである。　　▶▶ **1**

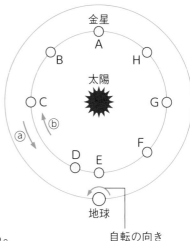
金星
A
B　　H
太陽
C　　G
ⓑ
ⓐ
F
D E
地球
自転の向き

□(1) 金星や地球のように，太陽のまわりを公転している天体を何というか。　　（　　　　　　）

□(2) 金星の公転の向きは，ⓐ，ⓑのどちらか。　　（　　　　　　）

□(3) 金星がBの位置にあるとき，地球から見ると，いつごろ，どの方位の空に見えるか。
（　　　　　　）

□(4) 金星がFの位置にあるときとHの位置にあるときに観測したとすると，金星の見かけの大きさはどうなるか。⑦～⑦から1つ選びなさい。　　（　　　　　　）
　⑦　Fの位置にあるときのほうが，金星が小さく見える。
　⑦　Hの位置にあるときのほうが，金星が小さく見える。
　⑦　どちらも同じぐらいの大きさに見える。

□(5) 地球から見ることができないのは，金星がA～Hのどの位置にあるときか。すべて選びなさい。　　（　　　　　　）

□(6) 記述 真夜中に地球から金星を見ることができない理由を，「太陽」という語句を使って簡潔に書きなさい。
（　　　　　　　　　　　　　　　　　　　　　　　　　　　　）

2 図は，日本のある場所で，ある日の夕方に観測された金星の位置とその形を拡大し，肉眼で見たときの向きに直したものである。　　▶▶ **1**

□(1) 図は，東・西・南・北のどの方位の空を観測したものか。　　（　　　　　　）

□(2) しばらく観測を続けると，金星はどの向きに動くか。図のⓐ～ⓓから1つ選びなさい。
（　　　　　　）

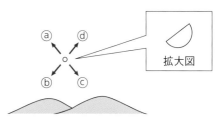
ⓐ　ⓓ
o
ⓑ　ⓒ
拡大図

□(3) この日から1か月間観測を続けると，金星の見かけの形や大きさは，どのように変化するか。ⓐ～ⓓから1つ選びなさい。　　（　　　　　　）

ⓐ　　　　　　　ⓑ　　　　　　　ⓒ　　　　　　　ⓓ

地球

宇宙を観る —— 教科書86～90ページ

ミスに注意 **1** (6) 理由を問われているので，文末は「～から。」や「～ため。」とする。

ヒント **2** (3) 左側が欠けているので，金星は地球に近づいている。

3章　月と金星の動きと見え方

時間30分　／100点　合格70点　解答 p.16

① 図1はいろいろな月の見え方を表したものであり，図2は地球のまわりを公転する月の位置を，太陽の光の方向と関係づけて表したものである。
38点

☐(1)　月のように，惑星のまわりを公転する天体を何というか。

☐(2)　A〜Dを，新月から形が変わっていく順に並べなさい。

☐(3)　Bの半月を何というか。

☐(4)　新月になるのは，月が@〜ⓗのどの位置にあるときか。

☐(5)　日の入りのころに東からのぼってくる月は，A〜Dのどれか。

☐(6)　Dの月が見られるのは，月が@〜ⓗのどの位置にあるときか。

☐(7)　①，②は，それぞれ月が@〜ⓗのどの位置にあるときに起こるか。
　　①　日食　　②　月食

☐(8)　記述　月が満ち欠けして見えるのはなぜか。その理由を簡潔に書きなさい。

図1
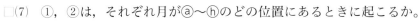
A　B　C　D

図2
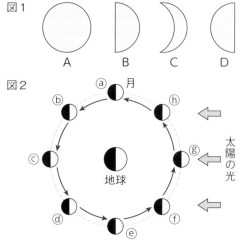
太陽の光
地球

② 図1のPは，日没後に金星が見えた位置である。図2は，Pの位置に金星が見えた日の前後数か月の金星の満ち欠けのようすを表している。
28点

☐(1)　日没後，西の空に見える金星を何というか。

☐(2)　金星がPの位置に見えてから1時間後に，金星は@〜ⓓのどの向きに移動しているか。

☐(3)　月と金星の両方にあてはまる特徴を，⑦〜⑦から1つ選びなさい。
　　⑦　みずから光を出してかがやいている。
　　⑦　満ち欠けをする。
　　⑦　見かけの動きが複雑である。
　　⑦　真夜中に見ることができない。
　　⑦　見かけの大きさが大きく変化する。

☐(4)　Cをはじめとして，A〜Eを観測した順に並べなさい。なお，図2は肉眼で見たときの向きにしてある。

☐(5)　記述　図2のように，金星の見かけの大きさが大きく変化するのはなぜか。簡潔に書きなさい。

☐(6)　記述　金星は，夜明け前の東の空か，日没後の西の空だけで見られる。その理由を簡潔に書きなさい。

図1
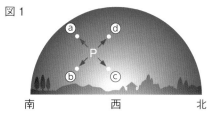
南　　西　　北

図2
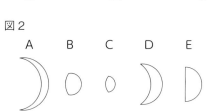
A　B　C　D　E

❸ 太陽・月・地球の位置関係によって，日食や月食が起こる。 34点

□(1) ①日食，②月食が起こるとき，太陽・月・地球はどのような順に並んでいるか。⑦〜⑨から1つずつ選びなさい。

⑦ 太陽‐地球‐月 ⑦ 太陽‐月‐地球 ⑨ 地球‐太陽‐月

□(2) ①日食，②月食が起こるのは，どのような月の日か。その日の月の名称をそれぞれ書きなさい。

□(3) 図は，日食が起こっているときのようすを表している。①皆既日食，②部分日食が見えている地点はどこか。ⓐ〜ⓓから1つずつ選びなさい。

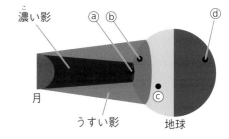

濃い影　ⓐ　ⓑ　　　　ⓓ

月　　　　　　ⓒ

うすい影　　地球

□(4) 記述 月食が続いている時間に比べて，ふつう日食が続いている時間は短い。その理由を「影」という語句を使って簡潔に書きなさい。

□(5) 日食が起こる原因の1つが，地球から見ると太陽と月がほぼ同じ大きさに見えることである。太陽の半径が月の半径の約400倍とすると，地球から太陽までの距離は地球から月までの距離の約何倍と考えられるか。

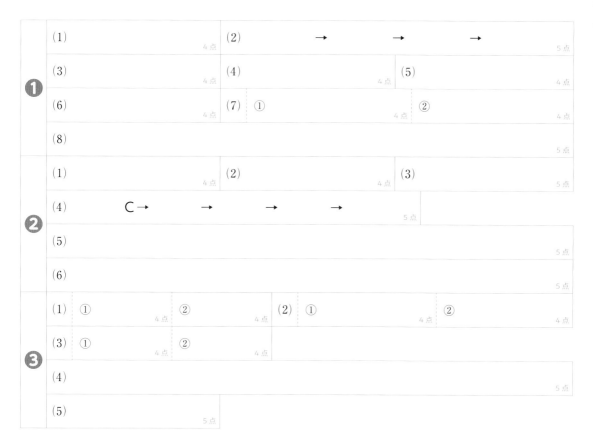

❶	(1) 　　　　　　4点	(2) 　　　→　　　　　→　　　　　→　　5点	
	(3) 　　　　　　4点	(4) 　　　　4点	(5) 　　　　4点
	(6) 　　　　　　4点	(7) ① 　　　4点　　② 　　　4点	
	(8) 　　　　　　　　　　　　　　　　　　　　　　　5点		

❷	(1) 　　　　　　4点	(2) 　　　　4点	(3) 　　　　5点
	(4) 　　C→　　　　→　　　　→　　　　→　　5点		
	(5) 　　　　　　　　　　　　　　　　　　　　　　　5点		
	(6) 　　　　　　　　　　　　　　　　　　　　　　　5点		

❸	(1) ① 　　4点　　② 　　4点	(2) ① 　　　4点　　② 　　　4点	
	(3) ① 　　4点　　② 　　4点		
	(4) 　　　　　　　　　　　　　　　　　　　　　　　5点		
	(5) 　　　　　　5点		

定期テスト 予報　月や金星の見え方や満ち欠けについて問われます。
太陽・月・地球，太陽・金星・地球の位置関係と見え方を理解しましょう。

（　）と□□□にあてはまる語句を答えよう。

1 水溶液にすると電流が流れる物質

教科書 p.108～110　▶▶❶

光電池用モーター
電源装置
ステンレス電極
電流計
蒸留水，いろいろな水溶液

□(1) 水溶液には，その溶質によって，電流が流れるものと流れ
①（　　　　　　　）ものがある。

□(2) 塩化水素のように，水にとけると水溶液に電流が流れる物
質を②（　　　　　　　）といい，砂糖のように，水にとけても
水溶液に電流が流れない物質を③（　　　　　　　）という。

電解質…水にとけると ④（　　　　　）が流れる物質	⑤（　　　　　　　）…水にとけても電流が流れない物質
塩化ナトリウム，塩化水素 塩化銅，水酸化ナトリウムなど	蒸留水，砂糖，エタノールなど

2 電解質の水溶液に電流が流れたときの変化

教科書 p.111～114　▶▶❷❸

電源装置(9V)
塩化銅水溶液
陰極
陽極
硝酸カリウム水溶液で湿らせたろ紙
スライドガラス

□(1) 硝酸カリウム水溶液で湿らせたろ紙の中央に塩化銅水
溶液のしみをつけ，ろ紙の両端に電圧を加える。
→①（　　　　）色のしみが②（　　　　　　）極側へ移動。

□(2) うすい塩酸を電気分解すると，両極付近で気体が発生。
・陰極付近で発生した気体は，燃える性質があったこ
とから③（　　　　　　）であるといえる。
・陽極付近で発生した気体は，プールを消毒したとき
のようなにおいがして，④（　　　　　　）作用がある
ことから，⑤（　　　　　　）であるといえる。

□(3) 図の⑥～⑧

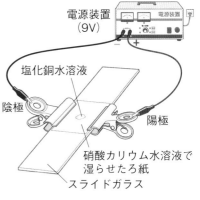

ゴム栓
白金めっきつきチタン電極
陰極
陽極
ポンと
赤インクで着色した水
においを調べる。
着色した水の色が
電源装置(6V)
前面

⑥ _____ を立てて燃える。

⑦ _____ 。

⑧ _____ を消毒したときのにおいがする。

□(4) (1)，(2)で水素原子や銅原子は⑨（　　　　　　）の電気を帯びた粒子に，一方，塩素原子は
⑩（　　　　　　）の電気を帯びた粒子になっていると考えられる。

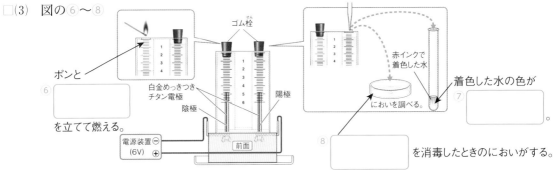

要点
●物質には水にとけると電流が流れる**電解質**と流れない**非電解質**がある。
●塩酸の電気分解では，陰極で水素が，陽極で塩素が発生する。

54

1章　水溶液とイオン(1)

① 7種類の液体⑦〜㋖に，それぞれ電極の先をつけて，電流が流れるかどうかを調べた。 ▶▶ １

⑦　塩化銅水溶液　　㋑　砂糖水　　㋒　塩酸　　㋓　蒸留水　　㋔　みかんの果汁
㋕　水酸化ナトリウム水溶液　　㋖　エタノールと水の混合物

□(1)　⑦〜㋖のうち，電流が流れたものをすべて選びなさい。　（　　　　　　　）

□(2)　水にとけると電流が流れる物質のことを何というか。　（　　　　　　　）

② 図のような電気分解装置にうすい塩酸を入れて電流を通し，何ができるかを調べた。 ▶▶ ２

□(1)　電極Aは，陽極，陰極のどちらか。（　　　　　　）

□(2)　記述 電極A側の管の上部の液をスポイトでとり，
においを調べた。どのようなにおいがするか。
（　　　　　　　　　　　　　　　）

□(3)　(2)の液を，赤インクで着色した水に入れると，赤
インクの色はどうなるか。　（　　　　　　　　　）

□(4)　電極Aから気体が発生するのは，塩酸中のどのよ
うな粒子が，どのように移動するためと考えられるか。（　）に記号や語句を入れなさい。
①（　　　　　　　）の電気を帯びた粒子が，②（　　　　　　　）極に移動するため。

□(5)　電極A，電極Bから発生した気体は何か。それぞれ化学式を書きなさい。
電極A（　　　　　　　）　　　　電極B（　　　　　　　）

（図）うすい塩酸　電極B　ゴム栓　目盛り　電極A　6Vの電圧を加える。　電源装置

③ 塩化銅水溶液に電流を流したときの変化について調べた。 ▶▶ ２

実験1 塩化銅水溶液に電流を流すと，陰極に赤い物質が付
着し，陽極から気体が発生した。

実験2 図のように，硝酸カリウム水溶液で湿らせたろ紙の
中央に，塩化銅水溶液のしみをつけ，ろ紙の両端に
電圧を加えたところ，青いしみが移動するのが見ら
れた。

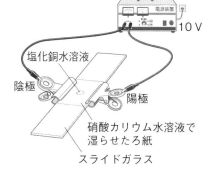

（図）10V　塩化銅水溶液　陰極　陽極　硝酸カリウム水溶液で湿らせたろ紙　スライドガラス

□(1)　実験1で，陰極に付着した物質と，陽極に発生した気
体の化学式をそれぞれ書きなさい。
陰極（　　　　　　　）　　　陽極（　　　　　　　）

□(2)　実験2で，青色のしみは，陽極側，陰極側のどちらへ移動したか。　（　　　　　　　）

□(3)　(2)で移動した青色のしみは，何原子が電気を帯びたものか。　（　　　　　）原子

□(4)　(3)の原子が電気を帯びたものは，＋，－どちらの電気を帯びていると考えられるか。
（　　　　　　　）

ミスに注意 ②(5)電源の＋極につないだ電極には，－の電気を帯びた粒子が，電源の－極につないだ電極には，＋の
電気を帯びた粒子が移動する。

（　）と□□にあてはまる語句や化学式を答えよう。

1 原子の構造・イオンのでき方

教科書 p.115〜117　▶▶❶❷

□(1) 原子は＋の電気をもつ¹（　　　　　）
と，²（　　　　　）の電気をもつ電子から
できている。

□(2) 原子核は，＋の電気をもつ
³（　　　　　）と，電気をもたない
⁴（　　　　　）からできている。

□(3) 図の⑤〜⑧

ヘリウム原子の構造

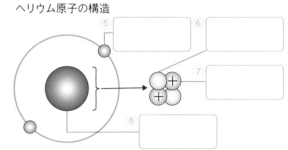

□(4) 陽子と⁹（　　　　　）の数は元素により決まっているが，同じ元素でも中性子の数が異なる原子が存在するものもある。このような関係の原子をたがいに¹⁰（　　　　　）という。

□(5) 原子はふつうの状態では，＋の電気と－の電気がたがいに打ち消され，電気的に中性である。しかし，¹¹（　　　　　）を失ったり受けとったりすると，電気を帯びた粒子になる。

□(6) 原子が＋または－の電気を帯びたものを¹²（　　　　　）といい，＋の電気を帯びたものを¹³（　　　　　），－の電気を帯びたものを¹⁴（　　　　　）という。

□(7) ナトリウム原子 Na は電子を失いやすい性質をもち，電子を1個失うと，1価の陽イオンになる。このイオンを¹⁵（　　　　　）といい，Na^+ と表す。

□(8) 塩素原子 Cl は電子を受けとりやすい性質をもち，電子1個を受けとると，1価の陰イオンになる。このイオンを¹⁶（　　　　　）といい，Cl^- と表す。

□(9) 図の⑰〜⑱

ナトリウム原子　電子を1個失う。　ナトリウムイオン　塩素原子　電子を1個受けとる。　塩化物イオン

$$Na \longrightarrow Na^+ + \boxed{}^{17} \qquad Cl + e^- \longrightarrow \boxed{}^{18}$$

2 電離

教科書 p.118〜119　▶▶❷

□(1) 電解質が水にとけて，陽イオンと
¹（　　　　　）に分かれることを，
²（　　　　　）という。

□(2) 電離の例：図の③〜④

| 塩化水素 | → | 水素イオン | ＋ | 塩化物イオン |
| HCl | → | ³ □ | ＋ | Cl^- |

| 塩化ナトリウム | → | ナトリウムイオン | ＋ | 塩化物イオン |
| NaCl | → | Na^+ | ＋ | ⁴ □ |

要点
●原子は＋の電気をもつ陽子，電気をもたない中性子，－の電気をもつ電子からなる。
●電気を帯びた原子をイオンといい，電解質がイオンに分かれることを電離という。

① 図は，ヘリウム原子のつくりを示したものである。　▶▶ **1**

□(1)　図で，＋の電気をもつ粒子Aを何というか。（　　　　　）

□(2)　図で，電気をもたない粒子Bを何というか。（　　　　　）

□(3)　図で，原子の中心にあり，粒子AとBからできているCを何というか。　（　　　　　）

□(4)　原子の構造について述べた㋐〜㋕のうち，正しいものをすべて選びなさい。　（　　　　　）

　㋐　陽子と電子と中性子は，どれもほぼ同じ質量である。

　㋑　陽子と中性子の質量はほぼ同じだが，電子の質量は陽子と中性子に比べ非常に小さい。

　㋒　原子の中の＋の電気量と−の電気量は等しく，原子全体としては電気的に中性である。

　㋓　原子の中の＋の電気量と−の電気量は，元素によって異なるので，＋の電気を帯びた原子や−の電気を帯びた原子がある。

　㋔　陽子と電子と中性子の数は，元素によって決まっている。

　㋕　陽子と電子の数は元素によって決まっているが，中性子の数が異なる原子が存在する。

② 原子が，電子を失ったり受けとったりすると，イオンになる。　▶▶ **1** **2**

□(1)　イオンのでき方について説明した次の文の（　）に，あてはまる記号や語句を書きなさい。ただし，同じ番号には同じ語句が入る。

　　原子が電子を受けとって，①（　　　　　）の電気を帯びたものを②（　　　　　）という。塩化物イオンのように電子を1個受けとってできたイオンを，③（　　　　　）の（ ② ）という。一方，原子が電子を失って，④（　　　　　）の電気を帯びたものを⑤（　　　　　）という。マグネシウムイオンのように電子を2個失ってできたイオンを，⑥（　　　　　）の（ ⑤ ）という。

□(2)　表は，イオンの種類と化学式をまとめたものである。①〜⑥にあてはまるイオンの名前または化学式を書きなさい。

	陽イオン			陰イオン		
名　前	水素イオン	② 	銅イオン	④ 	水酸化物イオン	⑥
化学式	① 	Na^+	③ 	Cl^-	⑤ 	S^{2-}

□(3)　電解質が水にとけて陽イオンと陰イオンに分かれることを何というか。（　　　　　）

□(4)　塩化水素が水にとけるときの電離のようすを表した次の式の（　）に化学式を書きなさい。

$$HCl \longrightarrow \text{①（　　）} + \text{②（　　）}$$

ミスに注意　**②** (2) 陰イオンのよび方に注意する。「元素名＋イオン」ではなく，「〜化物イオン」とよぶ。

ヒント　**②** (4) 塩化水素が水にとけると，水素イオンと塩化物イオンに分かれる。

❶ 水溶液A～Eをビーカーに入れ，電極の先をつけて，電流が流れるかどうかを調べる。

30点

　　A　うすい塩酸　　　B　エタノールと水の混合物
　　C　食塩水　　D　水酸化ナトリウム水溶液　　E　砂糖水

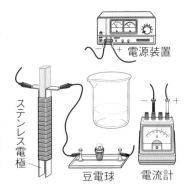

ステンレス電極
電源装置
豆電球　電流計

□(1) [作図] 実験を行うには，図の電源装置，電流計，豆電球，ステンレス電極をどのようにつなげばよいか。図中に導線を実線(──)でかき入れ，装置を完成させなさい。[技]

□(2) この実験では，1つのステンレス電極を使って，複数の水溶液について調べる。調べる水溶液を変えるときは，電極を洗浄びんに入れた「あるもの」で洗ってから，次の水溶液を調べる。この「あるもの」とは何か。[技]

□(3) この実験で電流が流れた水溶液を，A～Eからすべて選びなさい。

□(4) (3)のように，水にとけると水溶液に電流が流れる物質を何というか。

□(5) 水にとけても水溶液に電流が流れない物質を何というか。

[点UP] □(6) [記述] ある飲み物の容器のラベルに，原材料の一部として「砂糖・果糖ブドウ糖液糖・食塩・香料」と書かれていた。この飲み物に電流は流れるか，理由とともに簡潔に書きなさい。[思]

❷ 図1のようにして，塩化銅水溶液を電気分解したところ，それぞれの電極に変化が見られた。

30点

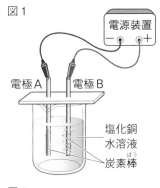

図1
電源装置
電極A　電極B
塩化銅水溶液
炭素棒

□(1) 電極Aの表面には赤色の固体が付着した。この物質の名前を書きなさい。

□(2) [記述] 電極B付近から，気体が発生した。気体のにおいを調べる場合，どのようにするか。簡潔に書きなさい。[技]

□(3) 電極B付近から発生した気体の名前を書きなさい。

□(4) 図2のように，図1とはクリップを逆につなぐと，赤色の固体が付着するのは，電極A，Bのどちらか。[思]

□(5) 塩化銅水溶液を電気分解したときの化学変化を，化学反応式で表しなさい。

□(6) 塩化銅水溶液中では，塩化銅は電離している。電離によって生じるイオンのうち，陰イオンの名前を書きなさい。

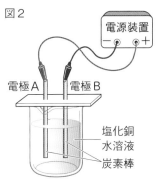

図2
電源装置
電極A　電極B
塩化銅水溶液
炭素棒

□(7) 塩化銅の電離のようすを，化学式を使って表す。正しいものを⑦～⑤から選びなさい。

　　⑦　$CuCl \longrightarrow Cu^+ + Cl^-$

　　⑦　$Cu_2Cl_2 \longrightarrow 2Cu^+ + 2Cl^-$

　　⑦　$CuCl_2 \longrightarrow Cu^+ + 2Cl^-$

　　⑤　$CuCl_2 \longrightarrow Cu^{2+} + 2Cl^-$

❸ 図は，塩化ナトリウムと砂糖をそれぞれ水にとかしたときの水溶液のようすについて，粒子のモデルで表したものである。

40点

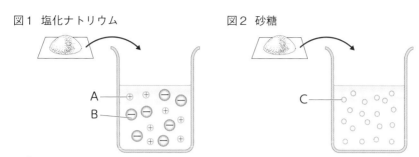

図1 塩化ナトリウム　　図2 砂糖

- □(1) 図1で，＋の電気を帯びている粒子Aは何を表しているか。イオンの名称で答えなさい。
- □(2) 塩化ナトリウムを水にとかすと，粒子Aと粒子Bの数の比はどのようになるか。思
- □(3) 図1の水溶液に2本の炭素棒の電極を入れ，導線で電源装置の＋極，－極につないだ。このとき，陽極側の電極に引かれるのは，粒子Aと粒子Bのどちらか。思
- □(4) 図2で，粒子Cは何を表しているか。思
- □(5) 記述 塩化ナトリウムは電解質であるが，砂糖は非電解質である。砂糖の水溶液に電流が流れない理由を，図の粒子モデルを見て簡潔に書きなさい。思
- □(6) ①～③のイオンを化学式で表しなさい。
  - ① マグネシウムイオン　　② アンモニウムイオン　　③ 硝酸イオン
- □(7) ①～③の化学式で表されるイオンの名称を書きなさい。
  - ① Zn^{2+}　　② $SO_4{}^{2-}$　　③ OH^-

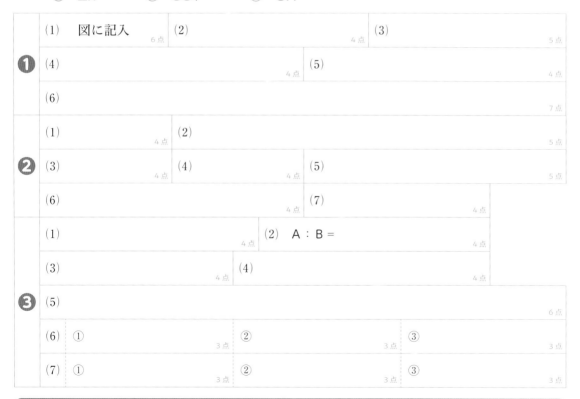

定期テスト予報　塩酸や塩化銅の電気分解の実験，水溶液の電離についてよく問われます。
陽極・陰極での変化，電離で生じるイオンの化学式などを覚えておきましょう。

（　）と□□□にあてはまる語句や化学式を答えよう。

1 金属のイオンへのなりやすさ

教科書 p.125〜132　▶▶❶❷

□(1) 硝酸銀水溶液は無色透明で，水溶液中では，硝酸銀が銀イオンと①（　　　　）イオンに電離している。

$$AgNO_3 \longrightarrow ②（　　　　） + NO_3^-$$

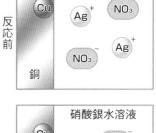

硝酸銀水溶液
反応前
Cu / Ag$^+$ / NO$_3^-$ / Ag$^+$ / NO$_3^-$
銅

□(2) 硝酸銀水溶液に銅線を入れると，銅線のまわりに③（　　　　）色の結晶が現れ，樹木のように成長する。また，水溶液は無色透明から，しだいに④（　　　　）色を帯びる。

□(3) 硝酸銀水溶液に銀線を入れても，反応は⑤（　　　　）。

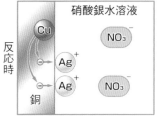

硝酸銀水溶液
反応時
Cu / NO$_3^-$ / Ag$^+$ / Ag$^+$ / NO$_3^-$
銅

□(4) (2)のとき起こっていること
　・銅原子の一部が電子を2個失って，⑥（　　　　）に変化。
　・銀イオンが⑦（　　　　）を1個受けとって，銀原子に変化。
　まとめると，銀イオン⑧（　　　　）個が銅原子1個からそれぞれ電子を1個ずつ受けとり，⑨（　　　　）は銀原子に，銅原子は銅イオンに変化したといえる。

□(5) 図の⑩〜⑫

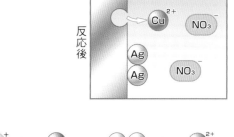

反応後
Cu^{2+} / NO$_3^-$ / Ag / Ag / NO$_3^-$

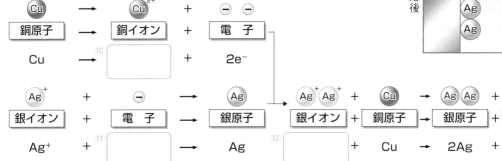

Cu →	Cu^{2+}	+	⊖ ⊖
銅原子 →	銅イオン	+	電　子
Cu →	⑩□	+	2e$^-$

Ag$^+$	+	⊖	→	Ag
銀イオン	+	電　子	→	銀原子
Ag$^+$	+	⑪□	→	Ag

Ag$^+$ Ag$^+$	+	Cu	→	Ag Ag	+	Cu^{2+}
銀イオン	+	銅原子	→	銀原子	+	銅イオン
⑫□	+	Cu	→	2Ag	+	Cu^{2+}

□(6) 銅と銀では，⑬（　　　　）のほうがイオンになりやすい金属である。

□(7) マグネシウム片に硫酸亜鉛水溶液を加えると，マグネシウム片が変化し，⑭（　　　　）色の固体が現れる。→マグネシウム Mg と亜鉛 Zn では，イオンへのなりやすさは，Mg＞Zn

□(8) マグネシウム片に硫酸銅水溶液を加えると，マグネシウム片が変化し，⑮（　　　　）色の固体が現れる。→マグネシウム Mg と銅 Cu では，イオンへのなりやすさは，Mg＞Cu

□(9) 亜鉛片に硫酸銅水溶液を加えると，⑯（　　　　）が変化し，赤色の固体が現れる。→亜鉛 Zn と銅 Cu では，イオンへのなりやすさは，⑰（　　　　）＞⑱（　　　　）

Mg ＞ Zn ＞ Cu
イオンへのなりやすさ
大 ←→ 小

□(10) 金属の種類によって⑲（　　　　）へのなりやすさがちがう。

要点
●金属の種類によって**イオンへのなりやすさ**に**ちがいがある**。
●**イオンへのなりやすさの順番**　Mg＞Zn＞Cu＞Ag

①　図のように，硝酸銀水溶液の中に銅線を入れ，変化を調べた。 ▶▶ **1**

銅線

硝酸銀水溶液

□(1)　硝酸銀は水溶液中で，どのように電離しているか。電離のようすを表した次の式の(　)に，あてはまる化学式を書きなさい。

$$AgNO_3 \longrightarrow {}^{①}(\qquad) + {}^{②}(\qquad)$$

□(2)　水溶液の色は，無色透明から何色に変化するか。（　　　）

□(3)　(2)の色は，何のイオンをふくむ水溶液に特有の色か。イオンの化学式で答えなさい。（　　　）

□(4)　記述 銅線のまわりにはどのような変化が見られるか。簡潔に書きなさい。
（　　　　　　　　　　　　　　　　　）

□(5)　(4)のことから，どのような変化が起きたと考えられるか。⑦～⊆から１つ選びなさい。
（　　　）

⑦　銀原子の一部が銀イオンに変化した。

④　銀イオンの一部が銀原子に変化した。

⑦　銅原子の一部が銅イオンに変化した。

⊆　銅イオンの一部が銅原子に変化した。

銅線のまわりには
何が現れたかな？

□(6)　この実験から，銅と銀では，どちらのほうがイオンになりやすいといえるか。（　　　）

②　マグネシウムと亜鉛について，イオンへのなりやすさのちがいを調べた。 ▶▶ **1**

□(1)　マグネシウム片を入れたペトリ皿に，硫酸亜鉛水溶液を加えると，マグネシウム片が変化し，灰色の固体が現れた。この灰色の固体は何か。化学式で答えなさい。

（　　　）

□(2)　記述 亜鉛片を入れたペトリ皿に硫酸マグネシウム水溶液を加えるとどうなるか。簡潔に書きなさい。
（　　　　　　　　　　　　　　　　　　　　　　　　）

□(3)　(1)のとき，マグネシウムと亜鉛はどのように変化しているか。次の文の(　)にあてはまる語句や数字を書きなさい。

マグネシウム原子は電子を ${}^{①}(\qquad)$ 個失って ${}^{②}(\qquad)$ となり，水溶液中の亜鉛イオンは，${}^{③}(\qquad)$ を ${}^{④}(\qquad)$ 個受けとって亜鉛原子となる。

□(4)　この実験より，マグネシウムと亜鉛では，どちらのほうがイオンになりやすいといえるか。イオンの化学式で答えなさい。（　　　）

ヒント　① (3)硫酸銅水溶液や塩化銅水溶液は，青色の水溶液である。

ミスに注意　② (4)この実験で，原子からイオンに変化したのはどちらか考える。

2章 電池とイオン(2)

（ ）と □ にあてはまる語句や化学式を答えよう。

1 電池のしくみ

教科書 p.133〜138 ▶▶①

□(1) もともと物質がもっているエネルギーを ①（　　　　　　　）という。

□(2) 化学変化を利用して，物質がもっている化学エネルギーを電気エネルギーに変換してとり出す装置を ②（　　　　　）または ③（　　　　　）という。

□(3) ダニエル電池は，亜鉛と ④（　　　　　）の2種類の金属，硫酸亜鉛水溶液と硫酸銅水溶液の2種類の水溶液を用いた電池である。

□(4) 亜鉛と銅では，より陽イオンになりやすい ⑤（　　　　　）原子が電子を失い，イオンになる。

□(5) 亜鉛板に残った ⑥（　　　　　）は，導線を通って銅板へ移動し，水溶液中の銅イオンが⑥を受けとって銅原子になる。

□(6) 電子は亜鉛板から銅板へ移動し，亜鉛板が ⑦（　　　　）極，銅板が ⑧（　　　　）極となる。

□(7) 図の ⑨〜⑪

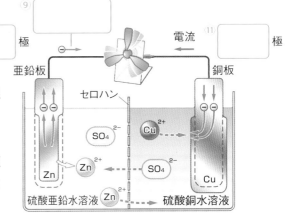

□(8) ダニエル電池のそれぞれの極での反応

（－極）　$Zn \longrightarrow$ ⑫（　　　　）$+ 2e^-$

（＋極）　$Cu^{2+} +$ ⑬（　　　　）$\longrightarrow Cu$

電子が移動する向きと電流の向きは逆だね。

2 日常生活と電池

教科書 p.139〜140 ▶▶②

□(1) 電池には，充電できない ①（　　　　　）電池と，充電できる ②（　　　　　）電池がある。

□(2) 電池の内部で化学エネルギーを電気エネルギーに変換し，③（　　　　　）をとり出すことを放電という。逆に電池に外部電源から電流を流し，電気エネルギーを ④（　　　　　）エネルギーに変換することを ⑤（　　　　）という。

□(3) 水の電気分解と逆の化学変化を利用して，水素と酸素がもつ化学エネルギーを，電気エネルギーとしてとり出す装置を ⑥（　　　　　）という。

□(4) 燃料電池は，燃料の ⑦（　　　　）を供給し続ければ，継続して電気をとり出せる。また，⑧（　　　　）だけが生じるので，環境への悪影響も少ない。

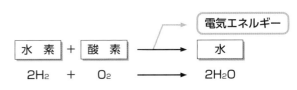

| 水素 | + | 酸素 | → | 電気エネルギー |
| | | | | 水 |

$2H_2 + O_2 \longrightarrow 2H_2O$

要点
- ●ダニエル電池では，亜鉛板が－極，銅板が＋極となる。
- ●水の電気分解と逆の化学変化を利用して電気をとり出す装置を燃料電池という。

1 亜鉛板（あえん）と銅板，硫酸亜鉛水溶液（りゅうさん）（すいようえき）と硫酸銅水溶液を用い，アクリル容器とセロハンを使って，図のようなダニエル電池を製作する実験を行った。 ▶▶ **1**

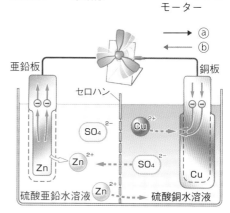

- 亜鉛板
- 銅板
- 硫酸亜鉛水溶液
- 硫酸銅水溶液
- 光電池用の（こうでんち）プロペラつきモーター

□(1) [記述] 電池にプロペラつきモーターをつないで，しばらくモーターを回し続けると，亜鉛板，銅板はそれぞれどうなるか。簡潔に書きなさい。

亜鉛板（　　　　　　　　）
銅板　（　　　　　　　　）

□(2) 電池につないだとき，つなぎ方で亜鉛板と銅板のどちらが＋極（プラス）でどちらが－極（マイナス）かを調べることができるのは，⑦，⑦のどちらか。（　　　）
⑦　豆電球　　　⑦　電子オルゴール

□(3) 右の図は，この電池のしくみを表したモデル図である。電流の向きを表す矢印は@，ⓑのどちらか。（　　　）

- ⓐ
- ⓑ
- 亜鉛板
- 銅板
- セロハン
- SO_4^{2-}
- Cu^{2+}
- Zn^{2+}
- SO_4^{2-}
- Zn
- Cu
- Zn^{2+}
- 硫酸亜鉛水溶液
- 硫酸銅水溶液

□(4) 電流の向きとは逆向きに移動しているものは何か。（　　　）

□(5) この電池で，移動してきた(4)のものを受けとっているのは何か。化学式で答えなさい。（　　　）

□(6) [記述] 反応が進むと，亜鉛板側では亜鉛イオンがふえ続け，銅板側では銅イオンが減り続け，電池のはたらきが低下してしまう。これを防ぐために，この電池ではどのような工夫がしてあるか。簡潔に書きなさい。

（　　　　　　　　　　　　　　　　　　　　　　　　　　　　　）

2 身のまわりの電池や燃料電池について調べた。 ▶▶ **2**

□(1) 充電（じゅうでん）によりくり返し使える電池を⑦〜⑦から1つ選びなさい。（　　　）
⑦　アルカリマンガン乾電池（かんでんち）　　⑦　リチウム電池　　⑦　鉛蓄電池（なまりちく）

□(2) (1)のような電池を何電池というか。（　　　　　）

□(3) 水を電気分解した後，図のように光電池用プロペラつきモーターにつないだところ，モーターが回った。このとき起こっている化学変化について，化学反応式を書きなさい。

（　　　　　　　　　　　　　　　　　　）

ヒント　**1** (1) 亜鉛と銅では，亜鉛のほうがイオンになりやすい。
2 (3) 水の電気分解とは逆の化学変化が起こっている。

❶ 銅，亜鉛，マグネシウムのイオンへのなりやすさのちがいを調べた。

36点

実験 銅，亜鉛，マグネシウムの3種類の金属片と，硫酸銅水溶液，硫酸亜鉛水溶液，硫酸マグネシウム水溶液を用意し，マイクロプレートの穴に，表のような組み合わせで入れる。表中で，ⓐ～ⓒは変化が見られた組み合わせで，×は変化が見られなかった組み合わせである。

	硫酸マグネシウム水溶液 (Mg^{2+})	硫酸亜鉛水溶液 (Zn^{2+})	硫酸銅水溶液 (Cu^{2+})
マグネシウム(Mg)		ⓐ	ⓑ
亜鉛(Zn)	×		ⓒ
銅(Cu)	×	×	

□(1) ⓐ～ⓒでは，金属片が変化し，固体が現れた。赤色の固体が現れたものを，ⓐ～ⓒからすべて選びなさい。

□(2) ⓑでは，硫酸銅水溶液の青色はどのように変化したか。⑦～⑦から1つ選びなさい。
　　⑦　濃くなった。　　　⑦　うすくなった。　　　⑦　変化しなかった。

□(3) ⓑで起きた変化で，①，②のものの名前を，原子かイオンかがはっきりわかるように書きなさい。
　　①　電子を失ったもの　　　②　電子を受けとったもの

□(4) ⓐ，ⓒのそれぞれで，亜鉛に起きた化学変化を，イオンの化学式を用いて表しなさい。ただし，電子は e^- で表しなさい。

□(5) 銅，亜鉛，マグネシウムの3つの金属原子を化学式で表し，イオンになりやすい順に並べなさい。

❷ 図は，ダニエル電池のしくみをモデルで表したものである。

26点

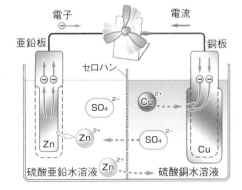

□(1) ダニエル電池で＋極となるのは，亜鉛板，銅板のどちらか。

□(2) **記述** ダニエル電池では，電子が亜鉛板から銅板に移動することで電流が流れる。このようになる理由を簡潔に書きなさい。**思**

□(3) 銅板の表面で起こる化学変化を，イオンの化学式を用いて表しなさい。ただし，電子は e^- で表しなさい。

□(4) **記述** ダニエル電池と同様の装置をつくり，真ん中のセロハンをとり除いて，2つの水溶液がはじめから混じり合った状態にした。このとき電流は流れるか。その理由とともに，簡潔に書きなさい。**思**

❸ いろいろな電池のしくみについて考える。　　　　　　　　38点

□(1)　アルカリマンガン乾電池やリチウム電池のような，使いきりタイプの電池のことを何というか。

□(2)　電池のしくみについて，次の文の（　）にあてはまる語句を書きなさい。ただし，同じ番号には同じ語句が入る。

　　　電池を回路につなぐと，電池の内部で，（　①　）エネルギーが（　②　）エネルギーに変換される。これによって電流をとり出すことができ，このことを放電という。逆に，外部の電源から電池に電流を流し，（　②　）エネルギーを（　①　）エネルギーに変換することを（　③　）という。

□(3)　図は，燃料電池自動車のしくみを表したものである。Aのステーションで供給している燃料は何か。物質名で答えなさい。思

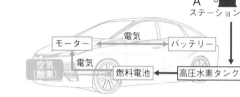

□(4)　燃料電池で起こる化学変化の化学反応式を書きなさい。

□(5)　記述　燃料電池自動車が環境への影響が少ないと考えられる理由を簡潔に書きなさい。思

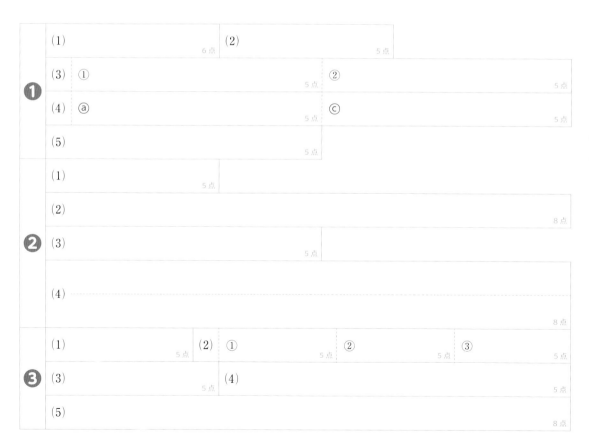

❶	(1)　　　　　　　　　　6点	(2)　　　　　　　　　　5点
	(3)　①　　　　　　　　　5点	②　　　　　　　　　　5点
	(4)　ⓐ　　　　　　　　　5点	ⓒ　　　　　　　　　　5点
	(5)　　　　　　　　　　5点	

❷	(1)　　　　　　　　　　5点
	(2)　　　　　　　　　　8点
	(3)　　　　　　　　　　5点
	(4)　　　　　　　　　　8点

❸	(1)　　　　5点	(2)　①　　　　5点	②　　　　5点	③　　　　5点
	(3)　　　　5点	(4)　　　　　　　　　　5点		
	(5)　　　　　　　　　　8点			

定期テスト
予報　金属のイオンへのなりやすさの順，ダニエル電池のしくみについて問われるでしょう。
　　　金属のイオンになりやすい順と電池のしくみとの関係をおさえておきましょう。

（ ）と□にあてはまる語句を答えよう。

1 酸性やアルカリ性の水溶液の性質

教科書 p.143～147 ▶▶❶❷

□(1) リトマス紙
・酸性の水溶液…¹( )色のリトマス紙を²( )色に変える性質がある。
・アルカリ性の水溶液…³( )色のリトマス紙を⁴( )色に変える性質がある。

□(2) 身のまわりの水溶液の例：表の⑤～⑥

	⁵□ 性	中 性	⁶□ 性
水溶液の例	レモンのしぼり汁	食塩水	セッケン水
リトマス紙の変化	青色リトマス紙→赤色	変化なし	赤色リトマス紙→青色

□(3) 水溶液に BTB 溶液を加えると，酸性のときは
⁷( )色，中性のときは⁸( )色，
アルカリ性のときは⁹( )色になる。

□(4) 図の⑩～⑪

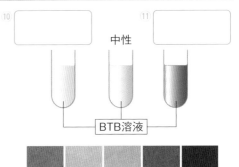

中性

BTB溶液

赤色 オレンジ色 緑色 青緑色 青色

pH試験紙の示す色

□(5) 水溶液にフェノールフタレイン溶液を加えると，
酸性・中性のときは無色だが，アルカリ性のと
きは¹²( )色になる。

□(6) 水溶液を pH 試験紙につけると，¹³( )
性では黄色～赤色，中性では緑色，
¹⁴( )性では青色になる。

□(7) 水溶液にマグネシウムリボンを入れると，水溶液が¹⁵( )性のときだけ気体
が発生する。発生した気体を集めてマッチの火を近づけると，ポンと音がして燃えるので
¹⁶( )であるとわかる。

□(8) 酸性・アルカリ性の水溶液の性質：表の⑰～⑱

	¹⁷□ 性	¹⁸□ 性
性 質	❶青色リトマス紙を赤色に変える。 ❷緑色の BTB 溶液を黄色に変える。 ❸pH 試験紙につけると黄色～赤色になる。 ❹マグネシウムなどの金属を入れると，水素が発生する。	❶赤色リトマス紙を青色に変える。 ❷緑色の BTB 溶液を青色に変える。 ❸pH 試験紙につけると青色になる。 ❹フェノールフタレイン溶液を赤色に変える。
おもな水溶液	塩酸，硫酸，酢酸	水酸化ナトリウム水溶液，水酸化バリウム水溶液，アンモニア水

要点
●BTB 溶液は酸性の水溶液で黄色に，アルカリ性の水溶液で青色になる。
●酸性の水溶液にマグネシウムリボンを入れると，水素が発生する。

3章　酸・アルカリと塩(1)

1 8種類の水溶液A〜Hを用意して，その性質を調べた。　▶▶ **1**

A　水酸化ナトリウム水溶液　　B　アンモニア水
C　硫酸　　　　　　　　　　　D　砂糖水
E　酢酸　　　　　　　　　　　F　水酸化バリウム水溶液
G　セッケン水　　　　　　　　H　塩化水素の水溶液

□(1)　Hの塩化水素の水溶液は，ふつう何とよばれるか。　（　　　　　　）

□(2)　緑色のBTB溶液を加えたときに，青色を示す水溶液を，A〜Hからすべて選びなさい。
　　　（　　　　　　　　　）

□(3)　青色リトマス紙につけたときに，赤色に変わる水溶液を，A〜Hからすべて選びなさい。
　　　（　　　　　　　　　）

□(4)　pH試験紙につけたとき，緑色を示す水溶液を，A〜Hから1つ選びなさい。　（　　　　）

□(5)　A〜Hの水溶液を，ある性質を示すかどうかで分けたところ，表の
　　　XとYの2つのグループに分けられた。Xに属する水溶液の性質を
　　　⑦〜㋤から1つ選びなさい。　　　　　（　　　　）

X	A, B, F, G
Y	C, D, E, H

　　　⑦　電流が流れない。　　　　　㋑　においがない。
　　　㋒　フェノールフタレイン溶液を赤色に変える。
　　　㋓　pH試験紙につけると，黄色〜赤色になる。

□(6)　BTB溶液を加えた水に，呼気をふきこんだところ，水溶液の色が緑色から黄色に変わった。
　　　その理由を説明した次の文の，①には気体の名前を，②には語句を書きなさい。
　　　　呼気にはまわりの空気より①（　　　　　　　　　）が多くふくまれているため，この水溶
　　　液は②（　　　　　　　）を示すから。

2 図のように，うすい塩酸にマグネシウムリボンを入れると，気体が発生した。　▶▶ **1**

□(1)　発生した気体は何か。化学式で答えなさい。　（　　　　　　）

□(2)　この実験の塩酸と同じように，マグネシウムリボンを入れたとき気体が
　　　発生する水溶液を，⑦〜㋔からすべて選びなさい。　（　　　　）
　　　⑦　塩化ナトリウム水溶液　　　㋑　水酸化ナトリウム水溶液
　　　㋒　うすい硫酸　　　㋓　酢酸　　　㋔　水酸化バリウム水溶液

□(3)　(2)で選んだ水溶液に共通の性質を⑦〜㋓からすべて選びなさい。　（　　　　）
　　　⑦　青色リトマス紙を赤色に変える。　　　㋑　赤色リトマス紙を青色に変える。
　　　㋒　フェノールフタレイン溶液を赤色に変える。
　　　㋓　緑色のBTB溶液を黄色に変える。

ヒント　**1** (6)①の気体がとけこんでいる水溶液は，炭酸水とよばれる。
　　　　2 (1)この気体を確認するには，マッチの火を近づけ，ポンと音を立てて燃えるか調べる。

（　）と［　　］にあてはまる語句を答えよう。

1 酸性やアルカリ性を決めているもの

教科書 p.148～151　▶▶ 1 2

□(1) pH試験紙とろ紙を，①（　　　　　　　　　）を流れやすくするため硝酸カリウム水溶液で湿らせ，両端に電圧をかける。

□(2) pH試験紙の中央に，塩酸または水酸化ナトリウム水溶液をしみこませた細いろ紙を置く。

・塩酸をしみこませたとき：pH試験紙は②（　　　　　　　）色に変化し，それは③（　　　　　　　）極に向かって移動した。→移動したものは，＋の電気を帯びた陽イオンであるとわかる。

・水酸化ナトリウム水溶液をしみこませたとき：pH試験紙は④（　　　　　　　）色に変化し，それは⑤（　　　　　　　）極に向かって移動した。→移動したものは，－の電気を帯びた陰イオンであるとわかる。

□(3) 図の⑥～⑦

陰極側が ⑥［　　　　　］に変化する。

陽極側が ⑦［　　　　　］に変化する。

□(4) 塩化水素は水溶液中で電離して，⑧（　　　　　　　）イオン H^+ と塩化物イオン Cl^- に分かれる。＋の電気を帯びた⑧イオンが，pH試験紙を赤色に変えた。

□(5) 水溶液中で電離して水素イオン H^+ を生じる物質を⑨（　　　　　　　）という。

□(6) 水酸化ナトリウムは水溶液中で電離して，ナトリウムイオン Na^+ と⑩（　　　　　　　）イオン OH^- に分かれる。－の電気を帯びた⑩イオンが，pH試験紙を青色に変えた。

□(7) 水溶液中で電離して水酸化物イオン OH^- を生じる物質を⑪（　　　　　　　）という。

2 酸性・アルカリ性の強さ

教科書 p.152～153　▶▶ 2

□(1) 水溶液の酸性，アルカリ性の強さを表すには，①（　　　　　　　）が用いられる。

□(2) pHの値が7のとき，水溶液は②（　　　　　　　）で，7より小さいほど③（　　　　　　　）が強く，7より大きいほど④（　　　　　　　）が強い。

□(3) 図の⑤～⑥

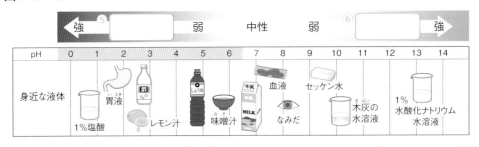

強 ⑤［　　　　　］弱　中性　弱 ⑥［　　　　　］強

pH	0	1	2	3	4	5	6	7	8	9	10	11	12	13	14

身近な液体：1%塩酸　胃液　レモン汁　味噌汁　牛乳 MILK　なみだ　血液　セッケン水　木灰の水溶液　1%水酸化ナトリウム水溶液

要点

●電離して H^+ を生じる物質を酸，OH^- を生じる物質をアルカリという。

●水溶液の酸性・アルカリ性の強さは pH の値で表す。pH の値が7のとき中性である。

1 図のように，pH試験紙とろ紙を硝酸カリウム水溶液で湿らせ，両端に電圧を加えた。次に，水溶液をしみこませた細いろ紙を中央において，変化を調べた。 ▶▶ **1**

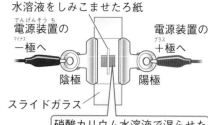

水溶液をしみこませたろ紙
電源装置の−極へ
電源装置の＋極へ
陰極
陽極
スライドガラス
硝酸カリウム水溶液で湿らせたpH試験紙とろ紙

□(1) pH試験紙とろ紙を硝酸カリウム水溶液で湿らせる理由を，⑦〜⑨から1つ選びなさい。　(　　)
　⑦　水溶液と化学変化を起こさせるため。
　⑦　pH試験紙の色の変化をわかりやすくするため。
　⑨　電流を流れやすくするため。

□(2) 塩酸をしみこませたろ紙を中央に置くと，pH試験紙の赤色に変化した部分が広がっていった。このとき，陽極，陰極のどちらに向かって広がったか。　(　　)

□(3) (2)でpH試験紙の色を変化させたイオンの化学式を書きなさい。　(　　)

□(4) 水酸化ナトリウム水溶液をしみこませたろ紙を中央に置くと，pH試験紙の青色に変化した部分が広がっていった。このとき，陽極，陰極のどちらに向かって広がったか。
　(　　)

□(5) (4)でpH試験紙の色を変化させたイオンの化学式を書きなさい。　(　　)

□(6) [記述] ろ紙にしみこませる水溶液を硫酸にした場合，pH試験紙の色はどのように変化し，変化した部分はどちらの極に向かって広がっていくか，簡潔に書きなさい。
（　　　　　　　　　　　　　　　　　　　　　　　　　　　　　）

2 酸とアルカリは，イオンで説明できる。また，酸性・アルカリ性の強さを表すには，pHが用いられる。 ▶▶ **1 2**

□(1) 塩化水素HClや硫酸H_2SO_4のように，水溶液中で電離して水素イオンを生じる物質を何というか。　(　　)

□(2) ①塩化水素と②硫酸の電離を，イオンの化学式を用いて表しなさい。
　①　HCl　　⟶　（　　　　　　　　　）
　②　H_2SO_4　⟶　（　　　　　　　　　）

□(3) 水酸化ナトリウムNaOHや水酸化バリウム$Ba(OH)_2$のように，水溶液中で電離して水酸化物イオンを生じる物質を何というか。　(　　)

□(4) ①水酸化ナトリウムと②水酸化バリウムの電離を，イオンの化学式を用いて表しなさい。
　①　NaOH　　⟶　（　　　　　　　　　）
　②　$Ba(OH)_2$　⟶　（　　　　　　　　　）

□(5) ⑦〜⑨のうちで，もっとも酸性の強いものはどれか。　(　　)
　⑦　食酢(pHはおよそ3)　　　　⑦　1％塩酸(pHはおよそ1)
　⑨　セッケン水(pHはおよそ10)　　⑤　牛乳(pHはおよそ7)

ヒント **1** (6)硫酸は酸性の水溶液で，電離すると水素イオンを生じる。
ミスに注意 **2** (2)硫酸の分子(ぶんし)式には水素原子(げんし)が2つあることに気をつける。

❶ 図のような装置を組み立てて実験した。

21点

実験　ガラス板の上に硫酸ナトリウム水溶液で湿らせたろ紙を置き，その上に青色リトマス紙A，Bを中央から等距離になるようにのせた。次に，うすい塩酸をしみこませた糸を，ろ紙の中央に置き，両端のクリップを電源装置につないで15Vの電圧を加えた。約30分後，リトマス紙A，Bのうちの一方が赤色に変わった。

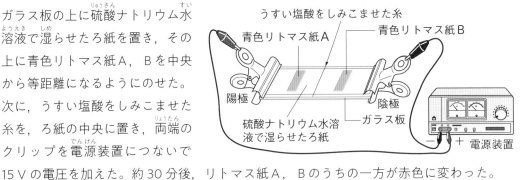

うすい塩酸をしみこませた糸
青色リトマス紙A　青色リトマス紙B
陽極　陰極
硫酸ナトリウム水溶液で湿らせたろ紙　ガラス板
－　＋ 電源装置

 □(1) 記述 ろ紙を硫酸ナトリウム水溶液で湿らせた理由を簡潔に書きなさい。 技

□(2) この実験の結果について正しく述べたものを，⑦〜⑤から1つ選びなさい。 技 思

　⑦　塩化物イオンが陽極に向かって移動し，青色リトマス紙Aが赤色に変わった。

　⑦　塩化物イオンが陰極に向かって移動し，青色リトマス紙Bが赤色に変わった。

　⑦　水素イオンが陽極に向かって移動し，青色リトマス紙Aが赤色に変わった。

　⑤　水素イオンが陰極に向かって移動し，青色リトマス紙Bが赤色に変わった。

 □(3) 作図 リトマス紙A，Bを赤色リトマス紙に，糸を水酸化ナトリウム水溶液をしみこませた糸にかえて同じように実験した場合，色が変わったリトマス紙をぬりつぶしなさい。 技 思

❷ 塩酸と水酸化ナトリウム水溶液の性質を調べた。

35点

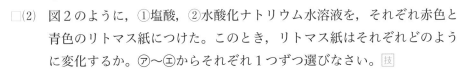

□(1) 図1のように，①塩酸，②水酸化ナトリウム水溶液にそれぞれBTB溶液を加えた。何色になるかを，⑦〜⑤からそれぞれ選びなさい。 技

　⑦　赤色　　　⑦　青色　　　⑦　黄色　　　⑤　緑色

図1
BTB溶液

□(2) 図2のように，①塩酸，②水酸化ナトリウム水溶液を，それぞれ赤色と青色のリトマス紙につけた。このとき，リトマス紙はそれぞれどのように変化するか。⑦〜⑤からそれぞれ1つずつ選びなさい。 技

　⑦　赤色リトマス紙が青色になり，青色リトマス紙が赤色になる。

　⑦　赤色リトマス紙が青色になり，青色リトマス紙は変化しない。

　⑦　赤色リトマス紙は変化せず，青色リトマス紙は赤色になる。

　⑤　赤色リトマス紙も青色リトマス紙も，どちらも変化しない。

図2
ガラス棒

リトマス紙

□(3) ①塩酸，②水酸化ナトリウム水溶液は，それぞれ酸性，中性，アルカリ性のどれか。

 □(4) 記述 塩化水素，水酸化ナトリウムは，どちらも電解質である。このことから，塩酸と水酸化ナトリウム水溶液に共通する性質を，簡潔に書きなさい。 思

❸ 5種類の水溶液A〜EをpH試験紙につけ，色の変化を調べた。

30点

実験 A〜Eは，うすい塩酸，塩化ナトリウム水溶液，石灰水，うすい硫酸，うすい水酸化ナトリウム水溶液のいずれかである。それぞれの水溶液を1滴ずつとってpH試験紙につけたところ，AとDはpH試験紙が青色になり，CとEはpH試験紙が赤色になった。

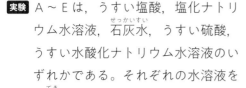 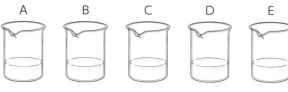

A　　　B　　　C　　　D　　　E

- □(1) ①水溶液A・D，②水溶液C・Eにはそれぞれ共通するイオンがふくまれている。そのイオンをそれぞれイオンの化学式で書きなさい。思

- □(2) 緑色のBTB溶液を加えると，黄色に変わる水溶液はどれか。A〜Eからすべて選びなさい。

- □(3) 無色のフェノールフタレイン溶液を加えると色が変わるものがある。
  - ①　どのような色に変わるか書きなさい。
  - ②　色が変わるものを，A〜Eからすべて選びなさい。

- □(4) A〜Eのうち，pHの値がほぼ7である水溶液が1つある。どれか選びなさい。

❹ 塩酸にマグネシウムリボンを入れたところ，気体が発生した。

14点

- □(1) **記述** 発生した気体が何であるかを確かめる方法を簡潔に書きなさい。技
- □(2) この実験で発生した気体は何が変化したものか。⑦〜⑦から1つ選びなさい。思
  - ⑦　塩酸中の水素イオンが変化したもの
  - ⑦　塩酸中の塩化物イオンが変化したもの
  - ⑦　マグネシウムが変化してできたもの

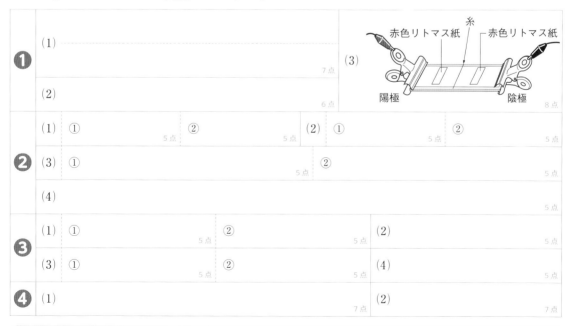

定期テスト予報 酸・アルカリの定義と，酸性・アルカリ性それぞれの性質について問われるでしょう。
酸性・アルカリ性を調べる指示薬やそれぞれの変化についてもおさえておきましょう。

（　）と□□にあてはまる語句を答えよう。

1 酸とアルカリを混ぜたときの変化

教科書 p.154～156 ▶▶❶

□(1) 水酸化ナトリウム水溶液をビーカーに入れ，指示薬として⁽¹⁾（　　　　　　　　　　　）を入れると，液の色は赤色になる。

□(2) (1)の水溶液に，塩酸を少しずつ⁽²⁾（　　　　　　　）ピペットで加えていき，液の色が消えるまで加える。塩酸は，1滴加えるたびに⁽³⁾（　　　　　　　　　）て，加えすぎないようにする。

□(3) 水溶液が赤色から⁽⁴⁾（　　　　　）色に変化したことから，アルカリの性質が⁽⁵⁾（　　　　　）によって打ち消されたことがわかる。

□(4) 無色になった水溶液の⁽⁶⁾（　　　　　）を蒸発させると，結晶が現れる。

□(5) 図の⁽⁷⁾

7 □□□□
親指と人さし指で押す。
こまごめピペット

フェノールフタレイン溶液
塩酸　　ガラス棒
塩酸　　ガラス棒
水酸化ナトリウム水溶液

2 中和と塩・中和と熱

教科書 p.156～158 ▶▶❶❷

□(1) 酸の水素イオン H^+ とアルカリの水酸化物イオン OH^- から水 H_2O が生じることにより，酸とアルカリがたがいの性質を打ち消し合う反応を¹（　　　　　）という。

□(2) アルカリの陽イオンと酸の陰イオンが結びついてできた物質を²（　　　　　）という。

□(3) 塩酸と水酸化ナトリウム水溶液の中和によってできる塩は，³（　　　　　　　）である。

□(4) 図の⁴

□(5) 硫酸と水酸化バリウム水溶液の中和によってできる塩は⁵（　　　　　　）である。

□(6) 塩には，塩化ナトリウムのように水にとけやすいものと硫酸バリウムのように水にとけにくいものがある。硫酸バリウムは⁶（　　　　）色の沈殿となる。

□(7) 中和によって水溶液の温度は上がる。つまり，中和は⁷（　　　　）熱反応である。

水素イオン ＋ 水酸化物イオン ⟶ 水
H^+ ＋ OH^- ⟶ H_2O

4 □□□□ イオン　　陰イオン

塩酸
（塩化水素）　H^+ ＋ Cl^-

水酸化ナトリウム　Na^+ ＋ OH^-

塩化ナトリウム
（塩）　Na Cl

水　H_2O

要点

●酸とアルカリがたがいの性質を打ち消し合う反応を中和という。

●酸とアルカリの中和によって，水と塩ができる。

3章　酸・アルカリと塩(3)

1 BTB溶液を加えたうすい塩酸にマグネシウムリボンを入れ，これにうすい水酸化ナトリウム水溶液を少しずつ加えていった。　▶▶ 1 2

□(1) 水酸化ナトリウム水溶液を少しずつ加えていくときに，図のような器具を用いた。この器具の名前を書きなさい。（　　　　　　　）

ゴム球

□(2) うすい塩酸に緑色のBTB溶液を加えると，何色になるか。（　　　　）

□(3) うすい水酸化ナトリウム水溶液を少しずつ加えていくと，やがて水溶液の色は緑色になった。このときの水溶液は，酸性，中性，アルカリ性のどれか。（　　　　　　　）

□(4) 水溶液が(3)のようになったのは，何という反応が進んだからか。反応の名前を書きなさい。（　　　　　　　）

□(5) 水溶液が緑色になった後も，さらに水酸化ナトリウム水溶液を加えていくと，水溶液の色は何色になるか。（　　　　　　　）

□(6) この実験では，気体の発生するようすが泡として観察された。水酸化ナトリウム水溶液を加えていったときの泡のようすの変化について正しく述べているものを，⑦〜⑨から1つ選びなさい。（　　　　　　　）

　⑦　はじめは泡が出ていなかったが，しだいに泡の出方が激しくなった。

　④　はじめは泡が活発に出ていたが，水酸化ナトリウム水溶液を加えていくと，しだいに泡の出方が弱くなっていった。

　⑨　はじめは泡がゆっくりと出ていたが，水酸化ナトリウム水溶液を加えていくと，しだいに泡の出方が激しくなった。

2 酸とアルカリを混ぜたときの変化を調べるため，2つの実験を行った。　▶▶ 2

実験1 硫酸に水酸化バリウム水溶液を加えると，水溶液は白くにごった。

実験2 水酸化ナトリウム水溶液に塩酸を加えると，水溶液は無色透明なままだった。

□(1) 実験1で水溶液が白くにごったのは，化学反応により白い沈殿ができたからである。この沈殿の物質名を書きなさい。（　　　　　　　）

□(2) (1)の沈殿は，水酸化バリウムの陽イオンと硫酸の陰イオンが結びついたものである。このようすを表した式の（　）に化学式を書きなさい。

　　陽イオン　＋　陰イオン　⟶　白い沈殿

　　①（　　　）　＋　②（　　　）　⟶　③（　　　）

□(3) アルカリの陽イオンと酸の陰イオンが結びついてできた物質を何というか。（　　　　）

□(4) 記述 実験2で水溶液が無色透明なままだったのは，生成した物質がどのような性質をもっているからか。簡潔に書きなさい。（　　　　　　　　　）

ヒント　**1** (6) 水酸化ナトリウム水溶液を加えていくと，酸の性質は弱くなっていく。
　　　2 (4) 実験1で沈殿ができたのは，生成物が水にとけにくいためである。

( )と ☐ にあてはまる語句を答えよう。

1 イオンで考える中和

教科書 p.159〜161　▶▶ ❶ ❷

☐(1) 水酸化ナトリウム水溶液に塩酸を加えていくと，加えた水素イオン H^+ が水溶液中の水酸化物イオン OH^- と結びついて ①( )が起こり，塩と ②( )ができる。

☐(2) 中和が起こっても，水溶液中に水酸化物イオン OH^- が残っている間は，③( )性を示す。

☐(3) さらに塩酸を加えていき，すべての水酸化物イオン OH^- が水素イオン H^+ と結びつくと，水溶液は ④( )性となる。このとき水溶液は ⑤( )水溶液となっている。

> 水酸化物イオンも水素イオンもなくなった状態が中性だよ。

☐(4) 水酸化ナトリウムと塩酸の中和は，次の化学反応式で表せる。

$NaOH + HCl \longrightarrow NaCl +$ ⑥( )

☐(5) (3)の後，さらに塩酸を加えていくと，水素イオン H^+ はふえていくが，水酸化物イオン OH^- がないため中和は起こらず，水溶液は ⑦( )性となる。

☐(6) 図の ⑧〜⑨

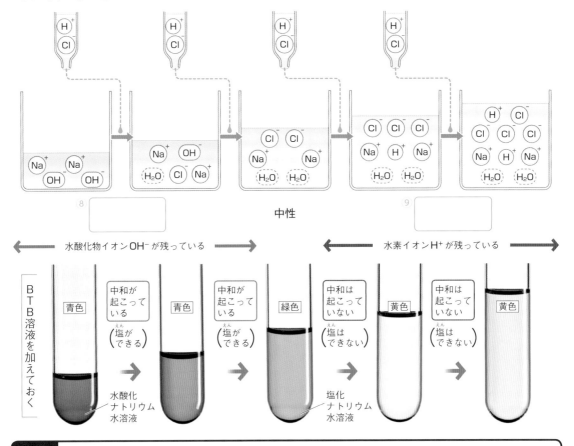

⑧ [ ]　中性　⑨ [ ]

← 水酸化物イオン OH^- が残っている →　← 水素イオン H^+ が残っている →

BTB溶液を加えておく

青色 → 中和が起こっている（塩ができる）→ 青色 → 中和が起こっている（塩ができる）→ 緑色 → 中和は起こっていない（塩はできない）→ 黄色 → 中和は起こっていない（塩はできない）→ 黄色

水酸化ナトリウム水溶液　　塩化ナトリウム水溶液

要点
- 水酸化ナトリウム水溶液に塩酸を加えていくと，中性になるまで中和が起こる。
- 中性になった後はさらに塩酸を加えても中和は起きず，水溶液は酸性になる。

1 BTB溶液を入れたうすい塩酸に，うすい水酸化ナトリウム水溶液を少しずつ加えていき，水溶液の変化を調べた。　▶▶ **1**

☐(1)　うすい塩酸に，うすい水酸化ナトリウム水溶液を1滴加えると，中和が起こる。このときの変化を表した化学反応式の（　）に，あてはまる語句や化学式を書きなさい。

①（　　　　　） ＋ アルカリ ⟶ 塩 ＋ 水

HCl ＋ NaOH ⟶ ②（　　　　　） ＋ ③（　　　　　）

☐(2)　この実験で，BTB溶液を入れた水溶液の色は，どのように変化するか。⑦～⑨を変化の順に並べかえなさい。　（　　　）→（　　　）→（　　　）

　⑦　緑色　　　⑦　黄色　　　⑦　青色

☐(3)　図のAは塩酸，Bは水酸化ナトリウム水溶液をイオンのモデルで表したものである。この実験で，BTB溶液が緑色になったときの水溶液をイオンのモデルで表した図として，正しいものを⑧～⑪から1つ選びなさい。　（　　　）

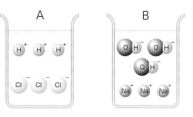

☐(4)　(3)のときのpHの値を，整数で書きなさい。また，この水溶液は何という物質の水溶液になっているか。　pH（　　　）　（　　　）水溶液

物質

化学変化とイオン ― 教科書159～161ページ

2 図は，水酸化ナトリウム水溶液に塩酸を加えていったときのようすを，水溶液中に存在するイオンや分子のモデルで表したものである。　▶▶ **1**

☐(1)　塩酸を加えていっても，イオンの数が変わらないのは，何イオンか。イオンの化学式で答えなさい。　（　　　　　）

☐(2)　作図 塩酸を加えていくと，やがて水溶液は中性になった。このとき，水溶液中に存在するイオンや分子のモデルで，不足しているものを，図中にかき入れなさい。

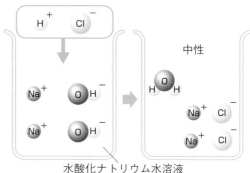

水酸化ナトリウム水溶液

ヒント　**1** (2)水溶液は，酸性→中性→アルカリ性と変化する。

　　　　2 (2)化学変化(ここでは中和)では，原子(げんし)の種類と数は変化しないことから，足りない原子を見つける。

3章　酸・アルカリと塩②

時間 30分　／100点　合格 70点　解答 p.25

① 酸の水溶液とアルカリの水溶液を混ぜたときの水溶液の性質の変化を調べるため，実験1，2を行った。

52点

実験1　1. 図1のように，試験管にうすい塩酸をとり，マグネシウムリボンを入れたところ，気体が発生した。

2. 1の試験管にうすい水酸化ナトリウム水溶液を少しずつ加えたところ，気体の発生はだんだん弱まり，やがて止まった。

実験2　1. 図2のように，試験管にうすい塩酸をとり，BTB溶液を加えた。これに，うすい水酸化ナトリウム水溶液を少しずつ加えて混ぜ，溶液の色が青色になるまで続けた。

2. 1の後，うすい塩酸を1滴ずつ加えて混ぜ，溶液が緑色になるまで続けた。

3. 2の水溶液をスライドガラスに少量とり，水を蒸発させ，出てきた物質を顕微鏡で観察した。

図1

うすい水酸化ナトリウム水溶液

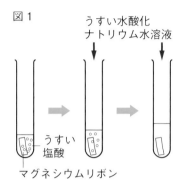

うすい塩酸

マグネシウムリボン

図2

BTB溶液　うすい水酸化ナトリウム水溶液　うすい塩酸

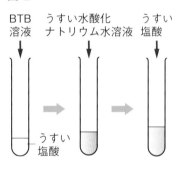

うすい塩酸

□(1) 試験管に水溶液を少しずつ加えるのに適した器具は何か。技

□(2) 実験1で発生した気体は何か。化学式で書きなさい。

よく出る □(3) 実験1で気体の発生が止まったのは，酸とアルカリがたがいの性質を打ち消す反応が起こったためである。

① このとき起こった化学変化を何というか。

② この化学変化を，化学反応式で表しなさい。

③ 記述 この化学変化が起こるときの熱の出入りを，簡潔に書きなさい。

□(4) 実験2で，溶液が青色から緑色に変化したときの水溶液の性質の変化として，正しいものを⑦～㋔から1つ選びなさい。思

⑦ アルカリ性から中性に変化した。　　㋑ アルカリ性から酸性に変化した。

㋒ 酸性から中性に変化した。　　㋓ 酸性からアルカリ性に変化した。

□(5) 実験2で，顕微鏡で観察された結晶は，右のようであった。

① この物質は何か。化学式で書きなさい。

② 酸とアルカリの反応によってできる，この結晶のような物質を，いっぱんに何というか。

点UP □(6) 身のまわりには，酸性やアルカリ性の水溶液が数多くある。酸性を示す水溶液を⑦～㋔から2つ選びなさい。

⑦ 炭酸水素ナトリウム水溶液　　㋑ アンモニア水　　㋒ 炭酸水

㋓ 食酢　　㋔ セッケン水

□(7) 記述 実験が終わった後の酸やアルカリの廃液は，そのまま捨ててはいけない。捨てるときにはどのような処理が必要か，簡潔に書きなさい。技

② 図のように，Aは，ナトリウムイオン Na⁺ と水酸化物イオン OH⁻ が2個ずつ存在する水溶液，Bは，塩化物イオン Cl⁻ と水素イオン H⁺ が3個ずつ存在する水溶液であるとする。

48点

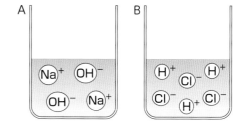

□(1) A，Bの水溶液の名前をそれぞれ書きなさい。

□(2) Aの水溶液とBの水溶液を混ぜると中和が起こる。このときできる塩の名前を書きなさい。

□(3) Aの水溶液とBの水溶液をすべて混ぜ合わせたとき，この水溶液は，酸性，アルカリ性のどちらになるか。思

□(4) (3)のとき，水溶液中には，どのイオンがどれだけ存在するか。①～④のイオンについて，それぞれ個数を書きなさい。存在しない場合は0個と書きなさい。思

　① ナトリウムイオン Na⁺　　② 水酸化物イオン OH⁻
　③ 塩化物イオン Cl⁻　　④ 水素イオン H⁺

□(5) (3)の水溶液を中性にするためには，どんな水溶液を加えればよいか。㋐～㋑のうち，あてはまるものをすべて選びなさい。思

　㋐ 酢酸　　㋑ アンモニア水　　㋒ 硫酸　　㋓ 水酸化バリウム水溶液

□(6) (5)で選んだ水溶液を加えて中性にするとき，中性になるために必要なイオンとその個数を答えなさい。思

物質

化学変化とイオン ── 教科書154〜161ページ

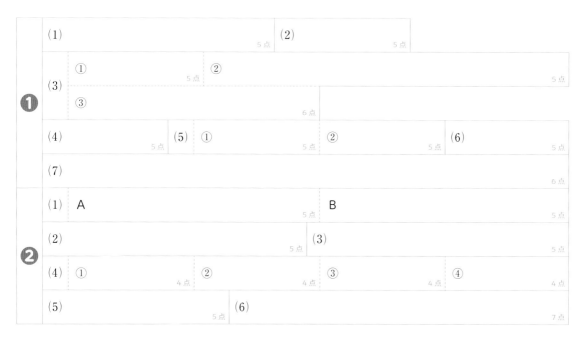

❶	(1)			(2)		5点
	(3)	① 5点	②			5点
		③			6点	
	(4) 5点	(5) ①		②		(6) 5点
	(7)					6点
❷	(1) A		5点	B		5点
	(2)		5点	(3)		5点
	(4) ①	4点	② 4点	③ 4点	④	4点
	(5)	5点	(6)			7点

定期テスト 予報 塩酸と水酸化ナトリウム水溶液を混ぜ合わせたときの反応についてよく問われます。イオンのようすをモデルでつかみ，水溶液の性質や中和と結びつけて理解しましょう。

( )と□にあてはまる語句を答えよう。

1 水中の物体にはたらく力

教科書 p.178〜180　▶▶❶❷

☐(1)　水の重さによって生じる圧力を¹( )という。

☐(2)　水圧は²( )向きからはたらく。

☐(3)　水圧は，水面からの深さが深いほど
³( )なる。

☐(4)　水圧は物体の各面に⁴( )にはたらく。

☐(5)　図の⁵〜⁶

☐(6)　物体にはたらく重力の力をばねばかりではかると，
ばねばかりが示す値は，物体が空気中にあるときよ
りも水中にあるときのほうが⁷( )。

☐(7)　水中にある物体には，重力のほかに，重力と
⁸( )向きの力がはたらいている。この力を⁹( )という。

☐(8)　浮力の大きさは，水面からの¹⁰( )に関係しない。

☐(9)　水中の物体にはたらく浮力よりも¹¹( )の
ほうが大きければ，物体は沈んでいく。逆に，物体
にはたらく重力よりも¹²( )のほうが大き
ければ，物体は浮かんでいく。

☐(10)　浮かび上がった物体が水面に浮いて止まるのは，水
中にあるときよりも¹³( )が小さくなり，
¹³と¹⁴( )がつり合うからである。

☐(11)　図の¹⁵

☐(12)　水中にある物体には，あらゆる方向から
¹⁶( )によって生じる力(力＝水圧×面積)
がはたらく。

☐(13)　水中の物体に水平方向にはたらく力は，同じ深さで
あれば，大きさが¹⁷( )で向きが反対なの
で，つり合う。

☐(14)　水中の物体の上面と下面にはたらく水圧は，下面の
ほうが¹⁸( )ため，水圧によって生じる
力も下面のほうが¹⁸。

☐(15)　上面と下面にはたらく力の差によって生じる上向き
の力が¹⁹( )である。：図の²⁰

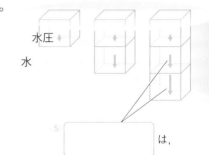

水圧
水

⁵□ は，
深くなるほど
⁶□ なる。

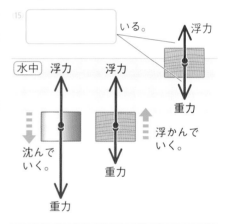

¹⁵□ いる。

水中
浮力　浮力　浮力
重力
沈んで
いく。
重力
浮かんで
いく。
重力

水中　上面と下面にはたらく
力の大きさの差が
²⁰□ となる。
上面
下面
力の大きさは等しい。

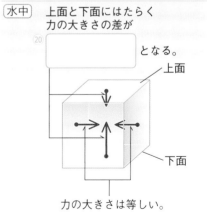

要点
●水の重さによって生じる圧力を水圧といい，水面から深いほど大きくなる。
●水中で物体にはたらく上向きの力を浮力といい，大きさは深さに関係しない。

1章　力の合成と分解(1)

1 図のように，ゴム膜をはった筒を深さを変えて水中に沈め，水の深さとゴム膜のへこみ方の関係を調べた。　▶▶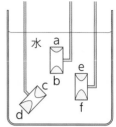

□(1) ゴム膜a〜fのうち，へこみぐあいが同じであったものはどれとどれか。　（　　　　）

□(2) ゴム膜a〜fのうち，もっとも大きくへこんだものはどれか。　（　　　　）

□(3) ゴム膜がへこむのは，水の重さによって生じた圧力によって，ゴム膜が押されるからである。この圧力のことを何というか。　（　　　　）

□(4) この実験から，水中の物体にはたらく水からの圧力についてわかることとして，正しいものを⑦〜㋑から2つ選びなさい。　（　　　　）

⑦　水からの圧力は，下向きの力である。

⑦　水からの圧力は，上向きの力である。

㋒　水からの圧力は，あらゆる向きからはたらく。

㋓　水からの圧力は，水面から深いほど大きくなる。

㋑　水からの圧力は，水面からの深さとは関係しない。

一定面積あたりの面を垂直(すいちょく)に押す力の大きさを圧力というんだったね。

2 図のように，ばねばかりにおもりをつるし，おもり全体を水中に沈めて，ばねばかりの示す値を読んだところ，表のような結果となった。　▶▶

おもりの位置	A	B	C
ばねばかりの示す値〔N〕	1.2	0.3	0.3

□(1) ばねばかりの示す値が空気中より水中のほうが小さかったのは，物体が水から力を受けたためである。この力のことを何というか。　（　　　　）

□(2) 計算 おもりの位置がBのとき，物体が水から受けた力は何Nか。　（　　　　）

□(3) おもりの位置がBのときとCのときのばねばかりの示す値よりわかることとして正しいものを⑦〜㋒から1つ選びなさい。　（　　　　）

⑦　物体が水から受ける力の大きさは，水面からの深さが深いほど大きくなる。

⑦　物体が水から受ける力の大きさは，水面からの深さが深いほど小さくなる。

㋒　物体が水から受ける力の大きさは，水面からの深さとは関係ない。

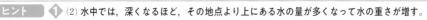

ヒント　**1** (2)水中では，深くなるほど，その地点より上にある水の量が多くなって水の重さが増す。
2 (2)おもりには，下向きの重力(じゅうりょく)と水からの上向きの力がはたらき，その差がばねばかりの示す値である。

( ) と ▢ にあてはまる語句や式を答えよう。

1 一直線上ではたらく2力の合成

教科書 p.182 ～ 183

▢(1)　2つの力と同じはたらきをする1つの力を，もとの2つの力の ⁽¹⁾(　　　)といい，合力を求めることを力の ⁽²⁾(　　　)という。

▢(2)　一直線上で同じ向きにはたらく2力を合成すると，合力の大きさは2力の大きさの ⁽³⁾(　　　)になり，合力の向きは2力と ⁽⁴⁾(　　　)向きになる。

▢(3)　一直線上で反対向きにはたらく2力を合成すると，合力の大きさは2力の大きさの ⁽⁵⁾(　　　)になり，合力の向きは ⁽⁶⁾(　　　)ほうの力と同じ向きになる。

▢(4)　2力がつり合っているときは，合力の大きさは ⁽⁷⁾(　　　)になる。

▢(5)　図の (8) ～ (9)

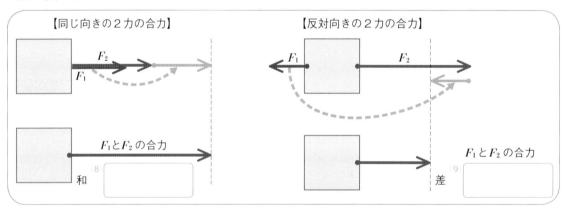

2 角度をもってはたらく2力の合成

教科書 p.183 ～ 186

▢(1)　角度をもってはたらく2力の合力は，その2力を表す矢印を2辺とする平行四辺形の ⁽¹⁾(　　　)で表される。これを ⁽²⁾(　　　)の法則という。

▢(2)　図の (3) ～ (4)

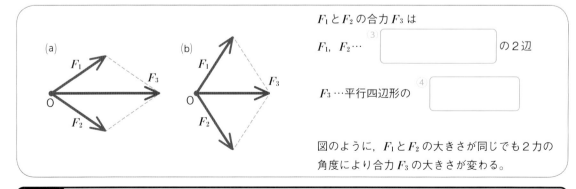

要点	●2力と同じはたらきをする1つの力(合力)を求めることを**力の合成**という。 ●2力を表す矢印を2辺とする平行四辺形の**対角線**が2力の合力を表す。

1章　力の合成と分解(2)

1 図1はA，Bが同じ向きに物体を引いているようす，図2は反対向きに引いているようすである。どちらの場合もAが引く力F_1の大きさは，Bが引く力F_2の大きさより小さい。　▶▶ **1**

図1　　　　　　　　　　　　　　　　図2

□(1) 物体に2力がはたらくとき，それと同じはたらきをする1つの力を，もとの2力の何というか。（　　　　）

□(2) (1)の力を求めることを何というか。（　　　　）

□(3) 図1，図2で，2力F_1，F_2と同じはたらきをする1つの力Fの向きは，図の右，左のどちらか。　図1（　　　）図2（　　　）

□(4) 図1，図2で，それぞれの力Fの大きさを，F_1，F_2，＋，－を使った式で表しなさい。　図1（　　　）図2（　　　）

2 図は，3点A〜Cに，それぞれ2力F_1，F_2がはたらくようすを表したものである。▶▶ **2**

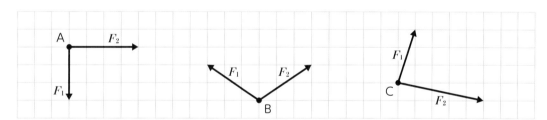

□(1) 作図 図の点A〜Cにはたらく2力の合力をそれぞれ作図し，上の図にかき入れなさい。

□(2) (1)のように，2力の合力を求めるときに使う法則を何の法則というか。（　　　　）

□(3) 点A〜Cにはたらく2力の合力の大きさを比べて，大きいほうから順にA〜Cを並べなさい。（　　）→（　　）→（　　）

□(4) 点Aにはたらく2力の間の角度は90°である。2力の大きさを変えないで，この角度を180°に広げた。

　① 合力の大きさはどうなるか。⑦〜⑨から1つ選びなさい。（　　　）

　　⑦ 大きくなる。　　④ 小さくなる。　　⑨ 変わらない。

　② 合力の向きを，⑦〜⑨から1つ選びなさい。（　　　）

　　⑦ F_1と同じ向きになる。　　④ F_2と同じ向きになる。　　⑨ 変わらない。

ヒント　**2** (1) 2つの矢印を2辺とする平行四辺形をかいてみる。

　　　　2 (4) 2力の間の角度が180°になると，2力は一直線上で反対向きの力になる。

( )と□にあてはまる語句を答えよう。

1 3力のつり合い

教科書 p.187 ▶▶ ①

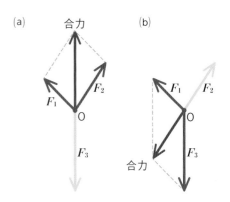

□(1) 物体に3方向から力を加えて，物体が静止しているとき，3つの力は¹( )いる。

□(2) 1つの作用点に3つの力がはたらいているとき，となり合う2力の²( )と残りの力がつり合っていれば，3力は必ずつり合う。

□(3) 3力のつり合い：図の(a)，(b)

(a) F_1 と F_2 の合力は，³( )とつり合っている。

(b) F_1 と F_3 の合力は，⁴( )とつり合っている。

2 力の分解

教科書 p.188〜189 ▶▶ ② ③

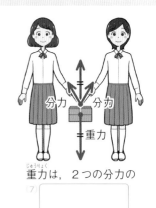

□(1) 1つの力を，これと同じはたらきをする2つの力に分けることを力の¹( )といい，①して求めた力をもとの力の²( )という。

□(2) 力を分解するときには，合成するときと逆に，もとの力を³( )とする平行四辺形を作図すると，その平行四辺形のとなり合う2辺が⁴( )になる。

□(3) 力を分解するときは，分解する2つの⁵( )を決めておく必要がある。もとの力が同じでも分解する⁵が変われば，分力の大きさや⁶( )は異なる。

重力は，2つの分力の

⁷□

とつり合っている。

□(4) 図の⁷〜⁹

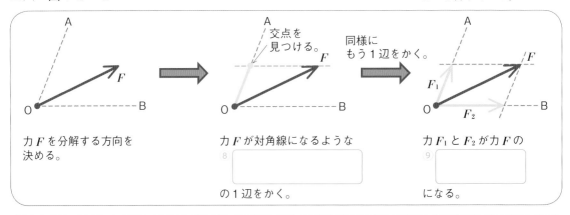

力Fを分解する方向を決める。

力Fが対角線になるような

⁸□

の1辺をかく。

力 F_1 と F_2 が力Fの

⁹□

になる。

要点
●1つの力を，これと同じはたらきをする2力に分けることを**力の分解**という。
●**分力**は，もとの力を**対角線**とする平行四辺形の**2辺**で表せる。

1 図は，点Oに力Aと力Bがはたらいているようすを，力の矢印で表したものである。▶▶ **1**

□(1) 作図 力Aと力Bの合力Cの矢印を，図にかき入れなさい。

□(2) 作図 合力Cとつり合う力Dを，点Oを作用点として，図にかき入れなさい。

□(3) 4つの力A，B，C，Dのうち，つり合っている3力はどの3つか。

（　　　　　　　　　）

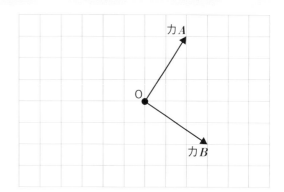

2 作図 図の力Fを，xとyの方向に分解し，それぞれ2つの分力を作図しなさい。　▶▶ **2**

□(1)

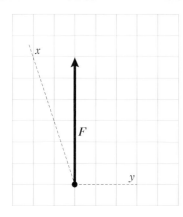

□(2)

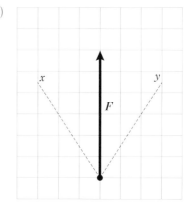

3 図の赤い矢印は，荷物を1人で持つときの力の矢印である。この荷物を2人で持つ場合を考える。▶▶ **2**

□(1) 作図 2人のうちの1人が，図の力F_1で荷物を引くとき，もう1人の力F_2の矢印はどのようになるか。図の赤い矢印を分解して，それぞれF_2の矢印を作図しなさい。

□(2) 図のⓐ，ⓑの力F_1は，力の向きは異なるが，大きさは同じである。このとき，ⓐ，ⓑの力F_2の大きさはどうなるか。㋐～㋒から1つ選びなさい。

（　　　　　　　）

㋐　ⓐのほうが大きい。　　　㋑　ⓑのほうが大きい。　　　㋒　どちらも同じである。

ⓐ
F_1

ⓑ
F_1

ヒント　**1**(3) 2力の合力と残りの力がつり合っているとき，3力はつり合う。
　　　2 x方向，y方向に平行四辺形の2辺をかいたとき，力Fの矢印が平行四辺形の対角線となる。

1章　力の合成と分解

時間30分 ／100点 ｜ 合格70点 ｜ 解答 p.27

① 質量150gの物体を,図のように水中に沈めたところ,ばねばかりの目盛りは1.1N を示した。このとき,100gの物体にはたらく重力の大きさは1Nとする。 24点

- ☐(1) 計算 この物体にはたらく重力の大きさは何Nか。
- ☐(2) 計算 図のとき,物体にはたらいている浮力の大きさは何Nか。
- ☐(3) 図の状態から,さらに50cm深く水中に沈めたときの浮力は何Nか。思
- ☐(4) 物体を完全に水中に沈めたとき,物体にはたらく水圧を矢印で示した図として正しいものを,ⓐ～ⓓから1つ選びなさい。

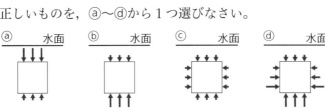

② 2つのばねばかりを使って,図1のようにおもりをつり下げて静止させたところ,ばねばかりの目盛りはどちらも3Nを示した。100gの物体にはたらく重力の大きさは1Nとする。 46点

- ☐(1) 作図 図2は,図1のばねばかりが示す3Nの力を矢印で示したものである。この2力と同じはたらきをする1つの力Fを,図2に作図しなさい。
- ☐(2) (1)の力Fのように,2力と同じはたらきをする1つの力のことを何というか。
- ☐(3) 作図 (1)の力Fとつり合う力F′の矢印を,点Oを作用点として,図2に作図しなさい。
- ☐(4) 力F′は,おもりにはたらくどのような力を表しているか。
- ☐(5) 計算 このおもりの質量は何gか。
- ☐(6) 図3のように,2つのばねばかりの角度を,図1より小さくした。このとき,2つのばねばかりの目盛りはどうなるか。⑦～⑨から1つ選びなさい。
  - ⑦　3Nより大きくなる。
  - ⑦　3Nより小さくなる。
  - ⑨　3Nのまま変わらない。
- ☐(7) 記述 図4のように,2本のひもA,Bを天井と壁に固定して,おもりをつるした。このとき,ひもA,Bがおもりを引く力F_1,F_2と,おもりにはたらく重力F_3の3つの力の間にはどのような関係があるか。簡潔に書きなさい。

図1
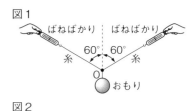

図2
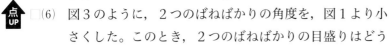

図3
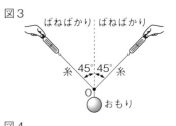

図4
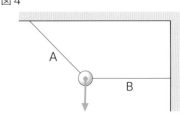

❸ 陽子さんが箱を運ぼうとしたところ、とても重かったので、箱をひもでしばり、妹とひもを1本ずつ持って運ぶことにした。

30点

□(1) 作図 陽子さんは、箱を運んでいるときに、2人の距離（きょり）が変わるとひもを持つ手にはたらく力の大きさが変わるのを感じた。2人が近い場合と離（はな）れている場合のそれぞれについて、2人が持つひもが箱を引く力を作図しなさい。

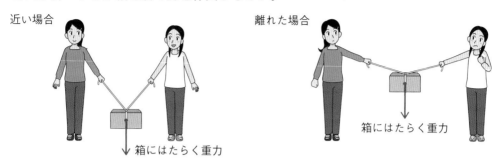

近い場合　　　　　　　　　　　　離れた場合

箱にはたらく重力　　　　　　　　箱にはたらく重力

□(2) 記述 なるべく小さな力で運ぶには、2人の距離をどのようにすればよいか。簡潔に書きなさい。

□(3) 記述 登山などに行くと見かけるロープウェイには、荷物を運ぶときと同様に、力の分力が利用されている。ふつう、ロープウェイのロープは、図のようにある程度たるませてあるが、それはなぜか。「分力」という語句を使って、簡潔に書きなさい。思

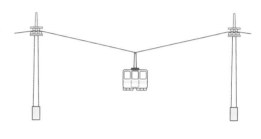

❶	(1)		(2)	
		6点		6点
	(3)		(4)	
		6点		6点

❷	(1) 図に記入	(2)	(3) 図に記入
	8点	5点	8点
	(4)	(5)	(6)
	5点	6点	6点
	(7)		
	8点		

❸	(1) 図に記入	
	16点(8点×2)	
	(2)	
		7点
	(3)	
		7点

定期テスト 予報　力の合成と分解の作図問題は、よく出題されます。平行四辺形を使った作図のしかたを、しっかり練習しておきましょう。水圧と浮力についても整理しておきましょう。

（　）と □ にあてはまる語句や数値を答えよう。

1 運動の表し方

教科書 p.191〜192　▶▶ ❶

□(1)　物体の運動のようすを表すには，^{1}（　　　　　　）と運動の^2（　　　　　　）を正確に示す必要がある。

□(2)　一定時間ごとに瞬間的に強い光を出す装置を^3（　　　　　　　）といい，この装置を使って撮影した写真を^4（　　　　　　　）という。

□(3)　物体の速さは，一定時間に移動する距離で表される。

速さの単位…メートル毎秒(記号 ^{5}（　　　　　）），
キロメートル毎時(記号 km/h)など。

$$速さ〔m/s〕=\frac{移動\ ^6（\qquad）〔m〕}{移動にかかった\ ^7（\qquad）〔s〕}$$

□(4)　物体がある時間の間，同じ速さで動き続けたと考えたときの速さを^8（　　　　　　）という。

□(5)　平均をとる時間間隔をごく短くしていくと，時々刻々と変化する速さを表す。このような速さを^9（　　　　　　）という。

□(6)　図の^{10}

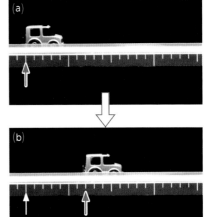

(a)

(b)

はじめの位置

(a)と(b)の時間間隔は 0.1 秒，いちばん小さい目盛りは 1 cm である。
(a)から(b)の平均の速さは，

$$\frac{7\ cm}{0.1\ s}=\boxed{\qquad^{10}\qquad}\ cm/s$$

2 運動の調べ方

教科書 p.193〜194　▶▶ ❷

□(1)　物体の運動のようすを調べるとき，運動の^1（　　　　　　）は観察で確認できるが，^{2}（　　　　　　）は測定の必要がある。→記録タイマーやデジタルカメラの連写機能を使う。

□(2)　記録タイマーでの記録を処理するには，0.1 秒ごとに^3（　　　　　）を切り，向きをそろえて，グラフ用紙にはりつける。

□(3)　グラフの縦軸は 0.1 秒間に進んだ^4（　　　　）つまり，0.1 秒間の^5（　　　　　　）を表すことになる。

□(4)　図の^6〜^{9}

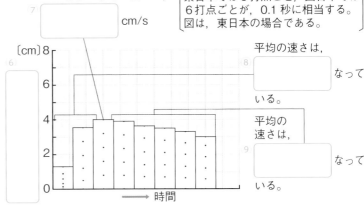

このときの平均の速さは，^{7}□ cm/s

〔東日本では 5 打点ごと，西日本では 6 打点ごとが，0.1 秒に相当する。図は，東日本の場合である。〕

平均の速さは，^{8}□ なっている。

平均の速さは，^{9}□ なっている。

〔cm〕8

6

4

2

0

→時間

要点
●物体の運動のようすを表すには，物体の速さと運動の向きを示す必要がある。
●平均の速さ〔m/s〕は，移動距離〔m〕÷移動にかかった時間〔s〕で求められる。

2章　物体の運動(1)

1　ストロボスコープの発光間隔を 0.1 秒にし，なめらかな水平面上ですべらせたドライアイスと，ざらざらした水平面上ですべらせた木片を撮影し，図1，図2に表した。　▶▶ 1

□(1)　図1，図2からわかることとして正しいものを，⑦～㋑から1つ選びなさい。　(　　　　)

⑦　ドライアイスは，AB間を 0.6 秒間で移動している。

④　0.5 秒間の平均の速さは，木片よりもドライアイスのほうが大きい。

⑦　ドライアイスも木片も，0.1 秒ごとの運動の向きが変化している。

㋑　撮影をはじめて 0.1 秒間の速さは，木片よりもドライアイスのほうが大きい。

図1

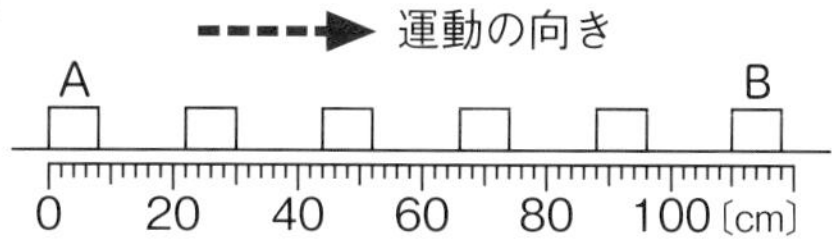

図2

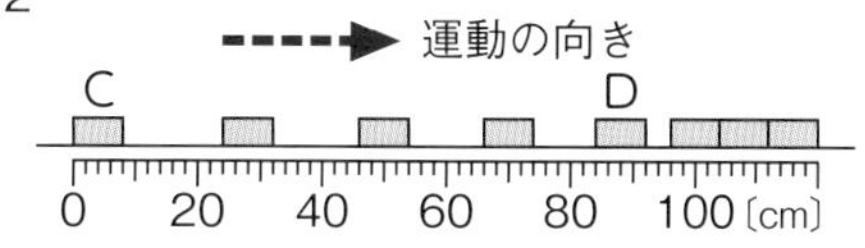

□(2)　計算　図の CD 間における平均の速さは何 cm/s か。　(　　　　　　　)

□(3)　平均の速さに対して，スピードメーターに表示されるような速さのことを何というか。

(　　　　　　　)

2　図1の記録タイマーを使って，4通りの物体の運動を記録テープに記録したところ，図2のA～Dのようになった。ただし，この記録テープは6打点ごとが 0.1 秒に相当する。　▶▶ 2

□(1)　①～④のような運動を示しているテープを，図2のA～Dからそれぞれ1つずつ選びなさい。

① だんだんと速くなり，その後だんだんと遅くなる運動　(　　　)

② だんだんと速くなり，やがて一定の速さになる運動　(　　　)

③ だんだんと速くなり続ける運動　(　　　)

④ 一定の速さで動いている運動　(　　　)

図1

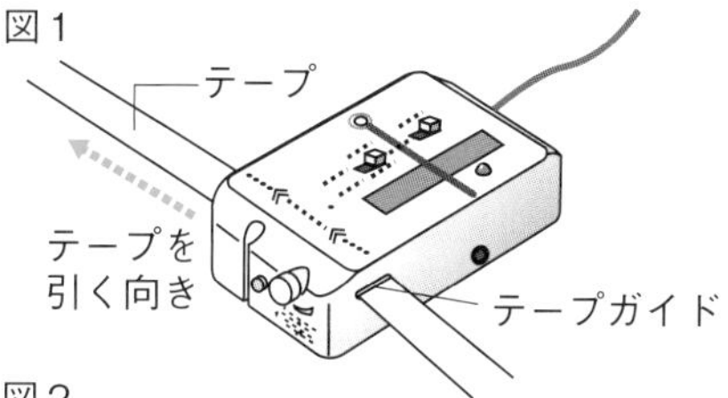

図2

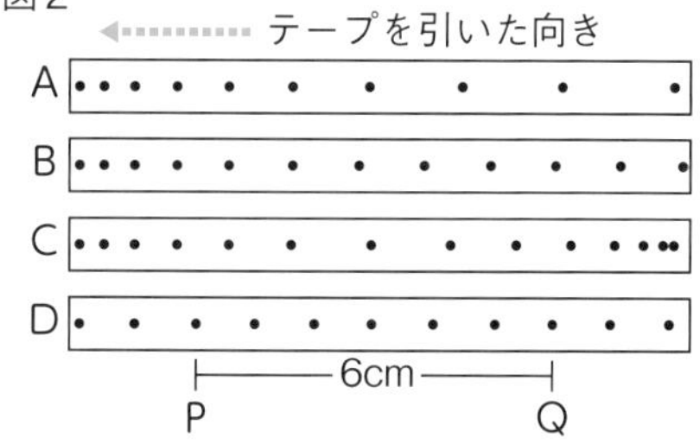

□(2)　図2の記録テープに記された範囲で，平均の速さが大きい順にA～Dを並べなさい。

(　　　)→(　　　)→(　　　)→(　　　)

□(3)　計算　記録テープDのPQ間の長さは 6 cm であった。このときの平均の速さは何 cm/s か。

(　　　　　　　)

□(4)　この記録テープのように6打点ごとが 0.1 秒に相当するのは，西日本の場合が多く，東日本では5打点ごとが 0.1 秒に相当する場合が多い。このようになるのは，東日本と西日本で交流の何がちがうからか。　(　　　　　　　)

ヒント　2 (1) 点と点の間隔が広いほど，一定時間に移動した距離（きょり）が大きいから，平均の速さが速いといえる。
2 (2) 記録テープの長さが同じとき，打点の数が多いほど，テープを引くのにかかった時間は長かった。

2章　物体の運動(2)

( )と□にあてはまる語句を答えよう。

1 物体に一定の力がはたらき続けるときの運動

教科書 p.195～196　▶▶

□(1) 力学台車に一定の力がはたらき続けると
き，台車の速さは一定の割合（わりあい）で
① (　　　　　　)なる。

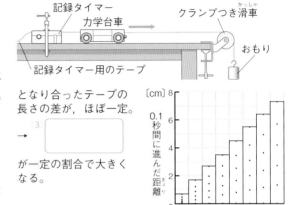

記録タイマー　力学台車　クランプつき滑車（かっしゃ）
記録タイマー用のテープ　おもり

□(2) 台車を引くおもりを重くして，台車に水
平にはたらく力が大きくなると，速さの
ふえ方が ② (　　　　　　)なる。

となり合ったテープの
長さの差が，ほぼ一定。
→ ③ [　　　　　　]
が一定の割合で大きく
なる。

□(3) 図の ③

□(4) 力と物体の運動との関係
❶運動の向きに一定の大きさの力がはた
らき続けると，物体の速さは一定の割
合で ④ (　　　　　　)なっていく。
❷同じ物体では，運動の向きにはたらく力が ⑤ (　　　　　　)ほど，速さが変化する割
合は大きくなる。

2 物体に力がはたらかないときの運動

教科書 p.197～199　▶▶ ❷❸

□(1) 一定の速さで一直線上を動く運動を，
① (　　　　　　)という。

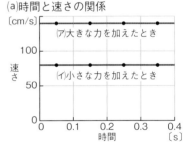

(a)時間と速さの関係
〔cm/s〕
(ア)大きな力を加えたとき
(イ)小さな力を加えたとき
速さ
時間 〔s〕

□(2) 等速直線運動（とうそくちょくせんうんどう）では，物体の移動距離は ② (　　　　　)と
経過した時間の積で表される。

移動距離〔m〕＝速さ〔m/s〕× ③ (　　　)〔s〕

□(3) 等速直線運動では速さが一定なので，移動距離は経過し
た時間に ④ (　　　　　　)する。

□(4) 等速直線運動をしている物体：図の ⑤

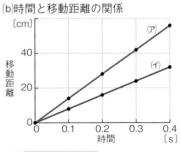

(b)時間と移動距離の関係
〔cm〕
移動距離
(ア)
(イ)
時間 〔s〕

□(5) 物体に力がはたらいていないときや，力がはたらいてい
てもそれらがつり合っているとき，静止している物体は
静止し続け，動いている物体は
⑥ (　　　　　　)を続ける。
これを ⑦ (　　　　　　)の法則という。

□(6) 物体がもっている(5)のような性質を
⑧ (　　　　　　)という。

(b)のグラフの傾き（かたむ）は ⑤ [　　　　　　]を表している。

要点
●物体に一定の力がはたらき続けると，物体の速さは一定の割合で大きくなっていく。
●物体に力がはたらいていないとき，動いている物体は等速直線運動を続ける。

1 図1のような装置で，台車に一定の力がはたらき続けるときの運動を調べた。記録テープは図2のように6打点ごとに切り，下端をそろえてグラフ用紙にはった。 ▶▶ **1**

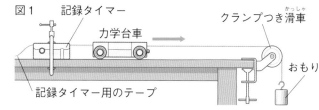

図1　記録タイマー　クランプつき滑車
力学台車
おもり
記録タイマー用のテープ

□(1) 記録タイマーが6打点を打つのにかかる時間は何秒か。（　　　　　）

□(2) [計算] 図2のテープAの長さは4.3 cmであった。このときの台車の平均の速さは何 cm/s か。
（　　　　　）

□(3) 結果をまとめた文の（　）にあてはまる語句を書きなさい。

　記録タイマーの打点の間隔は，時間が経過するにしたがって，広くなっているので，速さはしだいに①（　　　　　）なっていることがわかる。また，となり合ったテープの長さの②（　　　　　）がほぼ一定になっていることから，③（　　　　　）が一定の割合で大きくなっているといえる。

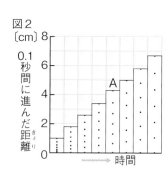

図2
〔cm〕
0.1秒間に進んだ距離
A
→時間

□(4) 図1の装置で，おもりを重いものに変えると，速さのふえ方はどうなると考えられるか。（　　　　　）

2 図は，机の上をすべり続けるドライアイスの運動を，0.1秒間隔で発光するストロボスコープで撮影し，図に表したものである。 ▶▶ **2**

□(1) ドライアイスの速さは変化しているか。
（　　　　　）

0 1 2 3 4 5 6 7 8 9 10 11 12 13 〔cm〕

□(2) 一直線上を速さが(1)のように動く運動を何というか。（　　　　　）

□(3) ドライアイスの運動の時間と移動距離の関係を表したグラフを②〜②から1つ選びなさい。
（　　　　　）

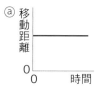
ⓐ 移動距離
0　　時間

ⓑ 移動距離
0　　時間

ⓒ 移動距離
0　　時間

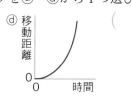
ⓓ 移動距離
0　　時間

3 図のように，バスに乗客が乗っている。 ▶▶ **2**

□(1) 止まっているバスが急に走り出すと，乗客は，右，左のどちらに傾くか。（　　　　　）

□(2) (1)のように乗客が傾くのは，物体がもつ何という性質のためか。（　　　　　）

走る向き
左←　　→右

ヒント　**1** (4) おもりを重くすると，台車に水平にはたらく力が大きくなる。
3 (1) バスが走り出すと，乗客は静止の状態を続けようとする。

エネルギー

運動とエネルギー ── 教科書195〜199ページ

（　）と□にあてはまる語句を答えよう。

1 斜面上の物体の運動

教科書 p.200〜205　▶▶ ❶ ❷ ❸

□(1) 図のような装置で，斜面を下る台車の運動を調べると，台車の速さは，一定の割合でしだいに ⁽¹⁾（　　　　　）なった。

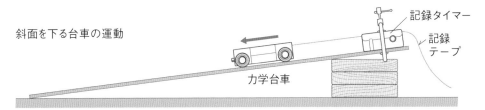

斜面を下る台車の運動

記録タイマー
記録テープ
力学台車

□(2) 台車には運動の向き（斜面に平行で ⁽²⁾（　　　　　）向き）に同じ大きさの力がはたらき続けている。

□(3) 斜面が急になると，速さのふえ方が ⁽³⁾（　　　　　）なる。これは斜面が急なほど，斜面に平行で下向きの力が ⁽⁴⁾（　　　　　）ためである。

□(4) 斜面上の物体にはたらく重力を，斜面に垂直な分力と斜面に平行な分力に ⁽⁵⁾（　　　　　）して考える。

□(5) 斜面に垂直な分力は，斜面からの ⁶（　　　　　）とつねにつり合っている。

□(6) 斜面上の物体の運動に関係する力は，重力の分力のうち，斜面に ⁷（　　　　　）な分力だけである。

□(7) 斜面の傾きが大きいほど，斜面に平行な分力は大きくなり，斜面上の物体の速さのふえ方は ⁽⁸⁾（　　　　　）なる。→図の⑨

(a)斜面がゆるやかなとき

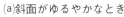

〔cm〕6
0.1秒間に進んだ距離
4
2
0
→ 時間

(b)斜面が急なとき

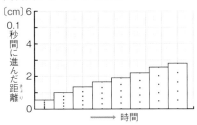

〔cm〕8
0.1秒間に進んだ距離
6
4
2
0
→ 時間

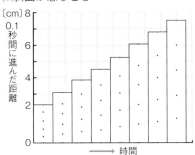

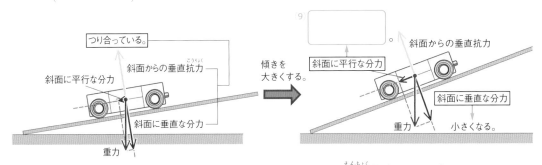

つり合っている。
斜面からの垂直抗力
斜面に平行な分力
斜面に垂直な分力
重力

9 ［　　　　　］。
斜面からの垂直抗力
斜面に平行な分力
斜面に垂直な分力
小さくなる。
重力
傾きを大きくする。

□(8) 斜面の傾きが最大になると，物体は静止した状態から鉛直 ¹⁰（　　　　　）向きに落下する。このときの運動は ¹¹（　　　　　）とよばれ，速さのふえ方がもっとも大きくなる。

要点
●斜面を下る台車の速さは，斜面の傾きが大きいほど，速さのふえ方が大きくなる。
●物体が静止した状態から真下に落下する運動を自由落下という。

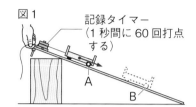

1 図1のような装置で，斜面上の台車の運動を調べた。図2は，記録テープを6打点ごとに切り，下端をそろえてグラフ用紙にはったものである。 ▶▶ **1**

□(1) 図1の台車に示した赤い矢印は，台車にはたらく斜面に平行で下向きの力を表している。台車がA点からB点まで下ったとき，矢印の長さはどうなるか。⑦〜⑦から1つ選びなさい。（　　　　）

　　⑦　長くなる。　　　⑦　短くなる。　　　⑦　変わらない。

□(2) 図2より，斜面を下る台車の速さは，しだいにどうなっているといえるか。⑦〜⑦から1つ選びなさい。（　　　　）

　　⑦　一定の割合でしだいに大きくなる。

　　⑦　しだいに大きくなり，ふえ方も大きくなる。

　　⑦　一定の速さのまま変わらない。

□(3) 記述 斜面の傾きを大きくすると，台車の速さはどのようになるか。簡潔に書きなさい。（　　　　　　　　　　　　　　）

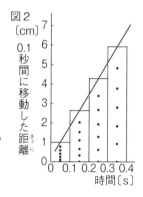

2 図のように，斜面上に物体を置いた。矢印は物体にはたらく重力を表している。 ▶▶ **1**

□(1) 作図 物体にはたらく重力の，斜面に平行な分力と斜面に垂直な分力を作図しなさい。

□(2) 斜面の傾きを大きくすると，①，②の力の大きさはそれぞれどのようになるか。

　　①　斜面に平行な分力　　　（　　　　　）

　　②　斜面に垂直な分力　　　（　　　　　）

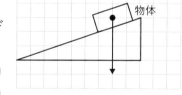

3 図のようにして，斜面の下のほうにある台車を手でぽんと押し上げ，その運動のようすを記録タイマーで調べた。 ▶▶ **1**

□(1) 手で押し上げた後の台車に，つねにはたらいている力は，斜面に平行な上向きの力，斜面に平行な下向きの力のどちらか。　　　　　　　　　斜面に平行な（　　　）向きの力

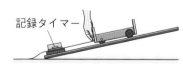

□(2) このときの記録テープとして正しいものを@〜@から1つ選びなさい。（　　　　）

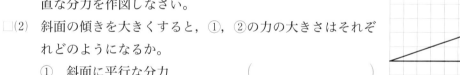

←テープを引いた向き

@ • •　•　•　•　•　　•

ⓒ •　•　•　•　•••••

←テープを引いた向き

ⓑ •••••　•　　•　　•

ⓓ •••••••　•　　•

ヒント　**1** (1) 矢印の長さは，力の大きさを表す。斜面の角度が一定のとき，力の大きさはどうなっているか考える。
　　　3 (2) 運動の向きと逆向きに力がはたらいているとき，物体の速さは小さくなっていく。

（　）と□にあてはまる語句や数値を答えよう。

1 物体間での力のおよぼし合い　教科書 p.206 〜 208　▶▶ ❶ ❷

□(1)　2人がそれぞれ体重計に乗り，体重をはかっているとき，AさんがBさんを下向きに押すと，Bさんは同じ 1（　　　　　　）の力でAさんを押し返す。

□(2)　(1)でBさんの体重計の示す値が大きくなった分と同じだけ，Aさんの体重計の示す値が
2（　　　　　　）なる。→図の 3

B さんがA さんを押し返す力

A さんがB さんを押す力

□(3)　力は2つの物体間で対になってはたらく。この2力のうち，一方（注目している力）を 4（　　　　　　），もう一方を 5（　　　　　　）という。

□(4)　作用と反作用は，2つの物体間で同時にはたらき，大きさは 6（　　　　　　），一直線上で向きは
7（　　　　　　）になっている。

□(5)　(4)のことを 8（　　　　　　）の法則という。

□(6)　図の 9 〜 11

スケートボードに乗って，CさんがDさんを押したとき

Cさん　　Dさん
作用

作用と反作用は同時にはたらく。

・大きさは 10（　　　　　　）

・一直線上で向きは 11（　　　　　　）

□(7)　「つり合っている2力」と「作用・反作用の2力」は，どちらも 12（　　　　　　）が等しく，
13（　　　　　　）が反対の2力だが，次のようなちがいがある。

　　・つり合っている2力は，14（　　　　　　）つの物体にはたらく。

　　・作用・反作用の2力は，15（　　　　　　）つの物体に別々にはたらく。

□(8)　図の 16

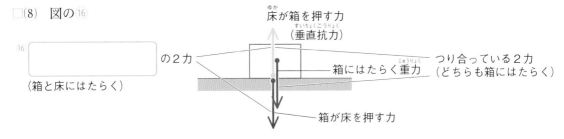

床が箱を押す力
（垂直抗力）

16（　　　　　　）の2力
（箱と床にはたらく）

箱にはたらく重力

つり合っている2力
（どちらも箱にはたらく）

箱が床を押す力

要点
●作用と反作用は，2つの物体間で同時にはたらく。
●作用と反作用は，大きさは等しく，一直線上で向きは反対になっている。

① 53 kg のAさんと 47 kg のBさんがそれぞれ体重計に乗り，AさんがBさんを下向きに押したところ，Aさんの体重計は 48 kg を示した。 **▶▶ 1**

- □(1) **計算** Bさんの乗った体重計は何 kg を示したか。（　　　　）
- □(2) AさんがBさんを押す力が 50 N のとき，BさんがAさんを押し返す力の大きさは何Nか。（　　　　）
- □(3) AさんがBさんを押す力を「作用」とすると，BさんがAさんを押し返す力は何というか。（　　　　）
- □(4) 「AさんがBさんを押す力」と「BさんがAさんを押し返す力」のように，2つの物体間で対になってはたらく力について成り立つ法則を何の法則というか。（　　　　）
- □(5) (4)の法則について述べた文の（　）にあてはまる語句を書きなさい。

  ある物体に力を加えると，⁽¹⁾（　　　　）にその物体から，同一直線上で⁽²⁾（　　　　）向きに，同じ⁽³⁾（　　　　）の力を受ける。この2力の一方を作用，もう一方を⁽⁴⁾（　　　　）という。

② 図のように，ローラースケートをはいたA，Bの2人がいる。BがAの背中を軽く押すと，A，Bの両方が動きはじめた。 **▶▶ 1**

- □(1) Aが矢印の向きに動くとき，Bは@，ⓑどちらの向きに動くか。（　　　　）
- □(2) 2人が動いているようすについての説明として，誤っているものを㋐～㋔からすべて選びなさい。（　　　　）
  - ㋐ AはBが加えた力によって動いた。
  - ㋑ BはAが加えた力によって動いた。
  - ㋒ Aが加えた力とBが加えた力は，同じ大きさであった。
  - ㋓ Aが加えた力とBが加えた力は，同一直線上で同じ向きであった。
  - ㋔ Aが加えた力とBが加えた力は，1つの物体にはたらき，つり合っている。
  - ㋕ Aが加えた力とBが加えた力は，2つの物体に別々にはたらき，作用と反作用である。
- □(3) BがローラースケートをぬいでAを押すと，Aだけが動いてBは動かなかった。このときの説明として適切なものを㋐～㋒から1つ選びなさい。（　　　　）
  - ㋐ AがBに加えた力は，Bにはたらく重力とつり合っていた。
  - ㋑ AがBに加えた力は，Bにはたらく摩擦力とつり合っていた。
  - ㋒ AがBに加えた力は，Bにはたらく垂直抗力とつり合っていた。

ヒント ❶ (1) AさんがBさんを下向きに押した力と，同じ大きさで逆向きの力がAさんにはたらく。
　　　　 ❷ (3) Bが動かなかったのは，AがBに加えた力とつり合う力がはたらいていたためと考えられる。

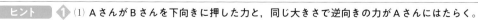

❶ 写真は，ストロボスコープを使って撮影した振り子の運動のようすである。 32点

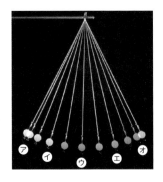

□(1) 振り子の速さがもっとも大きいのは，おもりがどの位置にあるときか。⑦〜⑦から1つ選びなさい。

 □(2) 記述 (1)のように考えた理由を簡潔に書きなさい。思

□(3) この写真は，ストロボスコープの発光間隔が $\frac{1}{40}$ 秒というごく短い間隔の変化を示しており，ふりこの速さは⑦〜⑦の間で時々刻々と変化している。このような速さを何というか。

□(4) (3)の速さに対して，物体がある時間の間，同じ速さで動き続けたと考えたときの速さを何というか。

よく出る ❷ 図のA〜Dは，運動している物体のストロボ写真を，図に表したものである。 28点

A

おもちゃの飛行機を天井からつるして回転させている。

B

おもちゃの自動車が斜面上を下っている。

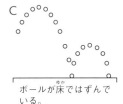

C

ボールが床ではずんでいる。

D

おもちゃの自動車が摩擦のない水平面上を走っている。

□(1) 速さが一定の運動を表している図を，A〜Dからすべて選びなさい。思

□(2) 速さも向きも変化する運動を表している図を，A〜Dから1つ選びなさい。思

□(3) 速さが一定で，一直線上を動く運動のことを何というか。

□(4) (3)の運動をしている物体にはたらいている力についての説明として正しいものを，⑦〜⑦から1つ選びなさい。

⑦　運動の向きに一定の大きさの力がはたらいている。

⑦　運動の向きと垂直な一定の大きさの力がはたらいている。

⑦　力ははたらいていない。もしくは，はたらいていてもそれらがつり合っている。

❸ 天井からつるしたばねに，おもりをつり下げたところ，ばねがのびて静止した。このとき，図のような力がはたらいている。ただし，ばねの重さは無視できるものとする。 16点

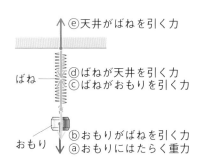

□(1) つり合いの関係にある力はどれとどれか。ⓐ〜ⓔからすべて選びなさい。

□(2) 作用・反作用の関係にあるのはどれとどれか。ⓐ〜ⓔからすべて選びなさい。

ⓔ天井がばねを引く力
ⓓばねが天井を引く力
ばね
ⓒばねがおもりを引く力
ⓑおもりがばねを引く力
おもり
ⓐおもりにはたらく重力

実験1 図1のように，なめらかな斜面上に力学台車を置き，1秒間に60回打点する記録タイマーをとりつけ，そっと台車から手をはなして，台車の運動をテープに記録した。図2のように，記録テープの打点の1つを基準点aとして，6打点ごとに点b〜eとした。

図1
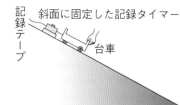

実験2 図3のようになめらかな斜面となめらかな水平面をつなぎ，小球をA点からそっとはなし，小球の運動のようすをストロボスコープを使って撮影して調べた。

図2
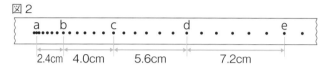

□(1) **計算** 図2の記録テープに記録されたad間の台車の平均の速さは何cm/sか。

□(2) 実験1の台車の運動について正しく述べたものを，㋐〜㋓から1つ選びなさい。

　㋐　速さが一定の割合で大きくなる運動で，台車にはたらく斜面に平行な力がしだいに大きくなっている。

　㋑　速さが一定の割合で大きくなる運動で，台車にはたらく斜面に平行な力が一定である。

　㋒　速さが一定の運動で，台車にはたらく斜面に平行な力がしだいに大きくなっている。

　㋓　速さが一定の運動で，台車にはたらく斜面に平行な力が一定である。

点
UP □(3) 図3で，小球がAからFまで移動するときの小球の速さと時間の関係を表すグラフとして，もっとも適切なものを，ⓐ〜ⓓから1つ選びなさい。思

図3
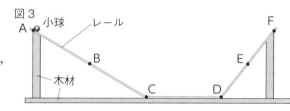

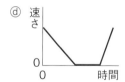

	(1)	7点	(2)		11点
❶	(3)	7点	(4)		7点
❷	(1)	7点	(2)		7点
	(3)	7点	(4)		7点
❸	(1)	8点	(2)		8点
❹	(1) 8点	(2) 8点	(3)		8点

定期テスト予報 斜面を下る物体の運動，水平面上での物体の運動についてよく問われます。物体にはたらく力，時間と速さの関係，記録テープを使った実験方法などをおさえておきましょう。

（　）と□□□にあてはまる語句や数値を答えよう。

1 仕事

教科書 p.209〜210　▶▶❶

□(1) 物体に力を加え，その力の向きに物体を動かしたとき，力は物体に対して (1)（　　　　　　）をしたという。

□(2) 仕事は，物体に加えた力の大きさと，その力の向きに物体が動いた (2)（　　　　　　）との積で表し，単位には，(3)（　　　　　　）(記号 J)を用いる。

> 仕事〔J〕＝力の (4)（　　　　　　）〔N〕×力の向きに動いた距離〔m〕

□(3) 図の (5)〜(6)

仕事の例

力の向きに動いた距離
3 m

加えた力
50 N

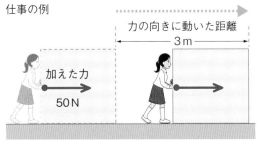

仕事をしたことにならない例

200 N

仕事：50 N×3 m＝ (5)□□□

仕事：200 N×0 m＝ (6)□□□

2 重力や摩擦力にさからってする仕事

教科書 p.210　▶▶❷❸

□(1) 物体をある高さまでゆっくりと一定の速さで持ち上げるには，物体にはたらく (1)（　　　　　　）と同じ大きさの力を，(1)と反対の向きに加える。

□(2) 図(a)で，力の大きさを x とすると，
$100\,g：1\,N＝30000\,g：x$　　$x＝$ (2)（　　　　　　）N
よって仕事は，$300\,N×0.5\,m＝$ (3)（　　　　　　）J

□(3) 床の上で物体を移動させるようなとき，物体と床の間に (4)（　　　　　　）がはたらき，物体が動くのを妨げようとする。この物体を床の上で一定の速さで動かし続けるには，(4)と同じ大きさで反対向きの力を加え続ける。

□(4) 図(b)で，荷物に加える力の大きさは
(5)（　　　　　　）Nであるから，仕事は，
$100\,N×2\,m＝$ (6)（　　　　　　）J

(a)重力にさからってする仕事

30kg

※100 g の物体にはたらく重力の大きさを 1 N とする。

0.5m

(b)摩擦力にさからってする仕事

移動した距離
2 m

100 N

摩擦力

100 N

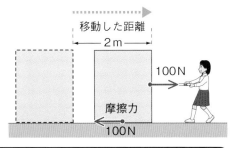

要点

●仕事は，力の大きさと力の向きに動いた距離の積で求められ，単位はジュール。
●物体を持ち上げる力は重力の大きさ，床の上を移動させる力は摩擦力の大きさ。

① 図のように，20Nの力で物体を引き，ゆっくり一定の速さで2m引き上げた。 ▶▶ **1**

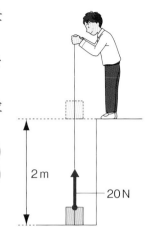

□(1) このとき，20Nの力は物体に対して「仕事をした」という。仕事について説明した文の（　）にあてはまる語句を書きなさい。

物体に ①（　　　　　　）を加え，その力の ②（　　　　　　）に物体を動かしたとき，力は物体に対して ③（　　　　　　）をしたという。

□(2) 計算 図のとき，物体に対してした仕事を求める式と答えを，単位をつけて書きなさい。

式（　　　　　　　　）　答え（　　　　　）

□(3) ⑦～⑦の仕事で，もっとも仕事が大きいのはどれか。（　　　）

⑦　10Nの力で物体を2m引き上げる仕事

①　5Nの力で物体を5m引き上げる仕事

⑦　2Nの力で物体を10m引き上げる仕事

2m

20N

② 図のように，100gの物体にばねばかりをつけて，ゆっくり一定の速さで60cm引き上げた。ただし，100gの物体にはたらく重力の大きさを1Nとする。 ▶▶ **2**

□(1) ゆっくり引き上げているとき，ばねばかりが示していた値は何Nか。

（　　　　　　　　）

□(2) (1)の大きさは，物体にはたらく重力の大きさと同じといえるか。

（　　　　　　　　）

□(3) 計算 物体を引き上げる力がした仕事は何Jか。（　　　　　　）

□(4) 計算 100gの物体を150gの物体に変えて，同じようにゆっくりと一定の速さで60cm引き上げた。このときの仕事は，(3)の何倍になるか。（　　　　）

③ 図のように，水平な机の上に紙を固定し，重さ2.0Nの木片をのせた。木片の端から20cmの位置に印をつけ，ばねばかりで木片を一定の速さでゆっくりと水平に引いた。 ▶▶ **2**

□(1) ばねばかりの目盛りが0.2Nのとき，木片は静止したままであった。このとき木片を引く力がした仕事は何Jか。（　　　　）

机

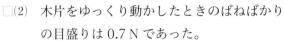

20cm

□(2) 木片をゆっくり動かしたときのばねばかりの目盛りは0.7Nであった。

① このとき，紙から木片にはたらいていた力はどんな力か。　（　　　　　）

② 計算 木片をゆっくりと20cm引いたとき，この力がした仕事は何Jか。

（　　　　　）

エネルギー

運動とエネルギー ─ 教科書209～210ページ

ヒント **③** (1)物体は静止したままで，動いていない。

③ (2)①で紙と木片の間にはたらく力は，物体が動くのを妨(さまた)げようとする力である。

3章　仕事とエネルギー(2)

（　）と□□にあてはまる語句や数値を答えよう。

1 道具を使った仕事

教科書 p.211～212

□(1)　斜面や滑車，てこなどの道具を使って物体をある高さまで持ち上げるとき，直接持ち上げるときよりも力の大きさは ⁽¹⁾（　　　　　　　）なる。しかし，力の向きに物体を動かす距離は ⁽²⁾（　　　　　　）なるので，物体を持ち上げるためにする仕事の量は変わらない。これを ⁽³⁾（　　　　　　　　　）という。

□(2)　表の ④～⑥

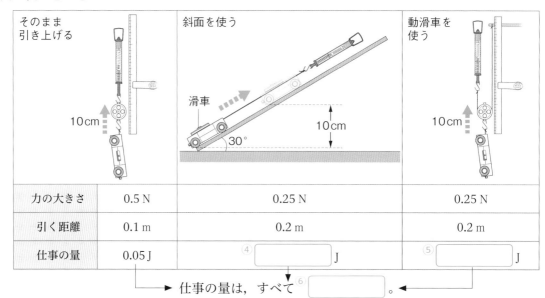

	そのまま引き上げる	斜面を使う	動滑車を使う
力の大きさ	0.5 N	0.25 N	0.25 N
引く距離	0.1 m	0.2 m	0.2 m
仕事の量	0.05 J	⁽⁴⁾ □ J	⁽⁵⁾ □ J

仕事の量は，すべて ⁽⁶⁾ □ 。

2 仕事の能率

教科書 p.212～213

□(1)　一定時間（単位時間）にする仕事を ⁽¹⁾（　　　　　　　　）といい，仕事の能率の大小を表す。

□(2)　1秒間に1Jの仕事をするときの仕事率は1 J/s（ジュール毎秒）で，これを1 ⁽²⁾（　　　　　　）（記号W）といい，仕事率の単位とする。

□(3)　ある仕事をしたときの仕事率を求めるには，その仕事を，仕事にかかった ⁽³⁾（　　　　　）で割る。

$$仕事率〔W〕＝\frac{仕事〔J〕}{仕事にかかった時間〔s〕}$$

□(4)　図(a)：仕事… 6 N × ⁽⁴⁾（　　　　　）＝ 1.2 J
　　　　仕事率…1.2 J ÷ 10 s ＝ ⁽⁵⁾（　　　　　）W ── 同じ
　　　図(b)：仕事… 3 N × ⁽⁶⁾（　　　　　）＝ 1.2 J
　　　　仕事率…1.2 J ÷ 20 s ＝ ⁽⁷⁾（　　　　　）W ── (b)は(a)の半分

(a)10秒で直接持ち上げる。

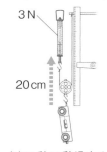

(b)20秒で動滑車を使って持ち上げる。

要点
　●道具を使っても使わなくても仕事の量は変わらないことを仕事の原理という。
　●仕事率〔W〕は，仕事〔J〕を仕事にかかった時間〔s〕で割って求める。

3章　仕事とエネルギー(2)

① 図のようにして，滑車を使った仕事について調べる実験を行った。　▶▶ **1**

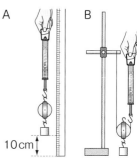

実験1 図のAのように，おもりと滑車を真上にゆっくりと一定の速さで10cm引き上げたところ，ばねばかりは0.4Nを示した。

実験2 滑車の使い方をBのように変えて，おもりを真上にゆっくりと一定の速さで10cm引き上げ，糸を引いた距離と力の大きさをはかった。

□(1)　図のBのように使った滑車を何というか。　（　　　　　　　）

□(2)　実験2で，ばねばかりは何Nを示したか。　（　　　　　　　）

□(3)　実験2で，糸を引いた距離は何cmだったか。（　　　　　　　）

□(4)　実験1，2で手がした仕事はそれぞれ何Jか。　実験1（　　　　　）　実験2（　　　　　）

② 図のように，てこを使って質量10kg（重さ100N）の物体を静かに一定の速さで0.3m持ち上げた。このとき，てこを押し下げた力の大きさは50Nであった。　▶▶ **1**

□(1)　計算　この物体を，てこを使わないで0.3m持ち上げるときの仕事は何Jか。　（　　　　　　）

□(2)　てこを使ったとき，てこを押し下げる仕事は何Jか。　（　　　　　　）

□(3)　(2)のような答えになるのは，何という原理が成り立つからか。　（　　　　　　）

□(4)　計算　てこを押し下げた距離は何mか。　（　　　　　　）

③ 計算　A～Cの3人が各自の体重をはかり，それぞれ1階の床から5階の床まで高さ15mをかけ上がり時間を測定した。結果は表の通りで，0.1kgの物体にはたらく重力を1Nとする。　▶▶ **2**

	A	B	C
体　重〔kg〕	42.0	50.0	54.0
かかった時間〔s〕	21.0	15.0	18.0

□(1)　Aが5階までかけ上がったときの仕事は何Jか。　（　　　　　　）

□(2)　Bが5階までかけ上がったときの仕事率は何Wか。　（　　　　　　）

□(3)　A～Cの3人が5階までかけ上がったときの①仕事の量と②仕事率を，それぞれ大きい順に並べなさい。

①（　　　）→（　　　）→（　　　）　②（　　　）→（　　　）→（　　　）

□(4)　質量54kgの物体をクレーンで15mの高さまで持ち上げると10秒かかった。この仕事率はCの仕事率より大きいか，小さいか。　（　　　　　　）

ヒント **①** (2) Bのように滑車を使うと，2本の糸で物体を引き上げるので，力は直接引き上げるときの半分になる。
② (4) 仕事＝力の大きさ×力の向きに動いた距離だから，距離＝仕事÷力の大きさで求められる。

❶ ばねにつないだおもりを滑車で引き上げるときの仕事を調べる実験を行った。40点

実験 ばねにおもりをつるし，ばねののびを調べたところ，図1のようになった。このばねに質量80gのおもりをつけ，図2のように，おもりを床に置き，糸をゆっくりと一定の速さで真下に引いた。このとき手が糸を引いた距離とばねののびの関係を調べたところ，図3のようになった。このとき，ばねや糸の質量は無視してよいものとし，質量100gの物体にはたらく重力の大きさを1Nとする。

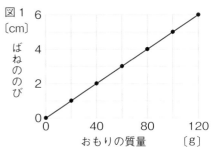

図1

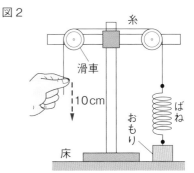

図2

(1) 図2で，糸を手で引いたとき，はじめはおもりが床から離れず，静止したままであった。おもりが床から離れるまでに，手がおもりにした仕事は何Jか。

(2) 図2で，おもりが床から離れたとき，①ばねがおもりを引く力の大きさは何Nか。また，②そのときのばねののびは何cmか。

(3) **計算** 図2で糸を10cm引いたとき，①床からおもりの底面までの距離は何cmか。また，②手がおもりにした仕事は何Jか。**思**

点UP (4) **作図** 図2で，おもりを質量120gのものと変えて，同じように実験した。このとき，手が糸を引いた距離とばねののびの関係はどうなるか。図3にかき入れなさい。**技**

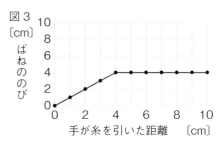

図3

よく出る **❷** **計算** 図のように，水平面上に布をしき，その上で重さ1.6Nの木片をばねばかりでゆっくりと水平に引き，一直線上を動かした。木片が一定の速さで動いているとき，ばねばかりは1.1Nを示した。

27点

(1) **記述** 木片が一定の速さで動いているとき，ばねばかりが木片を引く力の大きさと，木片にはたらく摩擦力の大きさの関係はどうなるか。簡潔に書きなさい。**思**

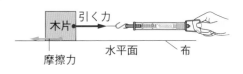

(2) 木片を一定の速さで0.5m動かしたときの仕事は何Jか。

(3) 布を模造紙に変えて同じように実験を行うと，ばねばかりは0.6Nを示した。木片を一定の速さで0.3m動かすとき，布の上で動かす場合の仕事は，模造紙の上で動かす場合の仕事の何倍になるか。小数第2位を四捨五入して，小数第1位まで求めなさい。

点UP (4) 布の上で，木片を3cm/sの速さで動かしたときの仕事率は何Wか。**思**

❸ A〜Dの4人が荷物を高さ3mまで一定の速さで持ち上げた。図1のように，A，Bは滑車を使い，C，Dは階段を利用した。表はその結果をまとめたものである。

20点

	A	B	C	D
荷物にはたらく重力〔N〕	400	200	150	100
人にはたらく重力〔N〕	400	450	550	500
かかった時間〔s〕	20	8	21	15

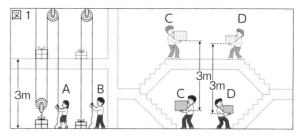

図1

□(1) [作図] Aは，荷物を少し引き上げたところで静止させた。このとき，動滑車にはたらく力を図2に矢印で示しなさい。ただし，力は図の点a〜cにはたらき，方眼の1目盛りは100Nを示すものとする。[技]

図2

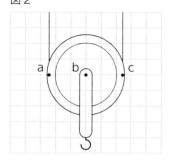

□(2) Aが荷物を3m持ち上げるのにひもを引く距離は何mか。

□(3) [計算] CとDは，荷物だけでなく自分の体も持ち上げている。このことも考えて，もっとも仕事率が大きいのはA〜Dのうちだれか。

❹ [計算] 図のように，水平な地面上の点A，Bに，重さ20Nの物体をそれぞれ置いた。

13点

□(1) Aに置いた物体を，真上に20Nの力を加え続けて，高さ3mまでゆっくりと引き上げた。このとき，物体がされた仕事は何Jか。

□(2) Bに置いた物体を，機械を使用して摩擦力のはたらかない6mの斜面を0.5 m/sの速さで高さ3mまで引き上げた。この機械がした仕事率は何Wか。

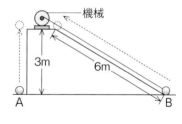

❶	(1) 6点	(2) ① 6点	② 6点
	(3) ① 7点	② 7点	(4) 図に記入 8点

❷	(1) 8点		
	(2) 6点	(3) 6点	(4) 7点

❸	(1) 図に記入 8点	(2) 6点	(3) 6点

❹	(1) 6点	(2) 7点

定期テスト予報 重力や摩擦力にさからってする仕事，道具を使った仕事，仕事率について，よく出題されます。図から，力の大きさ，向き，移動距離を読みとれるようにしておきましょう。

（　）と　　　にあてはまる語句を答えよう。

1 エネルギー

教科書 p.214 ▶▶

□(1) ある物体が別の物体に仕事をする能力を $^{(1)}$（　　　　　　　　　）という。

□(2) 物体がほかの物体に対して仕事ができる状態にあるとき，その物体は $^{(2)}$（　　　　　　　　　）をもっているという。

□(3) 物体がもっているエネルギーの大きさは，ほかの物体に対してする $^{(3)}$（　　　　　　）の大きさで表すことができる。エネルギーの単位は，仕事の単位と同じ $^{(4)}$（　　　　　　　　）（記号 J）を使う。

□(4) 図の⑤〜⑥

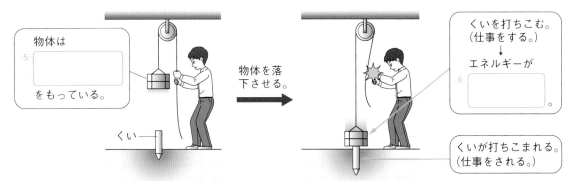

物体は $^{(5)}$ [　　　　　] をもっている。

物体を落下させる。

くい

くいを打ちこむ。（仕事をする。）
↓
エネルギーが $^{(6)}$ [　　　　　]。

くいが打ちこまれる。（仕事をされる。）

2 位置エネルギー

教科書 p.215〜216 ▶▶

□(1) 力学的エネルギー実験器を使って，物体のもつエネルギーの大きさと，物体の高さや質量との関係を調べる。→基準面からのおもりの高さが $^{(1)}$（　　　　　）ほど，また，おもりの質量が $^{(2)}$（　　　　　）ほど，くいの移動距離が大きい。

□(2) 高いところにある物体がもっているエネルギーを $^{(3)}$（　　　　　　　）という。

□(3) 位置エネルギーの大きさを決めるもの
❶位置エネルギーの大きさは，基準面からの高さが高いほど $^{(4)}$（　　　　　）。
❷位置エネルギーの大きさは，物体の $^{(5)}$（　　　　　）が大きいほど大きい。

□(4) 図の⑥〜⑦

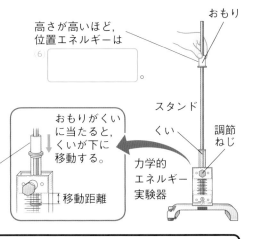

高さが高いほど，位置エネルギーは $^{(6)}$ [　　　　　]

質量が大きいほど，位置エネルギーは $^{(7)}$ [　　　　　]。

おもり

スタンド

くい

調節ねじ

力学的エネルギー実験器

おもりがくいに当たると，くいが下に移動する。

移動距離

要点
●物体が別の物体に仕事ができる状態にあるとき，エネルギーをもっているという。
●物体の高さが高いほど，質量が大きいほど，物体のもつ位置エネルギーは大きい。

1 図のようにハンマーを振り下ろして，くいを地面に打ちこんだ。　▶▶ **1**

- □(1) ハンマーはくいに対して何をしたか。（　　　　　）
- □(2) 振り下ろされる前のハンマーは，何をもっていたといえるか。（　　　　　）
- □(3) 振り下ろしたハンマーを再び振り上げると，ハンマーがもつ(2)はふえるか，減るか。（　　　　　）
- □(4) (2)の単位は，何の単位と同じか。㋐〜㋓から1つ選びなさい。（　　　　　）
  - ㋐　電力
  - ㋑　力の大きさ
  - ㋒　物質の質量
  - ㋓　仕事の量

2 図の装置で，質量10gの小球の高さを変えて転がし，木片の移動距離を調べた。　▶▶ **2**
次に，高さ5cmに置いた小球の質量を変えて，同じ実験を行った。

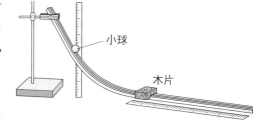

- □(1) 高いところで静止している小球がもつエネルギーを何というか。（　　　　　）
- □(2) 質量10gの小球の高さを変えたときの，小球の高さと木片の移動距離の関係を表すグラフを，ⓐ〜ⓓから1つ選びなさい。
（　　　　　）

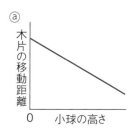
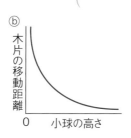
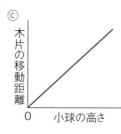
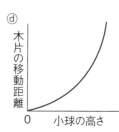

- □(3) 質量の異なる小球を，それぞれ5cmの高さから転がした。このとき，木片の移動距離が大きい順に，㋐〜㋒を並べなさい。（　　　）→（　　　）→（　　　）
  - ㋐　質量10g
  - ㋑　質量20g
  - ㋒　質量30g
- □(4) (3)の㋐〜㋒の小球のうち，もっている(1)のエネルギーがもっとも大きいものはどれか。
（　　　　　）
- □(5) (1)のエネルギーの大きさは何によって変わるか。㋐〜㋓からすべて選びなさい。（　　　　　）
  - ㋐　物体の質量
  - ㋑　物体の形
  - ㋒　物体の色
  - ㋓　物体の高さ

ヒント　**1** (4) 物体がもつエネルギーの大きさは，ほかの物体に対してする仕事と同じである。
　　　　2 (2)(3) 小球がもつエネルギーが大きいほど，木片の移動距離は大きくなる。

（　）と〔　　　〕にあてはまる語句を答えよう。

1 運動エネルギー

教科書 p.216〜218 ▶▶ ❶

☐(1) 力学的エネルギー実験器を使って，小球がもつエネルギーの大きさと，小球の速さや質量の関係を調べる。→小球の速さが ①（　　　　　　　）ほど，また，小球の質量が ②（　　　　　　　　　）ほど，くいの移動距離が大きく，小球のもっていたエネルギーが大きい。

☐(2) 運動している物体がもっているエネルギーを ③（　　　　　　　　　　　）という。

☐(3) 運動エネルギーの大きさを決めるもの
　　❶運動エネルギーの大きさは，物体の速さが大きいほど ④（　　　　　　）。
　　❷運動エネルギーの大きさは，物体の ⑤（　　　　　　）が大きいほど大きい。

☐(4) 図の ⑥〜⑦

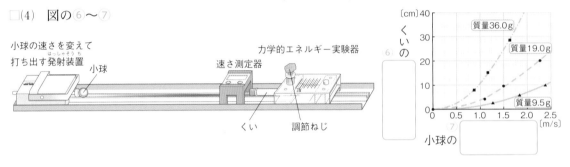

小球の速さを変えて打ち出す発射装置　小球

力学的エネルギー実験器

速さ測定器

くい　　調節ねじ

⑥〔　　　〕
くいの

〔cm〕40
30
20
10
0
0.5 1.0 1.5 2.0 2.5 〔m/s〕

質量36.0g
質量19.0g
質量9.5g

⑦〔　　　　　〕
小球の

2 位置エネルギーと運動エネルギー

教科書 p.219〜220 ▶▶ ❷

☐(1) 位置エネルギーと運動エネルギーの和を ①（　　　　　　　）という。

☐(2) 振り子の運動では，物体の高さが低くなると速さが ②（　　　　　　　）なり，高さが高くなると速さが ③（　　　　　　　）なる。

☐(3) 摩擦や空気の抵抗がなければ力学的エネルギーはいつも ④（　　　　　　　）に保たれている。これを ⑤（　　　　　　　　　　　　）という。→図の ⑥〜⑦

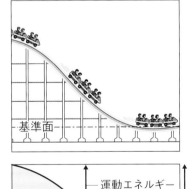

振り子の運動

基準面

運動エネルギー

⑥〔　　　　　〕エネルギー

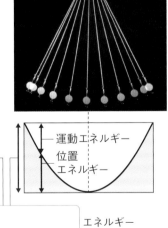

運動エネルギー
位置エネルギー

⑦〔　　　　　〕エネルギー

要点
●物体は，速さが大きいほど，質量が大きいほど，運動エネルギーが大きい。
●位置エネルギーと運動エネルギーの和（力学的エネルギー）は一定に保たれる。

1 図1の装置で，小球の速さや質量を変えて木片に当て，木片の移動距離との関係を調べた。図2，図3は，それぞれの結果を表したものである。　▶▶ **1**

図1

図2

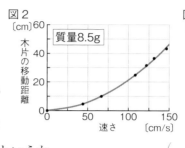

図3

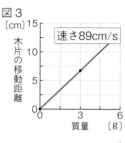

□(1) 運動する物体がもつエネルギーを何というか。（　　　　　　　）

□(2) ①物体の速さ，②物体の質量が大きくなると，物体がもつ(1)のエネルギーの大きさはどうなるか。⑦〜⑦からそれぞれ1つ選びなさい。　①（　　　）　②（　　　）

　　⑦　大きくなる。　　　⑦　小さくなる。　　　⑦　変わらない。

□(3) 物体の速さが50 cm/s から100 cm/s になったときと，物体の質量が2倍になったときを比べると，物体がもつ(1)のエネルギーの大きさの変わり方についてどのようなことがいえるか。⑦〜⑦から1つ選びなさい。　（　　　　　　　）

　　⑦　物体の質量が2倍になったときのほうが，エネルギーの大きさの変わり方が小さい。

　　⑦　物体の質量が2倍になったときのほうが，エネルギーの大きさの変わり方が大きい。

　　⑦　どちらもエネルギーの大きさの変わり方は同じである。

2 図のように，おもりがAE間を往復運動している振り子がある。　▶▶ **2**

□(1) おもりの位置エネルギーが①最大のところ，②最小のところを，A〜Eからそれぞれすべて選びなさい。
　　①（　　　　　　）　②（　　　　　　）

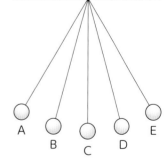

□(2) おもりのもっている運動エネルギーが①最大のところ，②最小のところを，A〜Eからそれぞれすべて選びなさい。
　　①（　　　　　　）　②（　　　　　　）

□(3) 位置エネルギーと運動エネルギーの和を何というか。
　　（　　　　　　　　）

□(4) 記述 摩擦や空気の抵抗がないとき，図の振り子の位置エネルギーと運動エネルギーの和についてどのようなことがいえるか。簡潔に書きなさい。
　　（　　　　　　　　　　　　　　　　　　　　　　　　　　　　）

□(5) (4)のことを，何の法則というか。　（　　　　　　　　　　）

ヒント　**1** (3) 図3は比例のグラフだが，図2は比例のグラフではないことに注目する。
　　　　2 (1)(2) AとEは同じ高さなので，この高さでの位置エネルギーは同じである。

❶ 力学的エネルギー実験器を使って，図のA〜Cのようにおもりの質量と基準面からの高さを変え，おもりを落下させてくいに当て，くいの移動距離を調べた。 28点

☐(1) 図のおもりのように，基準面から上にある物体のもつエネルギーを何というか。

☐(2) おもりを基準面からそれぞれの高さまで持ち上げたときに，A〜Cのおもりがされた仕事の量はどうなるか。A〜Cを大きい順に並べなさい。

☐(3) おもりが当たった後のくいの移動距離の大きさはどうなるか。A〜Cを大きい順に並べなさい。

☐(4) 落下させる前のおもりがもつ(1)のエネルギーの大きさがもっとも大きいものは，A〜Cのどれか。

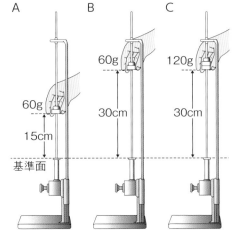

❷ レールを用いて，斜面と水平面がなめらかにつながれた図1のような装置をつくり，小球の高さや質量と，木片の移動距離の関係を調べた。 31点

よく出る

実験 図1のように小球を斜面上に置き，転がして木片に当て，木片の移動距離と水平面を通過するときの小球の速さを調べた。小球の質量を20 g，30 g，80 gと変え，それぞれについて，小球の高さと木片の移動距離の関係を表したグラフが図2，水平面を通過するときの小球の速さと木片の移動距離の関係を表したグラフが図3である。

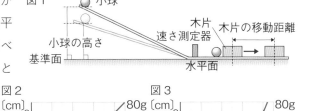

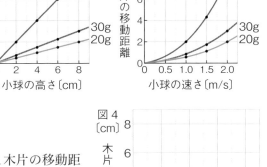

☐(1) **作図** 図2で，高さが8 cmのときの小球の質量と木片の移動距離の関係を，図4に点(・)でかき，グラフを完成させなさい。 技

☐(2) 図4で完成させたグラフから，小球の質量と木片の移動距離の間にはどのような関係があるといえるか。 思

点UP ☐(3) **計算** 質量50 gの小球を，高さ4 cmのところから，水平面上に静止している木片に当てたときの木片の移動距離は何 cmか。

☐(4) 図2，図3より，質量80 gの小球を，高さ3 cmのところから転がしたとき，小球が水平面を通過するときの速さは何 m/sか。 思

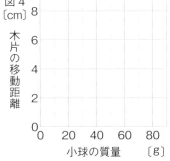

❸ カーテンレールを使って，図1のようなループコースターをつくり，小球を転がして，小球の位置とエネルギーの関係を調べた。

24点

実験 小球をAの位置に置いて静かに手をはなすと，小球はBを通過してからループにそって進み，Hまで進んだ。位置エネルギーの基準面は，B，F，Gをふくむ水平面とし，C，Eの高さはDの$\frac{1}{2}$である。ただし，レールと小球の間の摩擦（まさつ）や空気の抵抗（ていこう）は考えないものとする。

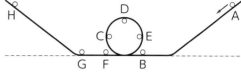

図1

図2

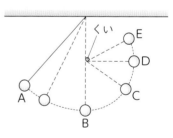

- □(1) Hの高さとしてあてはまるものを，㋐〜㋘から1つ選びなさい。
  - ㋐　Aと同じ。
  - ㋑　Dより高くAより低い。
  - ㋒　Dと同じ。
  - ㋓　Aより高い。

- □(2) 小球のもつ運動エネルギーが変化しない区間を，㋐〜㋘から1つ選びなさい。
  - ㋐　AB間
  - ㋑　EF間
  - ㋒　FG間
  - ㋓　GH間

- □(3) **作図** 図2にCE間の小球がもつ位置エネルギーの変化を破線(……)で示した。このとき，CE間の運動エネルギーの変化はどのようになるか。図2に実線(——)でかき入れなさい。ただし，Cの位置における小球の運動エネルギーは，点Pで示される。|技|

❹ 図のように，振り子を下げた位置の真下に細いくいを打ち，振り子の長さが途中で変わるようにした。ただし，摩擦や空気の抵抗は考えないものとする。

17点

- □(1) おもりをAまで引き上げ，静かに手をはなした。おもりはBまで動いた後，どの位置まで達するか。図のC〜Eから1つ選びなさい。

- □(2) **記述** (1)のようになる理由を，「エネルギー」という語句を使って簡潔に書きなさい。|思|

❶	(1)		(2)	
	(3)		(4)	
❷	(1)　図に記入		(2)	
	(3)		(4)	
❸	(1)	(2)		(3)　図に記入
❹	(1)	(2)		

定期テスト予報 位置エネルギー，運動エネルギー，力学的エネルギーの保存（ほぞん）に関する問題がよく出題されます。図から，物体のもつエネルギーを読みとれるように練習しておきましょう。

（　）と□にあてはまる語句を答えよう。

1 エネルギーの種類と変換

教科書 p.221〜228　▶▶❶

□(1)　エネルギーにはいろいろな種類があり，単位は ¹（　　　　　）（記号 J）を用いる。

□(2)　いろいろなエネルギーは，さまざまな装置を使うと，たがいに変換できる。

²（　　　　　）エネルギー…電気がもつエネルギー

³（　　　　　）エネルギー…熱がもつエネルギー

⁴（　　　　　）エネルギー…変形した物体がもつエネルギー

⁵（　　　　　）エネルギー…運動している物体がもつ運動エネルギーと高いところにある物体がもつ位置エネルギーの和

⁶（　　　　　）エネルギー…音がもつエネルギー

⁷（　　　　　）エネルギー…光がもつエネルギー

⁸（　　　　　）エネルギー…物質がもつエネルギー

⁹（　　　　　）エネルギー…原子核がもつエネルギー

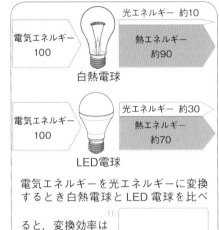

電気エネルギー 100　→　光エネルギー 約10　熱エネルギー 約90
白熱電球

電気エネルギー 100　→　光エネルギー 約30　熱エネルギー 約70
LED電球

電気エネルギーを光エネルギーに変換するとき白熱電球と LED 電球を比べると，変換効率は ¹¹□ のほうが高い。

□(3)　もとのエネルギーから目的のエネルギーに変換された割合を ¹⁰（　　　　　）という。→図の ¹¹

□(4)　エネルギーが変換されても，エネルギーの総量は変化せず，つねに一定に保たれる。これを ¹²（　　　　　）の法則という。

2 熱の移動

教科書 p.229　▶▶❷

□(1)　温度の異なる物体が接しているとき，高温の部分から低温の部分へ熱が伝わる現象を ¹（　　　　　），または，単に ²（　　　　　）という。

□(2)　場所により温度が異なる液体や気体が流動し，熱が運ばれる現象を ³（　　　　　）という。

□(3)　高温の物体が目に見える光や赤外線などを出し，それが当たった物体に熱が移動する現象を ⁴（　　　　　），または，単に ⁵（　　　　　）という。

□(4)　図の ⁶〜⁷

加熱していない持ち手の近くまで熱くなる。

6 □

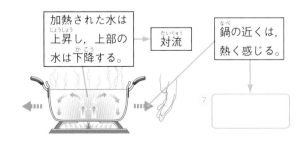

加熱された水は上昇し，上部の水は下降する。→ 対流

鍋の近くは，熱く感じる。

7

要点
- ●もとのエネルギーから目的のエネルギーに変換された割合を**変換効率**という。
- ●エネルギーが変換されても総量は変化しない。→**エネルギー保存の法則**という。

1 水酸化ナトリウム水溶液(すいようえき)が入った電気分解装置(そうち)に手回し発電機をつなぎ，ハンドルを回して気体を発生させた。その後，手回し発電機をはずして電子オルゴールを接続した。　▶▶ **1**

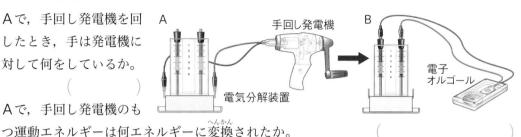

□(1) Aで，手回し発電機を回したとき，手は発電機に対して何をしているか。
（　　　　　　　）

□(2) Aで，手回し発電機のもつ運動エネルギーは何エネルギーに変換(へんかん)されたか。
（　　　　　　　）

□(3) Aで，気体が発生したことより，(2)のエネルギーは何エネルギーに変換されたか。
（　　　　　　　）

□(4) Bで電子オルゴールをつなぐと，水の電気分解と逆の反応が起こり，電流が流れて，電子オルゴールは鳴った。このときのエネルギーの変換のようすを矢印で表すとき，（　）にあてはまる語句を書きなさい。

① （　　　　　　　）エネルギー→ ② （　　　　　　　）エネルギー→ ③ （　　　　　　　）エネルギー

□(5) (4)で ② のエネルギーが ③ のエネルギーに変換されるとき，一部は別のエネルギーに変換されて，すべてが目的のエネルギーに変換されるわけではない。もとのエネルギーから目的のエネルギーに変換された割合(わりあい)のことを何というか。
（　　　　　　　）

2 熱には3つの伝わり方がある。　▶▶ **2**

A：高温になった物体が出す光や赤外線などを受けとったまわりの物体に熱が移動し，物体が熱くなる。

B：場所により温度が異なる液体や気体が流動して，熱が運(こと)ばれる。

C：温度の異なる物体が接しているとき，高温の部分から低温の部分へ熱が移動する。

□(1) A〜Cのような熱の伝わり方を，それぞれ何というか。

A（　　　　　　　）　B（　　　　　　　）　C（　　　　　　　）

□(2) ①〜③の現象は，それぞれA〜Cのどの熱の伝わり方と関係が深いといえるか。それぞれA〜Cから1つ選びなさい。

① マグカップに熱い紅茶を注いだら，カップの外側まで熱くなった。（　　　　　）

② 日の当たるベランダに，ペットボトルに冷たい水を入れて置いていたら，水があたたかくなった。（　　　　　）

③ 冷房(れいぼう)をかけて部屋の温度を下げたら，床(ゆか)に近いほうの温度が低くなるので，サーキュレーターを回したところ，部屋の全体の温度がほぼ均一になった。（　　　　　）

ヒント 　**1** (4) 化学変化によって物質も仕事をする能力をもつ。

　2 (1) 熱の伝わり方には，熱伝導(伝導)，対流，熱放射(ねつほうしゃ)(放射)の3つがある。

（　）と□にあてはまる語句を答えよう。

1 生活を支えるエネルギー

教科書 p.230～233　▶▶①

- (1) おもなエネルギー資源である石油や石炭，天然ガスは ^{1}（　　　　　　　　）とよばれる。
- (2) 化石燃料をエネルギー資源として使うとき，多くは発電所などで ^{2}（　　　　　　　　）に変換されている。→図の ^{3}～^{5}

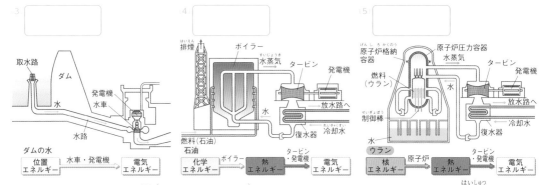

- (3) 水力発電…(長所) ^{6}（　　　　　　　　）を使わないので，二酸化炭素などを排出しない。
    (短所) ^{7}（　　　　　　　　）の建設が必要で，設置場所が限られる。
- (4) 火力発電…(長所)燃料を調整することで，発電量を調整しやすい。
    (短所)大量の化石燃料を燃焼させるので ^{8}（　　　　　　　　）が排出される。
- (5) 原子力発電…(長所)少量の核燃料から大量の電気エネルギーが得られる。
    (短所)核燃料から大量の ^{9}（　　　　　　　　）が発生する。
- (6) 再生可能エネルギーを使った発電は，^{10}（　　　　　　　　）を使わないので，二酸化炭素や汚染物質を排出しない。…地熱発電，^{11}（　　　　　　　　）光発電，風力発電など。

2 放射線，エネルギーの有効利用

教科書 p.234～239　▶▶②

- (1) 放射線の種類…電磁波の一種であるX線やγ線，ヘリウム原子核の流れであるα線，電子の流れである ^{1}（　　　　　　　），中性子の流れである ^{2}（　　　　　　　）などがある。
- (2) 放射線の性質…目に見えない，物質を通りぬける能力(透過力)がある，原子から電子を奪って ^{3}（　　　　　　　）にする(電離作用)など。
- (3) 化石燃料やウランは有限なので，資源の枯渇に備え，^{4}（　　　　　　　）可能エネルギーを使った発電や，燃料電池など，新しい発電方法が開発されている。
- (4) 木片や落ち葉などの生物資源(^{5}（　　　　　　　）)は，燃やしても大気中の二酸化炭素の増加の原因とならない(カーボンニュートラル)と考えられている。

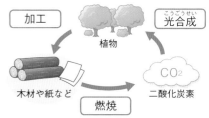

カーボンニュートラル

要点　●化石燃料や原子力発電に使うウランは有限なので，再生可能エネルギー(風力，太陽光，地熱，バイオマスなど)のような新しいエネルギー資源の開発が重要である。

① 図は，ある発電のしくみを表したものである。 ▶▶ **1**

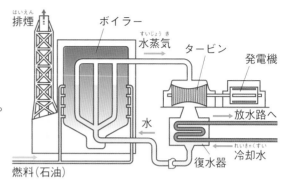

□(1) 図は，水力発電，火力発電，原子力発電のうち，どの発電を表しているか。

（　　　　　　　）

□(2) 図の発電では，エネルギーはどのように変換されるか。（　）に語句を入れなさい。

①（　　　　　　）エネルギー

→②（　　　　　　）エネルギー

→電気エネルギー

□(3) (2)で①のエネルギーが②のエネルギーに変換されるのは，どの場所か。図中の語句から選んで書きなさい。（　　　　　　）

□(4) 図の発電で使われる燃料は，動植物の遺骸などが変化したものである。このような燃料を何というか。（　　　　　　）

□(5) (4)の燃料について正しく述べているものを，⑦～⑨から1つ選びなさい。（　　）

⑦　量に限りがないので，無限に使い続けることができる。

①　加熱すると，地球温暖化の原因の1つである二酸化炭素が発生する。

⑨　この燃料からは，大量の放射線が発生する。

□(6) 再生可能エネルギーを利用している発電を，⑦～①からすべて選びなさい。（　　　　）

⑦　太陽光発電　　　①　水力発電　　　⑨　原子力発電　　　①　風力発電

② 図は，おもな放射線を表している。 ▶▶ **2**

□(1) 図のAの放射線を何というか。（　　　　　）

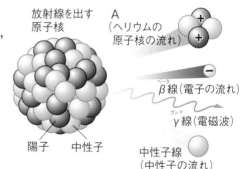

□(2) 放射線についての記述として<u>誤っているもの</u>を，⑦～①から1つ選びなさい。（　　）

⑦　放射性物質の原子核は不安定なので，放射線を出して別の原子核に変わる。

①　放射線を受けることを被曝といい，被爆した放射線量の人体に対する影響はシーベルトという単位で表される。

⑨　放射線には物質を通りぬける能力があるので，遠く離れていても放射線は弱まらない。

①　放射線の原子をイオンにする性質は，がん細胞を破壊するがん治療にも使われている。

□(3) 放射線の厳しい管理が必要な発電は何か。（　　　　　）

□(4) (3)の発電では，ウランがもつ何エネルギーを利用しているか。（　　　　　）

ヒント　①(3) ②のエネルギーが電気エネルギーに変換される場所は，タービン・発電機である。

②(3) ウランなどの原子核が核分裂（かくぶんれつ）するとき，エネルギーが放出される。

ぴたトレ
3
確認テスト

4章　多様なエネルギーと
　　　その移り変わり
5章　エネルギー資源と
　　　その利用

時間30分　／100点　合格70点　解答p.36

❶ 計算 図のようにして，光電池とモーターで重さ 1.2 N のおもりを 1 m 引き上げたところ，10 秒かかった。このとき，電圧計は 2.0 V，電流計は 0.2 A を示した。　24点

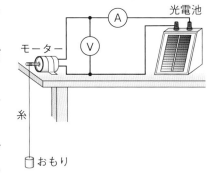

- □(1) モーターがした仕事によって，おもりが得た位置エネルギーは何 J か。
- □(2) モーターが消費した電力量(電気エネルギーの量)は何 J か。
- □(3) モーターの電気エネルギーがおもりの位置エネルギーに変換されるときの変換効率は何％か。
- □(4) モーターがおもりを引き上げているとき，位置エネルギーに変換されなかったエネルギーは，おもに何エネルギーに変換されたか。

❷ 図は，家庭で利用されている電気エネルギーがどのようにして得られるかの例を示したものである。　37点

- □(1) 図のAにあてはまる語句を，⑦～㊀から１つ選びなさい。
  - ⑦　位置
  - ⑦　電気
  - ⑦　運動
  - ㊀　光

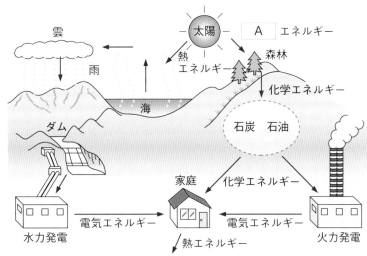

- □(2) 太陽から出た熱エネルギーは，宇宙空間を光や赤外線によって運ばれ，地球に到達する。このような熱の伝わり方を何というか。
- □(3) 海から上昇した空気は雲をつくり，熱を運ぶ。このように，上昇気流や下降気流が生じて，大気の動きが起こり，熱が運ばれる現象を何というか。
- □(4) 水力発電について説明した文の（　）にあてはまる語句を，(1)の⑦～㊀から１つずつ選びなさい。
  水力発電は，ダムにためた水を落下させて発電機を回転させ，水の（　①　）エネルギーを（　②　）エネルギーに変換している。
- □(5) 水力や風力，太陽光など自然現象を利用していて，減少することがないエネルギーのことを何というか。
- □(6) 記述 水力発電を火力発電と比べたときの長所を，１つ簡潔に書きなさい。思

❸ 原子力発電は，ウランなどの核燃料が核分裂するときに得られるエネルギーを利用した発電方法である。

20点

□(1) 原子核を核分裂させて得られるエネルギーのことを何というか。

□(2) 核燃料から発生する，大きなエネルギーをもった粒子の流れや電磁波のことを何というか。

□(3) (2)にはいくつかの種類がある。そのうち，①ヘリウムの原子核の流れであるもの，②電磁波の一種であるものを，それぞれ⑦〜①から1つずつ選びなさい。

⑦ α線　　⑦ β線　　⑦ γ線　　① 中性子線

❹ 従来の火力発電とコージェネレーションシステムの例を，模式的に図に示した。 19点

> コージェネレーションシステムとは，電気を使用する場所の近くに発電機を設置し，発電するときに出る余分な熱を再利用するものである。

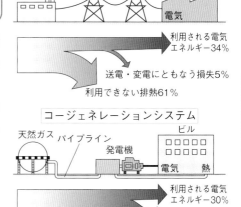

□(1) 記述 従来の火力発電では化石燃料を燃焼させて発電している。化石燃料を使い続けたときに起こる問題のうち1つを，簡潔に書きなさい。 思

□(2) 2つの図で，変換されたエネルギーの割合を比べたとき，もっともちがいが大きいものを⑦〜⑦から1つ選びなさい。

　⑦ 利用される電気エネルギー
　⑦ 送電・変電にともなう損失
　⑦ 利用できない排熱

□(3) 計算 図のコージェネレーションシステムで利用される電力が4500 kWのとき，システム全体で利用されるエネルギーは1秒間に何kJか。

❶	(1) 　　　　　6点		(2) 　　　　　6点
	(3) 　　　　　6点		(4) 　　　　　6点

❷	(1) 　　　5点	(2) 　　　5点	(3) 　　　5点
	(4) ① 　　　5点	② 　　　5点	(5) 　　　5点
	(6) 　　　　　　　　　　　　　　　　7点		

❸	(1) 　　　5点		(2) 　　　5点
	(3) ① 　　　5点	② 　　　5点	

❹	(1) 　　　　　　　　　　　　　　　　8点		
	(2) 　　　5点		(3) 　　　6点

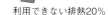

定期テスト予報　エネルギーの変換，エネルギー資源と発電の種類，特徴について問われやすいでしょう。エネルギー資源を活用するときの問題点とこれからの課題も整理しておきましょう。

113

（　）と□□□にあてはまる語句を答えよう。

1 生物どうしのつながり

教科書 p.253〜255 ▶▶❶

□(1) 水や大気，光など，生物をとり巻いているものを
　　　①(　　　　　　　　)という。

□(2) ある場所に生活する生物とそれをとり巻いている
　　　環境を，1つのまとまりとしてとらえたものを
　　　②(　　　　　　　　)という。

□(3) 食べる・食べられるという関係にある生物どうし
　　　のひとつながりのことを③(　　　　　　　　)という。

□(4) 食物連鎖は，ふつう，多くの生物によって複雑に
　　　網の目のようにつながっている。これを
　　　④(　　　　　　　　)という。

□(5) 図の⑤〜⑥

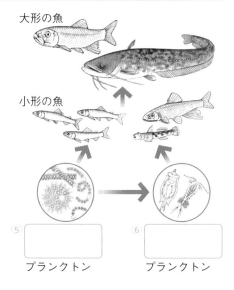

大形の魚

小形の魚

⑤ □□□□　プランクトン
⑥ □□□□　プランクトン

2 生態系における生物の数量的関係

教科書 p.256〜258 ▶▶❷

□(1) 光合成を行い，みずから有機物を
　　　つくり出すことのできる生物を，
　　　①(　　　　　　　　)という。

□(2) ほかの生物から有機物を得る生物
　　　を②(　　　　　　　　)という。

□(3) ある生態系での生物の数量的な関
　　　係は，③(　　　　　　　　)をもっ
　　　とも下の層として
　　　④(　　　　　　　　)の形で表
　　　すことができる。

□(4) 生物の個体数のつり合いは，食べ
　　　る・食べられるの関係の中で，
　　　⑤(　　　　　　　　)の範囲に保たれている。

□(5) ⑥(　　　　　　　　)の活動や自然災害などで数量的なつり合いがくずれ，もとの状態にもど
　　　るのに⑦(　　　　　　　　)時間がかかったり，もとにもどらなかったりすることもある。

□(6) ある物質の生物体内の濃度が周囲の環境より高くなる現象を⑧(　　　　　　　　)という。

□(7) 図の⑨〜⑬

⑨ □□□□　動物（消費者）
⑩ □□□□　動物
⑪ (　　　　　)
⑫ (　　　　　) など
⑬ (　　　　　)

山野での生態系を表したピラミッドの例

要点
●食物連鎖のはじまりは生産者で，それを食べる消費者とつながる。
●生態系の中で，生物の個体数のつり合いは一定の範囲に保たれている。

1 図は，陸上の生物の食べる・食べられるの関係を表している。　▶▶ **1**

C　タカ

B　イネ

D　スズメ

A　バッタ

□(1)　A～Dの生物を，食べられるものから食べるものの順に並べなさい。

（　　　　→　　　　　→　　　　　→　　　　）

□(2)　生物どうしの食べる・食べられるの関係を何というか。　（　　　　　　　）

□(3)　1種類の生物が複数の(2)に関係し，(2)はふつう複雑にからみ合っている。これを何というか。　（　　　　　　　）

2 図は，ある湖にすむ生物A～Dの個体数の関係を表している。　▶▶ **2**

□(1)　Aは，みずから有機物をつくり出している。このような生物を何というか。　（　　　　　　　）

□(2)　Aが有機物をつくり出すはたらきを何というか。
（　　　　　　　）

□(3)　B～Dは，ほかの生物から有機物を得ている。このような生物を何というか。　（　　　　　　　）

（図：ピラミッド　上からD, C, B, A）

□(4)　A～Dにあてはまる生物はどれか。⑦～⑤から1つずつ選びなさい。

A（　　　）　B（　　　）　C（　　　）　D（　　　）

⑦　ススキ　　④　カエル　　⑤　バッタ　　④　ヘビ

□(5)　何らかの原因でBの個体数が減ると，一時的にA，Cの個体数はどうなるか。⑦～⑤から1つずつ選びなさい。

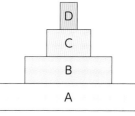
食べ物が減ると，個体数も減るよ。

A（　　　）　C（　　　）

⑦　減る。　　④　ふえる。　　⑤　変化しない。

□(6)　次の文の（　）にあてはまる語句を答えなさい。

　　ある物質の生物体内の濃度が，周囲の環境よりも高濃度になっていく現象を
①（　　　　　　　　　　）という。自然界ではふつうに行われ，②（　　　　　　　　　　）を通じてさらに進行する。

ヒント　**2** (4) カエルは小形の肉食動物，ヘビはカエルを食べる肉食動物である。

1章　自然界のつり合い(2)

( )と□にあてはまる語句を答えよう。

1 生物の遺骸のゆくえ

教科書 p.259〜262　▶▶①

□(1) 土の中で生きている小動物(土壌動物)は，ほかから栄養分を得る
¹( )である。

□(2) 消費者のうち，生物の遺骸やふんなどから栄養分を得ている生物
を ²( )という。

□(3) 土の中の微生物には，カビやキノコなどの ³( )や
乳酸菌や大腸菌などの ⁴( )がいる。

□(4) 土の中の微生物は，有機物を ⁵( )によって水や
⁶( )などの無機物に分解する。

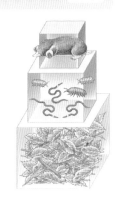

2 生物の活動を通じた物質の循環

教科書 p.264〜265　▶▶②

□(1) ¹( )である植物は，無機物の水と ²( )をとり入れ，
³( )のエネルギーを利用して ⁴( )を行う。このとき，有機物が
つくられ，⁵( )が出される。

□(2) 動物などの ⁶( )は，生産者がつくった有機物を直接，または間接的に食物
としてとり入れる。有機物は体をつくる材料になるほか，生活に必要なエネルギーをとり
出すための ⁷( )にも使われ，水と ⁸( )などに分解される。

□(3) 生物の遺骸やふんなどにふくまれる有機物は，⁹( )である動物や微生物な
どの ¹⁰( )により，水と ¹¹( )などに分解される。

□(4) 図の ¹²〜¹³

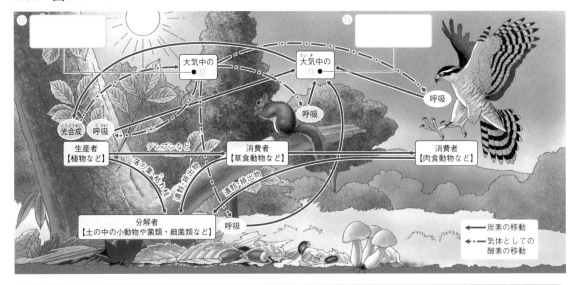

要点
●土の中の小動物や微生物(菌類・細菌類)は分解者とよばれる。
●炭素や酸素などの物質は，生物の体と外界の間を循環している。

① 図は，ある地域の土の中の生態系の一部を表している。 ▶▶ ①

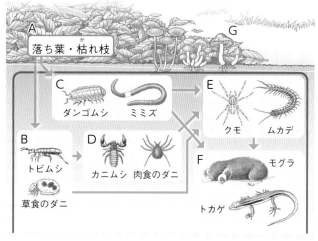

- □(1) 生産者にあたるのは，A〜Fのどのグループか。（　　　　）
- □(2) 個体数がもっとも少ないと考えられるのは，A〜Fのどのグループか。（　　　　）
- □(3) Gは，カビやキノコのなかまである。これらをまとめて何というか。（　　　　）
- □(4) 土の中には，大腸菌や乳酸菌などもいる。これらをまとめて何というか。（　　　　）
- □(5) 記述 (3)と(4)のような微生物のはたらきを，「有機物」「無機物」という語句を使って簡潔に書きなさい。
  （　　　　　　　　　　　　　　　　　　　　　　　　　　　　　　　　）
- □(6) 消費者の中で，土の中で生きている小動物や微生物のように，生物の遺骸やふんなどから栄養分を得ている生物を何というか。（　　　　）
- □(7) 土の中の生物B〜Gのうち，(6)にふくまれるものをすべて選びなさい。
  （　　　　）

② 図は，生物どうしのつながりと物質の循環を表したものである。 ▶▶ ②

- □(1) 気体X，Yはそれぞれ何か。
  X（　　　　）
  Y（　　　　）

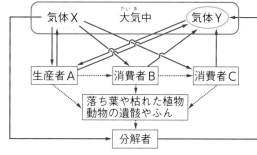

- □(2) A……▶B……▶Cという物質の移動のもとになっている生物どうしのひとつながりのことを何というか。（　　　　）
- □(3) A〜Cにあてはまる生物を，㋐〜㋒から1つずつ選びなさい。
  A（　　　　）　B（　　　　）　C（　　　　）
  ㋐　ウサギ　　㋑　クローバー　　㋒　タカ
- □(4) 実線の矢印（——▶）と点線の矢印（……▶）は，それぞれ有機物・無機物のどちらの移動を表しているか。　　実線の矢印（　　　　）　　点線の矢印（　　　　）

ミスに注意　① (5) 必ず「有機物」「無機物」の両方の語句を使うこと。
ヒント　② (1) 呼吸(こきゅう)では，酸素をとり入れ，二酸化炭素を放出している。

ぴたトレ
1
要点チェック

2章　さまざまな物質の利用と人間
3章　科学技術の発展

時間 **10分**

解答 p.38

（　）と□□にあてはまる語句を答えよう。

1 さまざまな物質の利用

教科書 p.267〜274　▶▶❶

□(1) 綿や絹などは天然の素材からつくられたもので ①（　　　　　　　　　）とよばれ，ポリエステルやナイロンなどは ②（　　　　　　　　　）とよばれる。

□(2) ③（　　　　　　　　　）は，石油などを原料として人工的に合成された物質の総称で，合成樹脂ともよばれる有機物である。

□(3) プラスチックは，電気を ④（　　　　　　　），水をはじいてぬれない，熱するととけて火がついて ⑤（　　　　　　　）などの性質がある。

□(4) プラスチックは，大きな分子からなる ⑥（　　　　　　　　　）とよばれる物質の一種である。

□(5) プラスチックは，菌類や細菌類には分解され ⑦（　　　　　　　　　），腐らず長持ちする。

□(6) 表の⑧〜⑪

	ポリプロピレン(PP)	ポリエチレンテレフタラート(PET)
電気を通すか	電気を ⑧□□□□。	電気を ⑨□□□□。
水への浮き沈み	水に ⑩□□□□。	水に ⑪□□□□。
加熱したときのようす	とけてから火がつき，明るい炎で燃える。何も残らない。	とけて火がつき，明るい炎で燃える。燃えた後，黒いものがこびりついている。

2 科学技術の発展

教科書 p.275〜282　▶▶❷

□(1) 18世紀後半，蒸気機関車の動力源である ①（　　　　　　　　　）の改良，実用化をきっかけに，産業全体が発展をとげた。それによる社会全体の大きな変化を ②（　　　　　　　　　）とよぶ。

□(2) 科学技術の発展にともなって，自動車や工場からの排出ガスによる ③（　　　　　　　　　），工場からの排水による ④（　　　　　　　　　）など，さまざまな問題が引き起こされた。

□(3) 現在では ⑤（　　　　　　　　　）の普及で，世界中の情報を瞬時に知ることができる。

□(4) 過去の膨大なデータをもとにして，人間の脳のように考えることができる ⑥（　　　　　　）(人工知能)が登場してきた。

□(5) コンピュータがつくり出した人工的な環境を，現実として認識させる ⑦（　　　　　　　　　）(仮想現実)の技術の研究が進んでいる。

□(6) 将来は，⑧（　　　　　　　　　）を使った中央新幹線の開通により，さらなる高速輸送が実現されようとしている。

要点
● プラスチックが発明されて以来，木や鉄にかわって用いられるようになった。
● 科学技術の発展は，わたしたちの生活を大きく変えている。

① 表は，プラスチックの性質をまとめたものである。　▶▶ **1**

	ポリ塩化ビニル	ポリエチレンテレフタラート	ポリスチレン	ポリエチレン	ポリプロピレン
密度〔g/cm³〕	1.2〜1.6	1.38〜1.40	1.06	0.92〜0.97	0.90〜0.91
特徴	燃えにくく，薬品に強い。	透明でじょうぶ。破れにくい。	軽い発泡ポリスチレンになる。	油や薬品に強い。	熱や薬品に強い。

☐(1)　プラスチックのおもな原料は何か。　（　　　　　　）

☐(2)　プラスチックに共通する性質を，⑦〜⑦からすべて選びなさい。　（　　　　）

　　⑦　電気を通さない。　　　⑦　腐らずさびない。　　　⑦　加熱しても変形しない。

　　⑦　軽くて加工しやすい。　　⑦　炎をあげずに燃える。

☐(3)　表のプラスチックのうち，水に浮くものをすべて選びなさい。

　　　　　　　　　　　　　　　　　　　　　（　　　　　　　　　）

☐(4)　①〜③のプラスチックの略称を，それぞれアルファベットで書きなさい。

　　①　ポリエチレンテレフタラート　（　　　　）

　　②　ポリスチレン　　　　　　　　（　　　　）

　　③　ポリプロピレン　　　　　　　（　　　　）

最初の1文字はみんな同じだよ。

☐(5)　プラスチックのように，大きな分子からなる物質を何というか。（　　　　　）

☐(6)　ペットボトル本体は何でできているか。　　　　（　　　　　　　）

☐(7)　記述 プラスチックごみは自然界に放置されると長い間残るため，大きな問題になっている。プラスチックごみが長い間残る理由を，「菌類・細菌類」という語句を使って簡潔に書きなさい。

　（　　　　　　　　　　　　　　　　　　　　　　　　　　　　　）

② 科学技術によって，わたしたちの生活は便利で豊かになった。　▶▶ **2**

☐(1)　①，②の繊維をそれぞれ何というか。

　　①　綿や絹など　　　　　　　　　　　　　　（　　　　　　　）

　　②　ポリエステルやナイロンなど　　　　　　（　　　　　　　）

☐(2)　産業革命のきっかけとなった動力源は何か。　（　　　　　　　）

☐(3)　科学技術の発展にともない起きた問題について，（　）にあてはまる語句を書きなさい。

　　自動車や工場からの①（　　　　　　　）による大気汚染，

　　工場の②（　　　　　　　）による水質汚濁などの問題が引き起こされた。

☐(4)　インターネットの普及や情報処理技術の進歩を支えているのは，何の技術の発展か。

　　　　　　　　　　　　　　　　　　　　　　（　　　　　　　　　）

ミスに注意 **①** (7)理由を問われているので，文末は「〜から。」や「〜ため。」とする。

ぴたトレ 1

4章 人間と環境
5章 持続可能な社会をめざして

時間 **10分**
解答 p.39

要点チェック

( )と☐☐にあてはまる語句を答えよう。

1 人間と環境

教科書 p.285〜300 ▶▶ **①**

☐(1) 日本付近では，¹( )のプレートに²( )のプレートが衝突して沈みこんでいるので，地震や火山活動が活発である。

☐(2) 日本列島は，大陸と³( )の大気の影響を受けるとともに，北からの寒気と南からの⁴( )，冷たい海流とあたたかい海流がぶつかる位置にあるため，台風による暴風や大雨，大雪，異常高温など，多様な気象現象が起こりやすい。

☐(3) 石油や石炭などの⁵( )の大量消費や，開発による樹木のばっ採などによる世界的な規模での森林の減少のために，大気中の⁶( )濃度が高くなってきた。

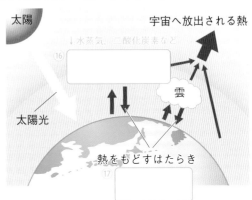

☐(4) 大気にふくまれる水蒸気や二酸化炭素，メタンなどの気体には⁷( )がある。これらの気体の増加によって，⁸( )が起こると考えられている。

☐(5) 冷蔵庫などに使われていたフロン類とよばれる物質によって，上空の⁹( )層が破壊され，地球に届く¹⁰( )が増加していると考えられている。

☐(6) 排出された窒素酸化物が¹¹( )に変化したり，硫黄酸化物が¹²( )に変化したりして雨にとけこむと，強い酸性を示す¹³( )となる。

☐(7) 窒素化合物などをふくむ生活排水が大量に海や湖に流れこむと，植物プランクトンなどが大発生し，¹⁴( )やアオコが発生することがある。

☐(8) 本来は分布していなかった地域に，ほかの地域から人間の活動によって移入され，定着した生物を¹⁵( )という。

☐(9) 図の¹⁶〜¹⁷

2 持続可能な社会をめざして

教科書 p.303〜309 ▶▶ **②**

☐(1) 資源の消費を減らし，くり返し利用できるようにすることによって，将来にわたって資源やエネルギーを利用できる社会を¹( )とよぶ。

☐(2) 将来，資源が枯渇したり，エネルギーが不足したりすることがないように，限られた資源や豊かな自然環境を保全しながら，現在の便利で豊かな生活を続けることができる社会のことを²( )という。

要点
●人間の活動によって，地球温暖化や大気汚染，水質汚濁などの問題が生じている。
●持続可能な社会をつくるには，循環型社会を構築する必要がある。

1 人間の活動は，自然環境にさまざまな影響を与えている。　▶▶ 1

□(1) 大気中の二酸化炭素濃度が高くなっている。
① 記述 二酸化炭素濃度が高くなってきた原因を，次の書き出しに続けて2つ書きなさい。
・石油や石炭などの ^A(　　　　　　　　　　　　　　　)
・森林の樹木のばっ採などによる ^B(　　　　　　　　　　)
② 二酸化炭素などがもつ，宇宙に放射される熱の一部を地表にもどすはたらきを何というか。(　　　　　)
③ 二酸化炭素濃度が高くなったことが原因と考えられている，地球の平均気温が上昇する現象を何というか。(　　　　　)

□(2) 石油や石炭などを燃焼させると，窒素酸化物や硫黄酸化物などが排出される。
① 排出された窒素酸化物が硝酸に変化したり，硫黄酸化物が硫酸に変化したりしてとけこんだ強い酸性の雨を何というか。(　　　　　)
② 大気中の窒素酸化物は，紫外線の影響で化学変化を起こして有害な物質に変化する。これが原因となり目やのどを強く刺激するものは何か。(　　　　　)

□(3) 赤潮やアオコの原因とは何か。㋐～㋒から1つ選びなさい。(　　　　　)
㋐ 硫黄酸化物をふくむ排煙　　㋑ 冷蔵庫などに使われていたフロン類
㋒ 窒素化合物などをふくむ生活排水

□(4) 絶滅のおそれがある野生生物のことを何というか。(　　　　　)

□(5) 本来は分布していなかった地域に，ほかの地域から人間の活動によって意図的，あるいは非意図的に移入され，定着した生物を何というか。(　　　　　)

2 持続可能な社会を築くために必要なことを考えた。　▶▶ 2

□(1) 生産過程で発生したあらゆる廃棄物を資源として有効活用することにより，廃棄物を出さないとり組みを何というか。(　　　　　)

□(2) ①～③の活動を何というか。カタカナで答えなさい。
① 買い物袋を持参したりして，ごみの発生を抑制する活動。(　　　　　)
② 中古商品やガラス製びんを再使用する活動。(　　　　　)
③ ペットボトルの回収・再利用など廃棄物を再資源化する活動。(　　　　　)

□(3) (2)をまとめて何というか。数字とアルファベットで書きなさい。(　　　　　)

□(4) 記述 持続可能な社会とはどのような社会か。「自然環境」「資源」という語句を使って簡潔に書きなさい。
(　　　　　　　　　　　　　　　　　　　　　　　　　　)

ヒント ② (3) それぞれの頭文字をもとに名づけられた。
② (4)「どのような社会か」とあるので，「～社会。」と答える。

ぴたトレ 3
確認テスト

1章　自然界のつり合い
2章　さまざまな物質の利用と人間
3章　科学技術の発展
4章　人間と環境
5章　持続可能な社会をめざして

時間 40分　／100点　合格 70点　解答 p.39

よく出る ❶ 図1は，ある生態系で，植物，草食動物，肉食動物の数量がつり合った状態を表したものである。

18点

□(1) **記述** 食物連鎖において，食べる生物と食べられる生物の数量についてどのようなことがいえるか。簡潔に書きなさい。

□(2) 生産者とよばれる生物を，図1から選びなさい。

□(3) 図1のような生物の数量的な関係について適切なものを，㋐〜㋑から1つ選びなさい。

　㋐　海の生物にも土の中の生物にも見られる。

　㋑　海の生物には見られないが，土の中の生物には見られる。

　㋒　海の生物には見られるが，土の中の生物には見られない。

　㋓　海の生物にも土の中の生物にも見られない。

図1

点UP □(4) **作図** 図2のAに示すように，何らかの原因で草食動物の数量が急に減少した場合，生物の数量はBからCへと変化し，やがてつり合った状態にもどる。点線をなぞって，図2のCを完成させなさい。**思**

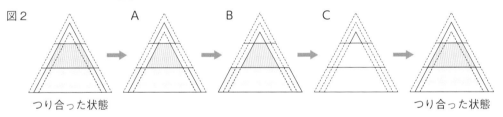

図2　つり合った状態　　A　　B　　C　　つり合った状態

❷ 微生物のはたらきを調べるため，次の実験を行った。

18点

実験 1．植えこみの土を水の入ったビーカーに入れ，かき混ぜる。

　　　2．1の上澄み液を2本の試験管A，Bに分け，<u>試験管Bを加熱し，沸騰させる。</u>

　　　3．2の液を，それぞれ円形ろ紙A，Bにしみこませる。

　　　4．デンプンと脱脂粉乳を加えた寒天を固めた寒天培地の上に，円形ろ紙A，Bを置き，ふたをして数日間保つ。

　　　5．それぞれの寒天培地A，Bにヨウ素溶液を加え，反応のようすを観察する。

□(1) **記述** 下線部の操作を行った理由を，簡潔に書きなさい。**技**

□(2) ヨウ素溶液を加えた後，寒天培地A，Bに見られる変化を，㋐〜㋒から1つずつ選びなさい。

　㋐　培地全体に変化は見られなかった。

　㋑　培地全体が青紫色に変わった。

　㋒　円形ろ紙の周囲だけ色が変わらなかった。

□(3) **記述** この実験から，土の中の微生物にはどのようなはたらきがあることがわかるか。簡潔に書きなさい。**思**

❸ ポリプロピレン，ポリエチレンテレフタラート，木，銅の試料片を使って，性質を比べた。 14点

実験 1. 図1のように，それぞれの試料が電気を通すかどうか調べた。

2. 図2のように，ピンセットではさんだ試料を水の入ったビーカーに入れ，水中で静かにはなし，ようすを観察した。

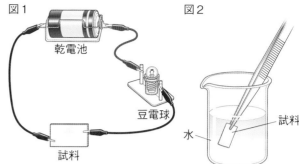

図1 乾電池 豆電球 試料

図2 試料 水

□(1) 電気を通すものをすべて選びなさい。

□(2) 水に浮くものをすべて選びなさい。

□(3) 記述 この実験から，プラスチックに共通する性質は何であると考えられるか。 思

❹ 図は，ある地域のそれぞれの生物にふくまれる PCB の濃度（質量での割合）を表したものである。 19点

□(1) 図のような生物のつながりを何というか。

□(2) 生物体内の物質の濃度が周囲の環境よりも高くなることを何というか。

□(3) 生物体内の PCB 濃度が図のようなつながりを通してしだいに高くなっていく理由を，⑦〜⑤から1つ選びなさい。

⑦ カモメの体内の PCB が卵に集まるから。

④ 矢印の先にある生物ほど個体数が多いから。

⑦ PCB は生物体内に蓄積されやすいから。

⑤ カモメの体がもっとも大きいから。

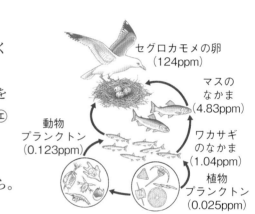

セグロカモメの卵（124ppm）

マスのなかま（4.83ppm）

動物プランクトン（0.123ppm）

ワカサギのなかま（1.04ppm）

植物プランクトン（0.025ppm）

（ppm は，100 万分の1を表す。）

□(4) 水質汚濁について述べた次の文の（ ）にあてはまる語句を書きなさい。

窒素化合物などを多くふくむ生活排水が海や湖に流れこむと，これを栄養源として，植物プランクトンが大発生し，水中の酸素濃度が（ ① ）して生態系に大きな影響を与えることがある。このように，植物プランクトンが大発生して起こる現象に赤潮や（ ② ）がある。

❺ 科学技術の発展によって，わたしたちのくらしは便利で豊かになってきた。 12点

□(1) 現在では，世界中の情報を瞬時に知ることが可能になった。これは何の普及によるものか。

□(2) 膨大なデータをもとにして，人間の脳のように考えることができるものを何というか。アルファベットで書きなさい。

□(3) コンピュータがつくり出した人工的な環境を，現実として認識させるものを何というか。アルファベットで書きなさい。

❻ 現在の便利で豊かな生活を続けていくために，できることを考えた。 19点

☐(1) ①～③の説明にあてはまるものを，⑦～⑦から１つずつ選びなさい。
① 買い物袋を持参したり，つめかえ用の洗剤を購入したりする。
② 中古商品やガラス製びんを再使用する。
③ 空き缶やペットボトルの回収・再利用をする。
⑦ Reuse　　⑦ Reduce　　⑦ Recycle

☐(2) ①，②の社会をそれぞれ何というか。
① 資源の消費を減らし，くり返し利用できるようにすることで，将来にわたって資源やエネルギーを利用できる社会。
② 将来，資源が枯渇したり，エネルギーが不足したりすることがないように，限られた資源や自然環境を保全しながら，現在の便利で豊かな生活を続けていくことができる社会。

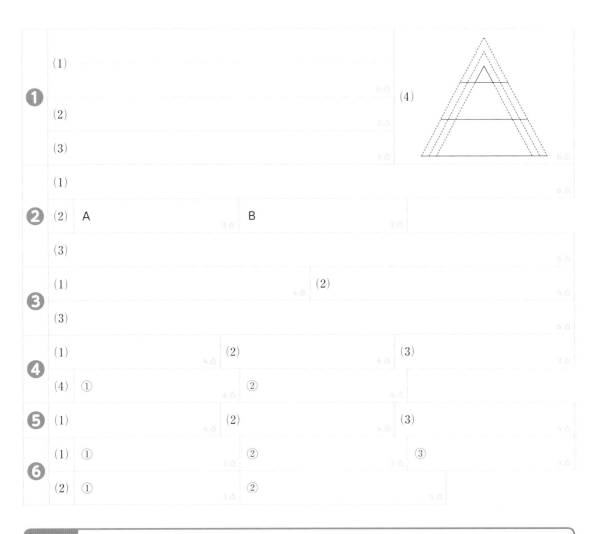

テスト前に役立つ!

\\ 定期テスト //

予想問題

チェック!

- テスト本番を意識し, 時間を計って解きましょう。

- 取り組んだあとは, 必ず答え合わせを行い, まちがえたところを復習しましょう。

- 観点別評価を活用して, 自分の苦手なところを確認しましょう。

テスト前に解いて, わからない問題や まちがえた問題は, もう一度確認して おこう!

1章　生物のふえ方と成長

時間30分　／100点　合格70点　解答p.40

1 図は，アメーバのふえ方を表している。　20点

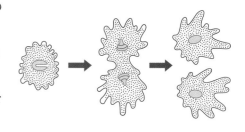

□(1) アメーバのように，親の体の一部が分かれてそのまま子になるような生殖を何というか。

□(2) 植物が体の一部から新しい個体をつくる(1)を何というか。

□(3) 多細胞生物の多くは，雌雄の親がかかわって子をつくる。

① 雌雄の親がかかわって子をつくるような生殖を何というか。

② 精子や卵のように，①のためにつくられる特別な細胞を何というか。

③ 精子の核と卵の核が合体してできた新しい１つの細胞を何というか。

よく出る 2 図は，めしべの柱頭に花粉がついた後のようすを模式的に表したものである。　27点

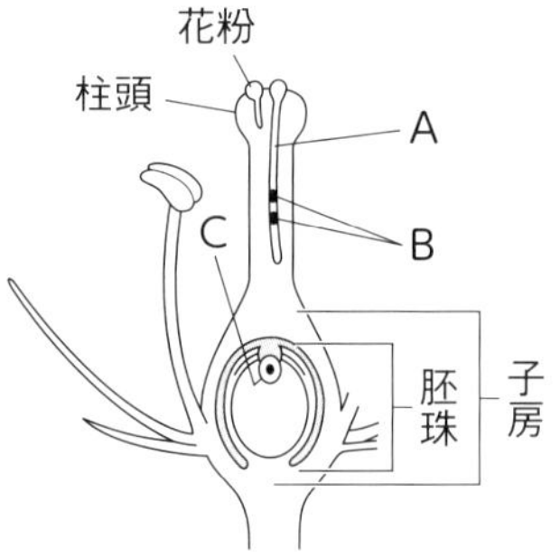

花粉
柱頭
A
B
C
胚珠
子房

□(1) A～Cをそれぞれ何というか。

□(2) 花粉がめしべの柱頭につくことを何というか。

□(3) 受精卵が成長していく過程を何というか。

□(4) 受精後，①受精卵は分裂をくり返して何になるか。また，②胚珠は何になるか。

□(5) 花粉からAがのびるようすを顕微鏡で観察するとき，スライドガラスに花粉を落とす前に，何を１滴落とすか。㋐～㋒から１つ選びなさい。

㋐ 食塩水　　㋑ 砂糖水　　㋒ ヨウ素溶液

よく出る 3 細胞分裂のようすを調べるため，次の観察を行った。　26点

観察 1．根の先端を切りとり，細かくくずす。
2．<u>５％塩酸を１滴落とし，</u>３～５分間待つ。
3．ろ紙で塩酸を吸いとり，酢酸オルセイン溶液を１滴落として顕微鏡で観察する。

図１

X
Y
Z

図２

ⓐ
A
B
C
D
E
F

□(1) 細胞分裂がさかんに行われている部分はX～Zのどの部分か。

□(2) (1)の部分を何というか。

点UP □(3) 記述 下線部の操作を行う理由を，簡潔に書きなさい。

□(4) 細胞Cに見られるひものようなものⓐを何というか。

□(5) 細胞分裂の順に，Aを最初にしてB～Fを並べなさい。

□(6) この観察で見られる細胞分裂を何というか。

成績評価の観点　技…観察・実験の技能　思…科学的な思考・判断・表現

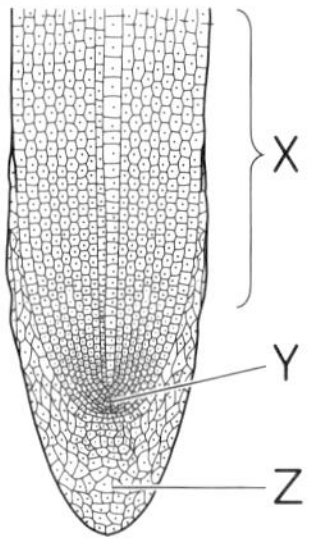

❹ 図1は，ジャガイモAの花粉をジャガイモBに受粉させたときのようすを表したものである。
図2は，種子といもで，親の形や性質が伝わるしくみを表したものである。　　　　27点

□(1) 生殖細胞をつくるときに行われる特別な細胞分裂を何というか。

□(2) ①，②の細胞をそれぞれ何というか。
　　① 雄の生殖細胞
　　② 雌の生殖細胞

点UP

□(3) 作図 種子といもの染色体はどのようになるか。図2にかきなさい。

□(4) いもから成長したジャガイモの個体の形や性質などの特徴は，親Bと比べてどうなっているか。⑦〜⑦から1つ選びなさい。
　　⑦親とまったく同じになる。
　　⑦親とまったく異なる。
　　⑦親と同じになるときと，親と異なるときがある。

点UP
□(5) 記述 親と子の体細胞の染色体の数が等しくなるのはなぜか。「減数分裂」「受精」という語句を使って簡潔に書きなさい。

図1
ジャガイモAの花粉
↓受粉
ジャガイモB ⇨

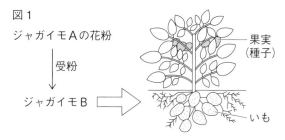

果実（種子）
いも

図2

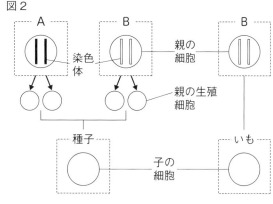

定期テスト予想問題　生命の連続性 — 教科書4〜16ページ

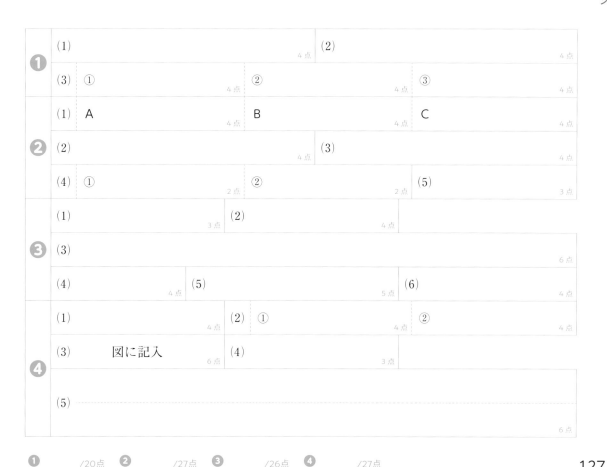

❶	(1) 4点		(2) 4点
	(3) ① 4点	② 4点	③ 4点
❷	(1) A 4点	B 4点	C 4点
	(2) 4点	(3) 4点	
	(4) ① 2点	② 2点	(5) 3点
❸	(1) 3点	(2) 4点	
	(3) 6点		
	(4) 4点	(5) 5点	(6) 4点
❹	(1) 4点	(2) ① 4点	② 4点
	(3) 図に記入 6点	(4) 3点	
	(5) 6点		

❶ マツバボタンの花の遺伝を調べるため，次の実験を行った。ただし，赤い花を咲かせる遺伝子をA，白い花を咲かせる遺伝子をaと表すとする。

36点

実験1 図1のように，赤い花を咲かせる純系のマツバボタン（親）のめしべに，白い花を咲かせる純系のマツバボタン（親）の花粉をつけて育てると，たくさんの種子（子）を得た。その種子を育てると，すべて赤い花を咲かせた。

実験2 実験1で咲いた赤い花どうしを受粉させ，できた種子（孫）をまいて育てたところ，赤い花を咲かせる株と白い花を咲かせる株があった。

図1

□(1) マツバボタンの花の色の「赤」と「白」のように，同時に現れない2つの形質のことを何というか。

□(2) マツバボタンの花の色で，顕性形質は「赤」と「白」のどちらか。

□(3) いっぱんに，減数分裂の結果，対になっている遺伝子が分かれて別々の生殖細胞に入ることを何というか。

□(4) 実験1でできた種子（子）の遺伝子の組み合わせを，記号を使って表しなさい。

□(5) 実験2でできた種子（孫）の遺伝子の組み合わせを，すべて記号を使って表しなさい。

□(6) 実験2でできた赤い花を咲かせる株と白い花を咲かせる株の数の割合（赤：白）は，どのようになるか。㋐〜㋔から1つ選びなさい。

　㋐　1：1　　㋑　1：2　　㋒　1：3
　㋓　2：1　　㋔　3：1

図2

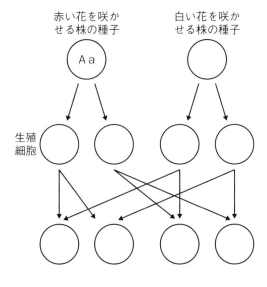

点UP □(7) 実験2でできた赤い花を咲かせる株の種子のうち，遺伝子の組み合わせがAaであるものを育て，白い花を咲かせる株の花と受粉させた。

① 作図 図2は，このときの遺伝子の組み合わせを表したものである。あいている○にあてはまる遺伝子の記号を書き入れ，図を完成させなさい。思

② このかけ合わせでできた，赤い花を咲かせる株は全体の何％になるか。もっとも近いものを，㋐〜㋔から1つ選びなさい。思
　㋐　25％　　㋑　33％　　㋒　50％　　㋓　67％　　㋔　75％

　成績評価の観点　技…観察・実験の技能　思…科学的な思考・判断・表現

2 表は，脊椎動物の5つのなかまの特徴をまとめたものである。　64点

特　徴	魚　類	両生類	は虫類	鳥　類	哺乳類
A　（ ① ）をもっている。	○	○	○	○	○
B　（ ② ）で呼吸する時期がある。	○	○			
C　（ ③ ）で呼吸する時期がある。		○	○	○	○
D　卵を産む。	○	○	○	○	
E　ある程度成長した子を産む。					○
F　羽毛や体毛がある。				○	○
G　羽毛や体毛がない。	○	○	○		

□(1)　①〜③にあてはまる語句を書きなさい。

□(2)　D，Eのような，なかまのふやし方をそれぞれ何というか。

□(3)　右の表は，共通する特徴の数をまとめた
　　　ものである。例えば，上の表で魚類と鳥
　　　類に共通して○がついている特徴は2つ
　　　あるので，右の表に「2」と記入してあ
　　　る。ⓐ〜ⓕにあてはまる数を書きなさい。

魚類

4	両生類		
3	ⓐ	は虫類	
2	ⓑ	ⓓ	鳥類
1	ⓒ	ⓔ	ⓕ 哺乳類

□(4)　魚類と近い関係にあるものから順に，残
　　　りの4つのなかまを並べなさい。[思]

□(5)　生物は，長い年月をかけて代を重ねる間に形質が変化する。このような変化を何というか。

□(6)　出現する時代が古いものから順に，脊椎動物の5つのなかまを並べなさい。

□(7)　[記述] 脊椎動物の生活場所はどのように変化したと考えられるか。簡潔に書きなさい。

❶	(1) 4点	(2) 4点	(3) 4点
	(4) 4点	(5) 4点	(6) 4点
	(7) ① 　図2に記入　 8点	② 4点	

❷	(1) ① 4点	② 4点	③ 4点
	(2) D 4点	E 4点	
	(3) ⓐ 4点	ⓑ 4点	ⓒ 4点
	ⓓ 4点	ⓔ 4点	ⓕ 4点
	(4) 5点		(5) 4点
	(6) 5点		
	(7) 6点		

❶ 　/36点　　❷ 　/64点

よく出る ❶ 望遠鏡で太陽の表面を観察したところ，図のように，同じ時刻に見られる黒点の位置が毎日少しずつ移動していた。

31点

□(1) 黒点の動きについて正しいものを，⑦〜⊥から2つ選びなさい。

⑦　1周するのに約13〜15日かかる。

⑦　1周するのに約27〜30日かかる。

⑦　東から西へ動いて見える。

⊥　西から東へ動いて見える。

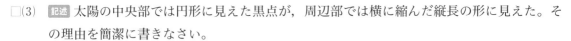

□(2) 記述 このように，黒点が移動して見えるのはなぜか。その理由を簡潔に書きなさい。

□(3) 記述 太陽の中央部では円形に見えた黒点が，周辺部では横に縮んだ縦長の形に見えた。その理由を簡潔に書きなさい。

□(4) 太陽の表面は，コロナという高温のガスがとり巻いている。コロナの温度をA〔℃〕，太陽の表面温度をB〔℃〕，太陽の中心部の温度をC〔℃〕，黒点の温度をD〔℃〕としたとき，温度の高い順に記号を並べなさい。思

よく出る ❷ ある地点で，北の空と東の空のようすを観察した。図1のCは午後9時の北の空に見えたカシオペヤ座の位置，図2は午後9時の東の空に見えた星Qの位置を表している。

40点

□(1) 観察を行った日の午後11時のカシオペヤ座の位置を，A〜Eから1つ選びなさい。

□(2) 図1で，カシオペヤ座はPを中心に回転しているように見えた。<u>P付近にはこぐま座をつくる星の1つがあり，その星は時間がたってもほとんど位置を変えなかった。</u>

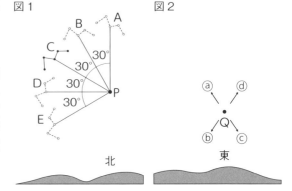

① 下線部の星の名前を書きなさい。

点UP ② 下線部の星が天頂付近に見られるのは，地球上のどの地点か。⑦〜⊥から1つ選びなさい。思

⑦　北緯35°の地点　　④　南極点　　⑦　北極点　　⊥　赤道上

□(3) 図2の星Qは，時間がたつとしだいにどのような向きに動いていくか。ⓐ〜ⓓから1つ選びなさい。

□(4) この日に観察されたような星の動きを何というか。

□(5) 次の文は，(4)の動きについて説明したものである。（　）にあてはまる語句を書きなさい。

(4)の動きは，地球の（ ① ）による見かけの動きである。地球は（ ② ）を中心に，北極の上空から見て（ ③ ）回りに，1日に1回転している。

❸ 啓子さんは，日本のある地点で9月12日午後8時と10月12日午後8時に，いて座の観測を行い，いて座の位置をスケッチした。 　　　　　　　　　　　29点

☐(1)　9月12日のいて座のスケッチは，図1，図2のどちらか。

☐(2)　図3は，地球の公転軌道と天球上の太陽の通り道を表したもので，そこには12の星座が見られる。表は，その12の星座の前を太陽が動いているように見える順に並べたものである。

　　① 天球上の太陽の通り道を何というか。

　　② ⓐいて座とⓑおとめ座は，それぞれA〜Dのどの位置にあると考えられるか。 思

図1

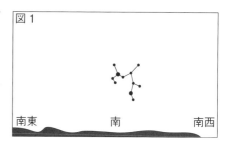

図2

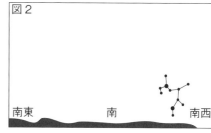

表

| いて座→やぎ座→みずがめ座→うお座→おひつじ座→おうし座 |
| ↑　　　　　　　　　　　　　　　　　　　　　　　　↓ |
| さそり座←てんびん座←おとめ座←しし座←かに座←ふたご座 |

☐(3)　作図 啓子さんが観測した地点で，いて座が真夜中に南中する日には，太陽は天球上をどのように動いて見えるか。解答欄の図の点線をなぞって，実線で表しなさい。 思

☐(4)　地球から見て太陽がいて座の方向にあるとき，真夜中に南中して見える星座は何か。

図3

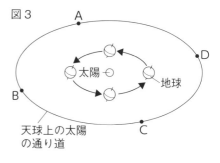

天球上の太陽の通り道

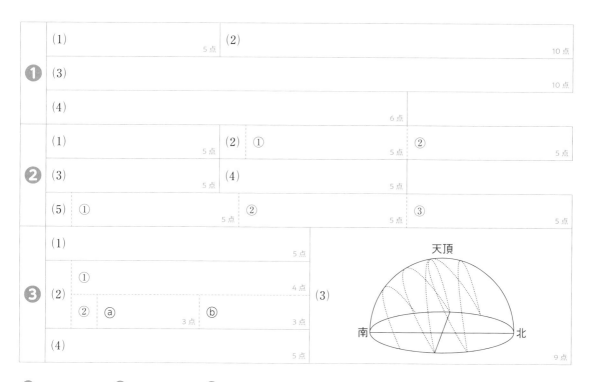

	(1) 　　　　　　　5点	(2) 　　　　　　　　　　　　　10点	
❶	(3) 　　　　　　　　　　　　　　　　　　　　　　　　10点		
	(4) 　　　　　　　　　　　　6点		
	(1) 　　　　5点	(2) ① 　　5点	② 　　　5点
❷	(3) 　　　　5点	(4) 　　　　5点	
	(5) ① 　　　5点	② 　　　5点	③ 　　　5点
	(1) 　　　　　　　5点	(3)	
❸	(2) ① 　　　　4点		
	② ⓐ 　　3点 ⓑ 　　3点		
	(4) 　　　　　　　5点		

(3) 図：天頂／南／北

3章　月と金星の動きと見え方

時間 30分 ／100点　合格 70点　解答 p.42

❶ **図のように，ある日の日の入りごろに上弦の月（半月）が南中するのが見られた。** 　20点

☐(1)　このあと，月はどの向きに動いていくか。A〜Dから1つ選びなさい。

☐(2)　この日から毎日，同じ時刻に同じ場所で月を観察した。日がたつにつれて，月の位置は東，西，南，北のどの方位に移動して見えるか。

☐(3)　1週間後に見られる月の形は，⑦〜㋓のどれにもっとも近いか。

　　⑦　満月　　㋑　三日月　　㋒　下弦の月（半月）　　㋓　新月

☐(4)　同じ時刻に見える月の位置や形が，日がたつにつれて変わるのはなぜか。⑦〜㋓から1つ選びなさい。

　　⑦　月が自転しているから。　　㋑　月が地球のまわりを公転しているから。

　　㋒　地球が自転しているから。　　㋓　地球が太陽のまわりを公転しているから。

☐(5)　満月から満月までに何日かかるか。⑦〜㋓から1つ選びなさい。

　　⑦　約14.5日　　㋑　約19.5日　　㋒　約24.5日　　㋓　約29.5日

❷ **図1は，太陽・月・地球の位置関係を，天の北極から見たようすを表したものである。** 　40点

☐(1)　月が図1の⑥の位置にあるときについて考える。

　　①　このとき，月が南中する時刻は何時ごろか。次の⑦〜㋓から1つ選びなさい。

　　　⑦　午前6時ごろ　　㋑　正午ごろ

　　　㋒　午後6時ごろ　　㋓　午前0時ごろ

　　②　作図　このときの月の形はどのように見えたか。図2の円と点線を参考に，影になる部分をぬりつぶしなさい。

　　③　①の時刻から時間がたつにつれて，月は東，西のどちらに動いて見えるか。

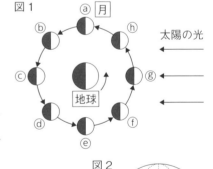

図1

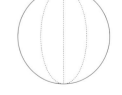

図2

☐(2)　日食が起こるとき，月はどの位置にあるか。⑧〜⑥から1つ選びなさい。

☐(3)　日食が起こるのは，何とよばれる月のときか。⑦〜㋓から1つ選びなさい。

　　⑦　上弦の月（半月）　　㋑　下弦の月（半月）　　㋒　満月　　㋓　新月

☐(4)　記述　太陽の直径は月の直径の約400倍である。それにもかかわらず，太陽全体が月にかくされる皆既日食が起こるのはなぜか。簡潔に書きなさい。思

☐(5)　記述　月食とは，どのような現象か。「月」「地球」という語句を使って，簡潔に書きなさい。

　成績評価の観点　技…観察・実験の技能　思…科学的な思考・判断・表現

3 図1はある年の11月15日と翌年の1月15日，3月15日の金星の位置の記録，図2はその
ときの金星を天体望遠鏡で観測したスケッチで，肉眼で見たときの向きに直している。 40点

□(1) 金星は，質量は小さいが密度が大きい惑星である。
このような惑星を何というか。

□(2) この観測を行ったのは，日の出前，日の入り後のど
ちらか。

□(3) 図1のような金星を何というか。

□(4) 記述 金星は，真夜中に観測することができない。そ
の理由を簡潔に書きなさい。

□(5) 11月15日から3月15日までの間に，金星と地球
との距離はどのように変化したか。㋐～㋓から1つ
選びなさい。

　　㋐　しだいに遠ざかった。

　　㋑　しだいに近づいた。

　　㋒　近づいたあとに遠ざかった。

　　㋓　遠ざかった後に近づいた。

□(6) 図3は，太陽・金星・地球の位置関係を表したもの
である。3月15日の金星は，A～Dのどの位置に
あったと考えられるか。思

点UP □(7) 記述 金星と地球の位置関係はたえず変化している。
その理由を「公転周期」という語句を使って，簡潔
に書きなさい。

図1

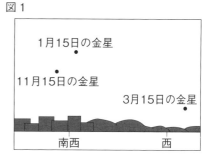

1月15日の金星

11月15日の金星

3月15日の金星

南西　　　　　西

図2

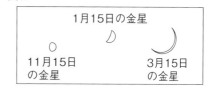

1月15日の金星

11月15日
の金星　　　3月15日
　　　　　　の金星

図3

金星の軌道　　　地球の軌道

A　　　D

太陽

B　地球　C

地球の公転
の方向

地球の自転
の方向

❶	(1)	4点	(2)	4点	(3)	4点
	(4)	4点	(5)	4点		

❷	(1) ①	4点	② 図2に記入	8点	③	4点
	(2)	4点	(3)	4点		
	(4)					8点
	(5)					8点

❸	(1)	5点	(2)	4点	(3)	5点
	(4)					8点
	(5)	5点	(6)	5点		
	(7)					8点

1章　水溶液とイオン
2章　電池とイオン

よく出る ① 図のような装置で，いくつかの物質の水溶液に電流が流れるかどうかを調べた。 技 思 　19点

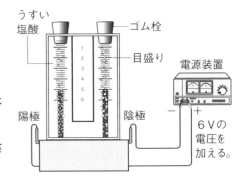

電源装置　豆電球
電極
水溶液
電流計

□(1) 水溶液をつくるために，蒸留水を使った。蒸留水には，電流は流れるか。

□(2) ㋐〜㋔の水溶液について調べたとき，電流が流れた水溶液をすべて選びなさい。
　　㋐　うすい水酸化ナトリウム水溶液
　　㋑　砂糖水　　　㋒　うすい塩酸
　　㋓　塩化ナトリウム水溶液
　　㋔　エタノールと水の混合物

□(3) 塩化ナトリウムの結晶には，電流は流れるか。

□(4) 電流が流れなかった水溶液中には，何が存在しなかったのか。

**② ** 図のようにして，うすい塩酸に電流を流す実験を行い，電極のようすを調べた。 技 思 　21点

□(1) 塩酸は，何という物質の水溶液か。

□(2) この実験で起こった化学変化の化学反応式を書きなさい。

うすい塩酸
ゴム栓
目盛り
電源装置
陽極　陰極
－　＋
6Vの電圧を加える。

点UP □(3) 陰極と陽極からは異なる気体が発生した。発生した気体の体積は同じであるが，装置にたまった体積には，かなり差があった。
　　① たまった体積が少なかったほうの電極は，陰極，陽極のどちらか。
　　② 記述 体積が少なかった理由を簡潔に書きなさい。

**③ ** 原子の構造やイオンについて，問いに答えなさい。 　29点

点UP □(1) 原子について述べた㋐〜㋓のうち，誤っているものをすべて選びなさい。
　　㋐　原子核は，＋の電気をもつ陽子と－の電気をもつ電子からできている。
　　㋑　原子核は，＋の電気をもつ陽子と電気をもたない中性子からできている。
　　㋒　陽子の数と電子の数は等しい。
　　㋓　陽子の数は電子の数の半分である。

□(2) ㋐〜㋕のイオンのうち，電子を2個失ってイオンになったものをすべて選びなさい。
　　㋐　ナトリウムイオン　　㋑　マグネシウムイオン　　㋒　銅イオン
　　㋓　硫酸イオン　　　　　㋔　水酸化物イオン　　　　㋕　塩化物イオン

□(3) 電子を2個受けとってイオンになったものを，(2)の㋐〜㋕からすべて選びなさい。

□(4) (2)の㋐〜㋕のイオンをそれぞれ化学式で書きなさい。

成績評価の観点　技…観察・実験の技能　思…科学的な思考・判断・表現

4 硝酸銀水溶液と硝酸銅水溶液をそれぞれ入れた試験管と，銅線，銀線を用いて実験を行った。

技 思　　　　　　　　　　　　　　　　　　　　　　　　　　31点

□(1)　水溶液の中に金属線を入れたとき，化学変化が起こる組み合わせ
　　　を⑦〜⑤から1つ選びなさい。

　　　⑦　硝酸銅水溶液と銅線　　　　⑦　硝酸銅水溶液と銀線

　　　⑦　硝酸銀水溶液と銅線　　　　⑤　硝酸銀水溶液と銀線

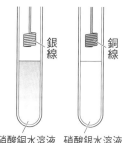

銀線　銅線

硝酸銅水溶液　硝酸銀水溶液

□(2)　(1)で変化が起こった組み合わせでは，水溶液の色に変化が見られ
　　　る。何色から何色に変化したか書きなさい。

□(3)　(1)で変化が起こった組み合わせでは，金属の間で何を受けとった
　　　り失ったりしているか。

□(4)　この実験から，銀と銅では，どちらがイオンになりやすいといえるか。

□(5)　亜鉛と銅では，亜鉛のほうがイオンになりやすいことを利用
　　　して，図のような電池(ダニエル電池)をつくり，電流を流す
　　　ことができる。このとき，①電子の移動する向き，②電流の
　　　向きは，それぞれ⑦，⑦のどちらか。

　　　⑦　銅板→亜鉛板

　　　⑦　亜鉛板→銅板

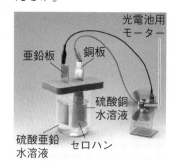

光電池用
モーター

亜鉛板　銅板

硫酸銅
水溶液

硫酸亜鉛　セロハン
水溶液

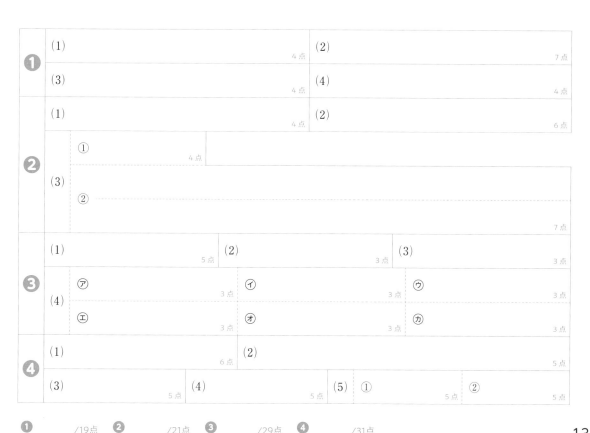

| ❶ | (1) | 4点 | (2) | 7点 |
| | (3) | 4点 | (4) | 4点 |

❷	(1)	4点	(2)	6点
	(3) ①	4点		
	(3) ②			7点

❸	(1)	5点	(2)	3点	(3)	3点
	(4) ⑦	3点	⑦	3点	⑦	3点
	(4) ⑤	3点	⑦	3点	⑥	3点

| ❹ | (1) | 6点 | (2) | 5点 |
| | (3) | 5点 | (4) | 5点 | (5) ① | 5点 | ② | 5点 |

1 pH試験紙で，身のまわりの液体の性質を調べた。　　44点

食酢　　　水　　　セッケン水

□(1) pH試験紙やBTB溶液のように，水溶液の酸性・アルカリ性で色が変わる薬品を何というか。

□(2) pH試験紙につけると黄色～赤色になる液体を，図中から選び，その名前を書きなさい。

□(3) (2)の液体にふくまれるイオンのうち，pH試験紙を黄色～赤色にするはたらきをもつイオンは何か。①名前と②化学式を書きなさい。

□(4) (2)の液体のpHの値としてもっとも近いものを⑦～⊆から選びなさい。
　　⑦　3　　　⑦　7　　　⑦　10　　　⊆　14

□(5) ①～⑤にあてはまる液体を図中から選び，その名前を書きなさい。
　　①　青色リトマス紙を赤色に変える液体
　　②　青色リトマス紙の色も赤色リトマス紙の色も変えない液体
　　③　フェノールフタレイン溶液を赤色に変える液体
　　④　緑色のBTB溶液を青色に変える液体
　　⑤　緑色のBTB溶液を黄色に変える液体

2 図のように，BTB溶液を1，2滴加えたうすい塩酸に，マグネシウムリボンを入れたところ，気体が発生した。技 思　　28点

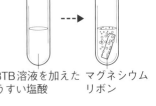

BTB溶液を加えた　マグネシウム
うすい塩酸　　　　リボン

□(1) マグネシウムリボンを入れる前，試験管の水溶液の色は何色だったか。⑦～⊆から選びなさい。
　　⑦　赤色　　　⑦　黄色　　　⑦　緑色　　　⊆　青色

□(2) この実験で発生した気体を，水上置換法で別の試験管に集め，その試験管にマッチの火を近づけると，気体が音を立てて燃えた。この気体が燃える化学変化を化学反応式で書きなさい。

□(3) うすい塩酸に入れたときに，マグネシウムリボンと同じ気体が発生する物質を，⑦～⑦から1つ選びなさい。
　　⑦　亜鉛　　　⑦　石灰石　　　⑦　炭酸水素ナトリウム

□(4) マグネシウムリボンを入れたとき，うすい塩酸と同じ気体が発生する物質を，⑦～④から2つ選びなさい。
　　⑦　うすい過酸化水素水　　　⑦　うすい硫酸　　　⑦　アンモニア水
　　⊆　食塩水　　　　　　　　　④　うすい酢酸

□(5) 記述 しばらくすると，マグネシウムリボンはまだ残っていたが，気体は発生しなくなった。気体が発生しなくなった後の試験管の水溶液中に，イオンは存在するか。もし存在するのであれば，イオンの総数は，マグネシウムリボンを入れる前と比べてどうなっているか。

③ 酸とアルカリを混ぜたときの変化を調べる実験を行った。 技 思　16点

実験 ビーカー A にはうすい塩酸に BTB 溶液を入れたものを，ビーカー B にはうすい水酸化ナトリウム水溶液を用意し，図のように B の水溶液を少しずつ A に加えてよくかき混ぜると，液の色が黄色から緑色，さらに青色に変化した。

こまごめピペット
ガラス棒　A　　　B

うすい塩酸にBTB溶液を入れたもの　　うすい水酸化ナトリウム水溶液

□(1) BTB 溶液の色を青色にするイオンの化学式を書きなさい。

□(2) ⓐ〜ⓓは，A の水溶液のようすをイオンや分子のモデルで表したものである。液が緑色になったときのようすを表したものを，ⓐ〜ⓓから選びなさい。

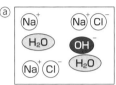

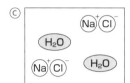
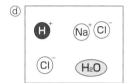

□(3) この実験のように，酸とアルカリがたがいの性質を打ち消し合う反応を何というか。

④ うすい硫酸 25 cm³ をビーカーにとり，うすい水酸化バリウム水溶液を加えると，硫酸バリウムの白い沈殿ができた。 思　12点

実験 うすい硫酸は 25 cm³ のままで，加えるうすい水酸化バリウム水溶液の量を変えていき，それぞれできた沈殿の乾燥後の質量をはかったところ，表のような結果になった。

ビーカー	A	B	C	D	E	F	G
うすい水酸化バリウム水溶液の体積〔cm³〕	5.0	10	15	20	25	30	35
生じた沈殿の乾燥後の質量〔g〕	1.2	2.4	3.6	4.8	5.4	5.4	5.4

□(1) この実験で生じた沈殿のように，アルカリの陽イオンと酸の陰イオンが結びついてできた物質を何というか。

□(2) 記述 実験終了後，ビーカー A〜G に，同じ質量のマグネシウムリボンを同時に加えたとき，気体の発生するようすには，どのようなちがいが見られるか。簡潔に書きなさい。

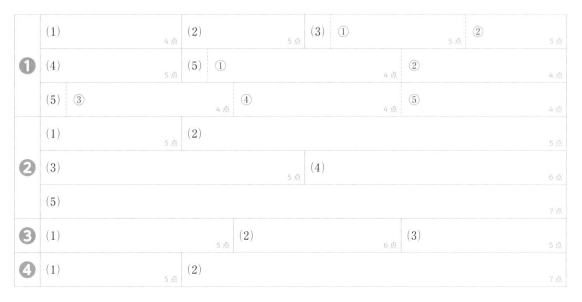

1章　力の合成と分解
2章　物体の運動

時間 30分 / 100点　合格 70点　解答 p.45

❶ 図1のような，重さ2.0 N，高さ4.0 cmの円柱形のおもりを，図2のように，水の入ったビーカーに沈めたところ，ばねばかりの目盛りは1.6 Nを示した。　　　18点

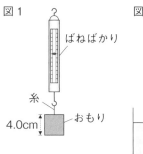

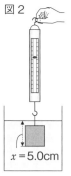

□(1)　おもりを水に沈めたとき，ばねばかりの示す値は，おもりが空気中にあるときより小さくなった。これは，水中のおもりにどんな力がはたらいているからか。

□(2)　[計算] 図2のとき，おもりにはたらいている(1)の力の大きさは何Nか。

□(3)　図2のおもりの底面と水面の距離 x を，8.0 cmに変えると，ばねばかりの目盛りは何Nを示すか。ただし，水の深さは12 cmである。

❷ 床の上に置かれた物体に2力 F_1，F_2 を加え，床から真上に引き上げ，静止させた。図は，物体の点Oに加えた2力を矢印で表したもので，方眼の1目盛りは1Nである。　　　32点

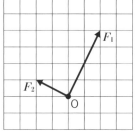

□(1)　[作図] 2力 F_1，F_2 の合力を表す矢印を，図にかき入れなさい。[技]

□(2)　2力 F_1，F_2 の合力の大きさは何Nか。

□(3)　この物体の質量は，約何kgか。⑦～⊆から1つ選びなさい。
　　⑦　0.05 kg　　　⊘　0.5 kg　　　⑨　5 kg　　　⊆　50 kg

□(4)　力 F_1 を，点Oを作用点として，①，②の方向の2力に分解する。このときそれぞれの分力の大きさは何Nか。[技]
　　①　重力と一直線上で反対向きの力
　　②　重力に垂直な向きの力

❸ 水平な床の上で，スケートボードを使って，図1，図2のような実験を行った。ただし，床とスケートボードの間の摩擦や空気の抵抗は考えないものとする。　　　12点

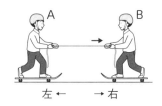

図1

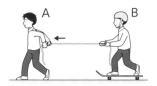

図2

□(1)　スケートボードに乗った2人が静止した状態から，図1のように，Aがしっかりとにぎっているひもを，Bが矢印の方向に手で引いた。このとき，A，Bはそれぞれどのように動くか。⑦～⊆から1つ選びなさい。[思]
　　⑦　AもBも，ともに右に動く。
　　⊘　Aは右に動き，Bは左に動く。
　　⑨　Aは右に動き，Bは動かない。
　　⊆　AもBも，ともに左に動く。

□(2)　次に，Aがスケートボードから降り，図2のように，BがしっかりにぎっているひもをAが水平に引いたところ，Bは左に動きはじめた。しばらくして，Bはひもから手をはなしたが，Bはそのまま動き続けた。これは，物体がもつ何という性質のためか。

④ 図1のように，斜面と水平面をなめらかにつなぎ，斜面の上部に記録タイマーに通したテープをつけた力学台車を置き，そっと手をはなし，台車の運動を調べた。 38点

結果 図2は，台車が引いた記録テープの一部である。記録テープの最初から数打点は除き，はっきり読みとることができる打点Aから，6打点ごとにB〜Hの記号をつけ，それぞれの区間の長さをはかると，表のようになった。ただし，この記録タイマーは，1秒間に60回打点し，摩擦や空気の抵抗は考えないものとする。

図1

記録タイマー
台車
斜面に平行な力
車止め
斜面
紙テープ
水平面

図2

←テープを引いた向き

A　　　　B　　　　　　　C

テープの区間	AB	BC	CD	DE	EF	FG	GH
長さ〔cm〕	3.0	5.0	7.0	9.0	11.0	12.0	12.0

☐(1) 台車が斜面を下りていく間，台車にはたらいている斜面に平行で下向きの力の大きさはどのようになっているか。㋐〜㋒から1つ選びなさい。

㋐　一定の割合で大きくなる。　　　㋑　一定の割合で小さくなる。

㋒　変化しない。

☐(2) 台車が斜面を下りていく間，台車の速さはどのようになっているか。(1)の㋐〜㋒から1つ選びなさい。

☐(3) 記録タイマーが打点Aを打ってから打点Fを打つまでに要した時間は何秒か。

☐(4) 記録タイマーが打点Fを打ってから打点Hを打つまでに，台車がした運動を何というか。

☐(5) 計算 台車が(4)の運動をしている間の，この台車の速さは何m/sか。

点UP ☐(6) 記述 同じ力学台車を使って，斜面の同じ位置から車止めまで動かすのにかかる時間を短くするには，どのようにすればよいか。

❶	(1)　　　　　6点	(2)　　　　　6点	(3)　　　　　6点

❷
(1)　　図に記入　　　6点	(2)　　　　　6点
(3)　　　　6点	(4) ①　　　　　　7点	②　　　　　7点

❸	(1)　　　　　6点	(2)　　　　　6点

❹
(1)　　　　6点	(2)　　　　6点	(3)　　　　6点
(4)　　　　6点	(5)　　　　6点	
(6)　　　　　　　　　　　　　　8点		

① 6kgの荷物を2mの高さまで一定の速さで持ち上げる仕事を，図のA〜Dの方法で行った。100gの物体にはたらく重力の大きさを1Nとし，滑車やひもの質量，摩擦などは考えないものとする。

42点

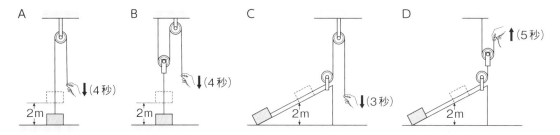

- □(1) 計算 Aの方法で荷物を持ち上げたときの，荷物がされた仕事は何Jか。

- □(2) 仕事の原理をもとに考えると，A〜Dの仕事の量について，どのようなことがいえるか。⑦〜㋑から1つ選びなさい。

  - ⑦ 使った道具がいちばん少ないので，Aの仕事の量がもっとも大きい。

  - ④ CとDは斜面を使っているので，AとBより仕事の量が少ない。

  - ⑦ かかった時間がいちばん長いので，Dの仕事の量がもっとも大きい。

  - ㋑ どの仕事の量も同じである。

- □(3) 記述 (2)の下線部の仕事の原理とはどのようなことか。簡潔に書きなさい。

- □(4) ひもを引く力がもっとも小さかった方法を，A〜Dから1つ選びなさい。思

- □(5) 計算 仕事率がもっとも大きかった方法は，①A〜Dのどれか。また，②その仕事率は何Wか。

② 図の装置で，鉄球の運動のようすを調べた。摩擦や空気の抵抗は考えないものとする。 21点

実験 曲面上の点Sに小さな鉄球を置き，そっと手をはなすと，鉄球は曲面にそって下り，水平面上にある点a，bを通過して斜面を上がり，点cまで到達した。

- □(1) 鉄球がa〜cにあるときの，鉄球の位置と，鉄球のもつエネルギーの大きさの関係を表した図として，もっとも適切なものを@〜@から1つ選びなさい。思

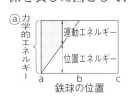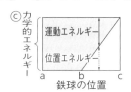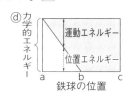

- □(2) (1)の図で，運動エネルギーと位置エネルギーの和はいつも一定である。このことを何の法則というか。

- □(3) 点cの水平面からの高さを，⑦〜⑦から選びなさい。

  - ⑦ 点Sと同じ高さ。
  - ④ 点Sより高い。
  - ⑦ 点Sより低い。

成績評価の観点　技…観察・実験の技能　思…科学的な思考・判断・表現

❸ 図1は，エネルギーの移り変わりの例を模式的に示したもので，矢印はエネルギーの変換する向きを，装置は矢印の向きにエネルギーを変換して利用するものの例を示している。 37点

A，B，C，Dには，熱，光，電気，化学のいずれかがあてはまる。

図1

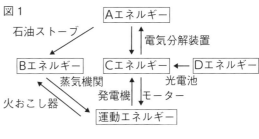

□(1) AエネルギーをCエネルギーに変換して利用するものを，㋐〜㋓から1つ選びなさい。
　　㋐　乾電池　　　　㋑　蛍光灯
　　㋒　アイロン　　　㋓　ろうそく

□(2) 図2は，手回し発電機を用いて，豆電球を光らせる実験のようすを示している。このときのエネルギー変換のようすを図1の記号で表すと，次のようになる。C，Dにあてはまる語句を書きなさい。

運動エネルギー → Cエネルギー → Dエネルギー

図2

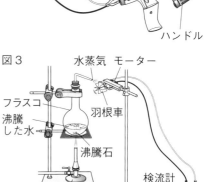

□(3) 記述 図2の実験では，CエネルギーがすべてDエネルギーに変換されるわけではない。その理由を簡潔に書きなさい。思

□(4) 図3は，ある発電のしくみについて実験するための装置である。ガスバーナーでフラスコを熱すると，水が沸騰し，水蒸気がガラス管の先端からふき出して，羽根車を回転させ，検流計の針がふれる。この実験は，どの発電のモデルと考えることができるか。㋐〜㋒から1つ選びなさい。思
　　㋐　原子力発電　　　㋑　水力発電　　　㋒　火力発電

図3

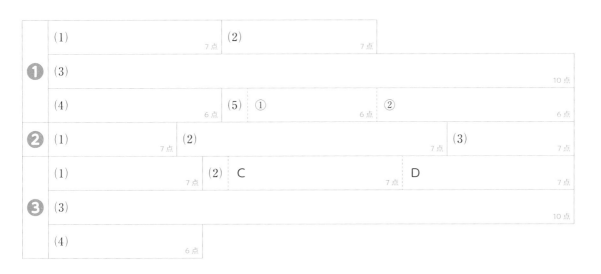

	(1) 7点	(2) 7点	
❶	(3) 10点		
	(4) 6点	(5) ① 6点	② 6点
❷	(1) 7点	(2) 7点	(3) 7点
❸	(1) 7点	(2) C 7点	D 7点
	(3) 10点		
	(4) 6点		

❶　　/42点　　❷　　/21点　　❸　　/37点

定期テスト
予想問題
9

1章　自然界のつり合い
2章　さまざまな物質の利用と人間
3章　科学技術の発展
4章　人間と環境
5章　持続可能な社会をめざして

時間 30分　／100点
合格 70点
解答 p.47

1 図1は，ある地域に生息する生物の数量をピラミッドの形で表したもので，A〜Dは動物を表している。

25点

☐(1) 植物は，自分で有機物をつくり出している。

① 植物は，あるエネルギーを利用して有機物をつくり出す。植物が利用するエネルギーは何か。

② 植物のようなはたらきをする生物を，生態系の中で何とよぶか。

☐(2) 動物A〜Dを食物連鎖の順に並べなさい。

☐(3) 動物は，植物がつくり出した有機物を食物連鎖によってとりこみ，生活に必要なエネルギーをとり出している。このエネルギーをとり出すはたらきを何というか。

☐(4) 大規模な森林ばっ採が行われ，図2のように植物の数量が極端に少なくなった。このとき，動物A〜Dにはどのような影響が現れるか。⑦〜㊤から1つ選びなさい。思

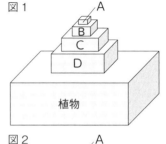

図1

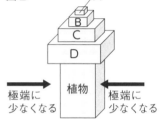

図2

極端に少なくなる　極端に少なくなる

⑦ 動物Dの数量はいったん減少するが，動物A，B，Cには変化が見られず，やがて植物や動物Dの数量が増加し，もとの状態にもどる。

④ 動物C，Dの数量はいったん減少するが，動物A，Bには変化が見られず，やがて植物や動物C，Dの数量は増加し，もとの状態にもどる。

⑤ はじめに動物Dの数量が減少し，その後，順に動物C，動物Bの数量も減少する。Aはもともと少ないため，ほとんど変化しない。

㊤ はじめに動物Dの数量が減少し，その後，順に動物C，動物B，動物Aの数量も減少する。そのため，この地域に生息する生物の数量は非常に少なくなってしまう。

2 表は，いろいろなプラスチックの密度をまとめたものである。

24点

	A	B	C	D	E
プラスチック	ポリ塩化ビニル	ポリエチレンテレフタラート	ポリスチレン	ポリエチレン	ポリプロピレン
密度〔g/cm³〕	1.2〜1.6	1.38〜1.40	1.06	0.92〜0.97	0.90〜0.91

☐(1) プラスチックのおもな原料は何か。

☐(2) ペットボトルの本体に使われているプラスチックは，A〜Eのどれか。

☐(3) 水に入れると沈むプラスチックを，A〜Eからすべて選びなさい。

☐(4) 記述 廃棄されたプラスチックが水中をただよううちに，波や風，紫外線などの作用で少しずつ細かくなり，マイクロプラスチックとよばれる直径5mm以下のプラスチックになる。マイクロプラスチックは，魚や海鳥など海の生物全体に広がっている可能性がある。その理由を「微生物」「食物連鎖」という語句を使って簡潔に書きなさい。思

❸ 18世紀後半にはじまった産業革命以降，世界の人口は増加し，化石燃料が大量に消費されるようになった。 31点

- ☐(1) 化石燃料とよばれるものを3つ答えなさい。
- ☐(2) 化石燃料の大量消費によって，大気中の二酸化炭素濃度が高くなってきた。
  - ① 記述 大気中の二酸化炭素濃度が高くなった原因を，化石燃料の大量消費以外に，簡潔に書きなさい。
  - ② 二酸化炭素などの気体がもつ，宇宙に放射される熱の一部を地表へもどすはたらきを何というか。
  - ③ 大気中の二酸化炭素濃度の高くなったことが原因で，地球の平均気温が高くなる現象が起こっていると考えられている。この現象を何というか。
- ☐(3) 化石燃料の燃焼によって排出された窒素酸化物から生じた硝酸や硫黄酸化物から生じた硫酸がとけこんだ雨を何というか。

❹ 持続可能な社会を実現するためには，自然と人間が共存する社会をつくる必要がある。 20点

- ☐(1) 次の文は，持続可能な社会について説明したものである。（ ）にあてはまる語句を書きなさい。

  　将来，（ ① ）が枯渇したりエネルギーが不足したりすることがないように，限られた（ ① ）や豊かな（ ② ）を保全しながら，現在の便利で豊かな生活を続けることができる社会。
- ☐(2) 持続可能な社会を実現するには，資源の消費を減らし，くり返し利用する社会を築く必要がある。このような社会を何というか。
- ☐(3) 生産過程で発生したあらゆる廃棄物を資源として有効活用することにより，廃棄物を出さないとり組みを何というか。

教科書ぴったりトレーニング
〈 啓林館版・中学理科3年 〉
この解答集は取り外してお使いください。

解答集

生命の連続性　の学習前に

1章／2章　①受精卵　②子宮　③子房
　　　　　④被子植物　⑤やく　⑥柱頭　⑦果実
　　　　　⑧種子　⑨細胞　⑩細胞膜　⑪核

3章　①裸子植物　②コケ植物　③脊椎動物

考え方

1章／2章①〜②
メダカもヒトも，受精した卵(受精卵)が育って，子が誕生する。

1章／2章⑨〜⑪
動物の体も植物の体も細胞からできている。どちらも核と細胞質はもつが，細胞壁・液胞・葉緑体は植物の細胞にしかない。

3章①〜②
シダ植物やコケ植物は胞子でふえる。葉・茎・根の区別ができるものがシダ植物で，区別ができないものがコケ植物である。
種子植物は，胚珠が子房の中にある被子植物と，子房がなく胚珠がむきだしの裸子植物に分けられる。被子植物は子葉が1枚の単子葉類と，子葉が2枚の双子葉類に分けられる。また，双子葉類は花弁が1つにくっついている合弁花類と，花弁が1枚1枚離れている離弁花類に分けられる。

3章③
哺乳類のみ胎生で，そのほかは卵生である。また，魚類はえら呼吸，は虫類・鳥類・哺乳類は肺呼吸であるが，両生類は子はえら呼吸や皮膚呼吸，親は肺呼吸や皮膚呼吸である。体の表面は，魚類やは虫類はうろこ，両生類は湿った皮膚，鳥類は羽毛，哺乳類は体毛でおおわれている。

宇宙を観る　の学習前に

1章　①ある　②星座　③太陽

2章　①東　②西　③変わらない(同じ)

3章　①東　②西　③変わらない(同じ)　④太陽

考え方

1章①〜②
例えば，はくちょう座のデネブは白っぽい1等星，さそり座のアンタレスは赤っぽい1等星である。

2章①〜②／3章①〜③
月も太陽も，時刻とともに東から南の空を通って西へと動く。

2章③
星(星座)は，時刻とともに動くが，月や太陽の動き方とはちがう。

3章④
月は太陽の光を受けてかがやいていて，月と太陽の位置関係が変わるから，日によって月の形が変わって見える。

化学変化とイオン　の学習前に

1章／2章　①原子　②元素記号　③化学式
　　　　　④化学反応式　⑤分解　⑥電気分解
　　　　　⑦異なる　⑧同じ　⑨電子　⑩逆

3章　①中性　②青色　③赤色　④赤色　⑤青色

考え方

1章／2章①〜②
化学変化と，物質が固体，液体，気体の間で状態を変える状態変化を区別する。なお，1種類の元素からできている物質を単体，2種類以上の元素からできている物質を化合物という。

1章／2章⑤〜⑥
例えば，水に電流を流して水素と酸素に分解する変化は電気分解である。また，酸化銀を加熱して酸素と銀に分解するように，分解には，加熱することによって物質が分解する熱分解もある。

左段

1章／2章⑨～⑩

電子は－(負)の電気をもち，電源の－極から＋極に移動するが，これは電流の向きとは逆である。

3章①～⑤

例えば，酸性の水溶液には塩酸や炭酸水，中性の水溶液には食塩水，アルカリ性の水溶液には水酸化ナトリウム水溶液やアンモニア水がある。

運動とエネルギー　の学習前に(1)

1章／2章／3章 ①速さ　②ニュートン　③作用点　④力の三要素　⑤等しい　⑥反対　⑦作用線　⑧圧力　⑨パスカル　⑩大気圧(気圧)　⑪ヘクトパスカル

考え方

1章／2章／3章⑤～⑦

例えば，机の上に置かれている本には，下向きの重力(地球が本を引く力)と，上向きの机からの垂直抗力(机が本を押す力)の2力がはたらき，この2力がつり合っている。

1章／2章／3章⑧

同じ力の大きさでも，力のはたらく面積が大きいほど，圧力は小さい。また，力のはたらく面積が同じでも，力の大きさが大きいほど，圧力は大きい。

運動とエネルギー　の学習前に(2)

4章 ①燃焼　②電気エネルギー　③上
5章 ①放射線　②放射性物質　③光　④熱　⑤音　⑥運動(動き)

考え方

4章①
燃焼も酸化の一種である。

4章③
金属と，水や空気では，あたたまり方が異なる。

5章③～⑥
わたしたちは電気を光や音，熱，運動などに変えて利用している。また，光電池に光を当てたり，手回し発電機のハンドルを回したりして，電気をつくる(発電する)こともできる。発電所では発電機(電磁誘導を利用して，電流を連続的に発生するようにした装置)を使って，電気をつくっている。

右段

自然と人間　の学習前に

1章 ①食物連鎖　②環境　③細胞呼吸　④光合成　⑤葉緑体
2章 ①有機物　②無機物　③密度　④導体　⑤不導体(絶縁体)　⑥原子　⑦分子　⑧単体　⑨化合物

考え方

1章①～⑤
植物を食べる動物，また，その動物を食べる動物がいて，生物は「食べる・食べられる」という関係でつながっている。動物の食べ物のもとをたどっていくと，光合成により栄養分をつくり出すことができる植物にたどり着く。

2章①～②
木やプラスチックは有機物である。有機物の多くは炭素のほかに水素をふくんでおり，燃えると二酸化炭素のほかに水が発生する。

2章③
物質の密度は，その物質の種類によって決まっているので，密度のちがいにより，物質を区別することができる。

2章④
電流の流れにくさを表す量を電気抵抗(または単に抵抗)という。

2章⑥～⑨
例えば，酸素原子2つが結びつき酸素分子をつくり，水素原子2つが結びつき水素分子をつくり，水素原子2つと酸素原子1つが結びつき水分子をつくる。水素分子や酸素分子は単体，水分子は化合物である。

生命の連続性

p.12 ぴたトレ1

1 ①生殖　②無性生殖　③栄養生殖

2 ①有性生殖　②卵　③精子　④生殖細胞　⑤受精　⑥受精卵　⑦胚　⑧発生　⑨卵巣　⑩精巣　⑪卵　⑫精子

3 ①精細胞　②卵細胞　③花粉管　④精細胞　⑤受精卵　⑥精細胞　⑦卵細胞　⑧胚

考え方

1 (2)無性生殖でできた子は，親と同じ特徴になる。

2 (2)雌の生殖細胞の卵は「たまご」ではなく「らん」と読む。

(6)成体とは，生殖可能な個体である。

3 (2)花粉がめしべの柱頭につくことを受粉という。

(3), (4)受精卵が成長して胚になり、胚珠全体は種子になる。

p.13 ぴたトレ2

1 (1)無性生殖　(2)A⊕　B⑦　C⊘　D⑨

(3)親と同じ特徴になる。

2 (1)①卵　②精子　(2)胚

3 (1)受粉　(2)花粉管　(3)X卵細胞　Y精細胞

(4)受精

考え方

1 (2)⑦のふえ方を分裂、⑨のふえ方を栄養生殖、⊕のふえ方を出芽という。

(3)無性生殖では、親の体から子ができているので、親の特徴をそのまま受けつぎ、子の特徴は親と同じになる。

2 (1)多くの動物には雌雄の区別があり、雌と雄がかかわって子をつくる有性生殖を行う。生殖細胞は生殖のための特別な細胞で、雌の卵巣で卵が、雄の精巣で精子がつくられる。

(2)卵の核と精子の核が合体することを受精、受精によってできた1つの細胞を受精卵という。動物では、受精卵が細胞の数をふやしはじめてから、自分で食べ物をとりはじめる前までを胚という。

3 (1)めしべの先を柱頭といい、花粉が柱頭につくことを受粉という。

(2)受粉すると、花粉は胚珠に向かって花粉管をのばす。

(4)花粉管が胚珠に達すると、花粉管の中を移動してきた精細胞の核と胚珠の中の卵細胞の核が合体し、受精卵ができる。

p.14 ぴたトレ1

1 ①細胞分裂　②染色体　③成長点

④生殖細胞　⑤体細胞　⑥体細胞分裂

⑦複製　⑧染色体　⑨中央　⑩両端

⑪細胞質

2 ①減数分裂　②受精　③同じ　④減数分裂

⑤受精　⑥体細胞分裂

考え方

1 (1)分裂していないときは、染色体は核の中にあって観察できない。

(5)分裂する前に、それぞれの染色体と同じものがつくられ、染色体の数が2倍になることを複製という。

2 (2)減数分裂によって、生殖細胞の染色体はもとの細胞の半分になり、受精によって生じた子は、親と同じ数の染色体をもつ。

p.15 ぴたトレ2

1 (1)⑦　(2)細胞の重なりを少なくするため。

(3)①染色体

②(A→)E(→)C(→)F(→)B(→)D

2 (1)減数分裂　(2)受精　(3)⊕

考え方

1 (1)塩酸は細胞壁どうしを結びつけている物質をとかす。

(2)細胞が重なっていると、光が通りにくくなり、顕微鏡で観察しにくい。

(3)細胞分裂では、まず核が消えて染色体が現れる(E)。その後、中央部分に集まった染色体(C)が細胞の両端に移動する(F)。さらに、中央部分に仕切りができて細胞質が2つに分かれはじめる(B)。最後に、染色体が見えなくなり、核の形が現れる(D)。その後、もとの大きさまで細胞が成長する。

2 (1)生殖細胞がつくられるときは、染色体の数がもとの細胞の半分になる。これを減数分裂という。

(3)減数分裂によって染色体の数が半分になった2つの生殖細胞が受精することで、子の細胞は親の細胞と同じ数の染色体をもつ。よって、生殖細胞の⑧と⑥の染色体は同じ数で、⑥の染色体の数は、⑧と⑥の染色体の数の和になる。

p.16〜17 ぴたトレ3

1 (1)A　(2)生殖細胞　(3)有性生殖　(4)発生

(5)⑧精巣　⑥卵巣　⑥精子　⑥卵

(6)分裂した細胞があまり成長していないから。

2 (1)⑥　(2)⊕　(3)⑦　(4)体細胞

(5)(A,)C, F, E, B, D

3 (1)花粉管　(2)受精　(3)胚

(4)精細胞を胚珠の中の卵細胞まで移動させる。

4 (1)減数分裂　(2)受精

(3)⑧⑦　⑥⑦　⑥⑨

(4)右図

❶(1)，(5)ⓒは精子，ⓓは卵なので，ⓐは精巣，ⓑは卵巣を表している。よって，Aは雄，Bは雌である。

(2)，(3)生殖細胞である卵と精子が受精することで子ができるようなふえ方を，有性生殖という。

(6)受精卵は，体細胞分裂をくり返して胚になる。はじめのころに行われる体細胞分裂では，全体の大きさはあまり変化しない。これは，体細胞分裂によって細胞の数はふえるが，分裂した細胞があまり成長しないので，細胞1個1個の大きさはだんだん小さくなっていくためである。

❷(1)，(2)根の先端より少し上の部分がもっともよく成長する。これは，この部分には成長点があり，細胞分裂がさかんに行われているためである。

(3)ⓒの部分では細胞分裂がさかんに行われるため，細胞が小さくて数が多い。ⓑ，ⓐと上にいくにつれて，細胞は成長して大きくなる。

❸(1)花粉がめしべの柱頭につくことを受粉という。受粉が行われると，花粉からめしべの胚珠に向かって，花粉管がのびていく。

(2)花粉管が胚珠に達すると，花粉管の中の精細胞の核と胚珠の中の卵細胞の核が合体し，受精卵ができる。

(4)被子植物では，花粉がつく柱頭と胚珠の間に距離があるため，花粉管が胚珠に向かってのび，その中を精細胞が移動していく。

なお，裸子植物では子房がなく，胚珠がむきだしになっているので，花粉は胚珠に直接つく。胚珠についた花粉から花粉管がのびるが，その速度は非常にゆっくりしていて，受精までにかなり時間がかかる。

❹(1)Aで染色体の数が半分になっているので，Aは減数分裂を表している。

体細胞分裂と減数分裂のちがいをまとめておこう。

体細胞分裂と減数分裂

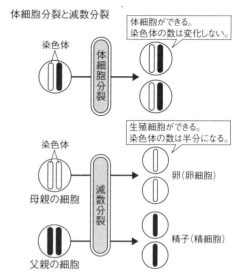

体細胞ができる。
染色体の数は変化しない。

生殖細胞ができる。
染色体の数は半分になる。

卵（卵細胞）

精子（精細胞）

(2)生殖細胞が合体しているので，Bは受精を表している。

(3)ⓐは母親の生殖細胞なので卵，ⓑは父親の生殖細胞なので精子を表している。植物の場合は，母親の生殖細胞は卵細胞，父親の生殖細胞は精細胞である。

(4)ⓒの核は，ⓐの核とⓑの核が合体してできるので，ⓐの染色体1本とⓑの染色体1本をもつ。

p.18 ぴたトレ1

1 ①形質　②遺伝　③遺伝子　④無性
⑤有性　⑥純系　⑦対立形質　⑧顕性
⑨潜性

2 ①AA　②aa　③減数分裂　④分離　⑤Aa

1(4)無性生殖では，体細胞分裂によって子がつくられるので，親とまったく同じ細胞をもつため，親とまったく同じ遺伝子をもつ。

(5)減数分裂によってできた生殖細胞は，染色体の数が親の半分になっているので，遺伝子も親の半分になる。そのため，受精によって，両親の遺伝子を半分ずつもつ受精卵がつくられる。

2(1)純系の個体は，同じ遺伝子を2つもつ。異なる遺伝子をもっていると，子や孫などの子孫に異なる形質が現れることがある。

(2)減数分裂のときに，染色体が2つに分かれて別々の生殖細胞に入り，それにともなって対になっている遺伝子も分かれて別々の生殖細胞に入る。

(3)丸い種子をつくる純系の生殖細胞の遺伝子はA，しわのある種子をつくる純系の生殖細胞の遺伝子はaなので，子の遺伝子の組み合わせはAaとなる。

p.19　ぴたトレ2

① (1)遺伝　(2)純系　(3)対立形質
(4)①体細胞　②同じ　③減数　④半分
(5)①顕性形質　②潜性形質

② (1)分離の法則　(2)⑦Aa　⑦Aa　①Aa
(3)⑦丸　①丸　⑦丸　①丸

考え方

① (1)生物のもつ形や性質などの特徴を形質とよび，親の形質が子やそれ以後の世代に現れることを遺伝という。遺伝するそれぞれの形質のもとになるものを遺伝子という。遺伝子は，細胞の核内の染色体にある。

(2)何世代にもわたって自家受粉をくり返しても，同じ形質の個体ができる場合，これを純系という。

(3)エンドウの種子の形の「丸」と「しわ」，子葉の色の「黄色」と「緑色」のように，同時に現れない2つの形質を対立形質という。

(4)無性生殖では，親と子はまったく同じ遺伝子をもつので，親とまったく同じ形質が現れる。有性生殖では，子は両親の遺伝子を半分ずつもつので，親とは異なる形質が現れることがある。

(5)対立形質をもつ純系どうしをかけ合わせたとき，丸い種子のように子に現れる形質を顕性形質，しわのある種子のように子に現れない形質を潜性形質という。

② (2)表のように，子の遺伝子の組み合わせはすべてAaになる。

	A	A	
a	⑦ Aa	⑦ Aa	←丸い種子の生殖細胞
a	① Aa	① Aa	

↑
しわのある種子の生殖細胞

(3)AAやAaのように，顕性形質の遺伝子をもつ場合，潜性形質は現れないので，すべて丸い種子になる。

p.20　ぴたトレ1

① ①Aa　②・③・④AA・Aa・aa
⑤1：2：1　⑥顕性　⑦潜性　⑧丸い
⑨しわのある　⑩3：1　⑪Aa　⑫Aa
⑬Aa　⑭Aa　⑮AA　⑯Aa　⑰Aa　⑱aa

② ①染色体　②DNA　③遺伝子組換え

考え方

① (1)遺伝子Aをもつ生殖細胞と遺伝子aをもつ生殖細胞が合体するので，子の遺伝子の組み合わせはAaとなる。

(2)，(3)孫の遺伝子の組み合わせは，下の表のようになるので，AA：Aa：aa＝1：(1＋1)：1＝1：2：1となる。

	A	a
A	AA	Aa
a	Aa	aa

(4)顕性形質の遺伝子には大文字，潜性形質の遺伝子には小文字が用いられることが多い。

② (1)，(2)染色体は，DNAとタンパク質からできている。

(3)遺伝子組換えによって，ある遺伝子を別の遺伝子に変えたり，新しい遺伝子がつけ加えられたりする。

p.21　ぴたトレ2

① (1)Aa　(2)1（：）2（：）1　(3)3（：）1

② (1)⑦　(2)DNA

考え方

① (1)1人はAのカード，もう1人はaのカードを出すので，Aaという組み合わせしかできない。

(2)結果の表から，AA：Aa：aa＝12：25：13≒1：2：1となる。

(3)顕性形質の遺伝子をもつ場合，潜性形質は現れないので，AAとAaは丸い種子，aaはしわのある種子になる。よって，AA：Aa：aa＝1：2：1より，(AA＋Aa)：aa＝(1＋2)：1＝3：1

❷(1) Aa という遺伝子の組み合わせをもつ種子は丸い種子になる。

AA：Aa：aa ＝ 1：2：1 より，丸い種子5474個のうち，Aa という遺伝子の組み合わせをもつものは，

$$5474 \times \frac{2}{1+2} = 3649.3\cdots \quad 約3600個$$

p.22～23 ▶ **ぴたトレ3**

❶ (1)対立形質　(2)⑦　(3)⑦　(4)約1825個

❷ (1)めしべとおしべが花弁に包まれていて，外界から隔離されているため，外から花粉が入らないから。

(2)①Aa　②約50%　③aa

❸ (1)顕性形質

(2)X⑦　Y④

(3)①Bb

②右図

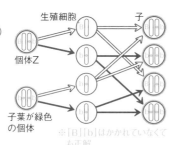

生殖細胞　　　　　子
個体Z
子葉が緑色
の個体
※「B」「b」はかかれていなくても正解。

考え方

❶(2)丸い種子をつくる純系の親としわのある種子をつくる純系の親をかけ合わせている。また，孫の代では，丸い種子のほうがしわのある種子よりも多くできているので，丸い種子が顕性形質，しわのある種子が潜性形質である。子の代には顕性形質が現れるので，子はすべて丸い種子になる。

(3)親の遺伝子の組み合わせは AA と aa なので，生じる子の遺伝子の組み合わせはすべて Aa になる。
子の生殖細胞には，遺伝子Aをもつものと遺伝子aをもつものがある。子の代の種子をまいて自家受粉させると，孫の代の遺伝子の組み合わせは AA：Aa：aa ＝ 1：2：1 となる。

(4)孫の代の丸い種子には，遺伝子の組み合わせが AA のものと Aa のものが1：2の割合でふくまれている。孫の代の丸い種子5474個のうち，遺伝子の組み合わせが AA のものは，

$$5474 \times \frac{1}{1+2} = 1824.6\cdots \quad 約1825個$$

❷(1)「花弁」「花粉」という語句を必ず使うこと。理由を聞いているので，文末は「～から。」や「～ため。」とする。

(2)②遺伝の規則性に従うと，孫の遺伝子の組み合わせは，AA：Aa：aa ＝ 1：2：1 となる。よって，遺伝子の組み合わせが Aa のものの割合は，

$$\frac{2}{1+2+1} \times 100 = 50\%$$

遺伝子の組み合わせが AA のものと aa のものの割合はそれぞれ25%。

③孫の代のしわのある種子の遺伝子の組み合わせは aa である。この種子の胚が体細胞分裂をくり返して植物の体ができるので，植物の体細胞は胚とまったく同じ遺伝子をもつ。

❸(2)表の「孫の形質と個体数」の欄を見ると，子葉の色では，顕性形質の黄色と潜性形質の緑色の割合がおよそ3：1になっている。
花のつき方では，「葉のつけ根」が顕性形質なので，その個体数651の約$\frac{1}{3}$にあたる数値が「茎の先端」の個体数になる。
たけの高さでは，「高い」が顕性形質なので，「低い」の個体数277の約3倍に当たる数値が「高い」の個体数になる。

(3)わかっていることを整理すると，

・子葉の色は黄色が顕性形質，緑色が潜性形質である。

・個体Zは子葉の色が黄色であった。

・個体Zとかけ合わせたのは，子葉の色が緑色の種子をつくる個体である。

・子葉の色が黄色の個体と緑色の個体がほぼ同じ数できた。

以上より，次の2つのことがわかる。

(i)個体Zは顕性形質を示すので，遺伝子の組み合わせは BB か Bb である。

(ii)個体Zとかけ合わせた緑色の個体の遺伝子の組み合わせは bb である。

次の場合に分けて考えてみる。

・個体Zが BB の場合
純系どうしのかけ合わせになるので，子の遺伝子の組み合わせはすべて Bb となり，子葉の色はすべて顕性形質の黄色になり，子葉が緑色の個体は生じない。

・個体Zが Bb の場合
生じる子の遺伝子の組み合わせは，表のようになり，Bb：bb＝1：1となるので，子葉の色が黄色の個体と緑色の個体が，ほぼ同じ数生じる。

	B	b
b	Bb	bb
b	Bb	bb

p.24 ぴたトレ**1**

1 ①両生類　②は虫類　③近い　④背骨
⑤えら　⑥肺　⑦水中　⑧陸上　⑨ある
⑩ない

2 ①進化　②古生代　③魚類
④・⑤両生類・は虫類
⑥・⑦哺乳類・鳥類

考え方

1 (1)魚類と共通する特徴の数は，両生類は4個，は虫類は2個，鳥類と哺乳類は1個である。

2 (1)遺伝子は不変なものではなく，まれに変化することがある。このため，生物は長い年月をかけて世代を重ねる間に，遺伝子が変化し，形質が変化する。これを進化という。

p.25 ぴたトレ**2**

1 (1)①1　②1　③3　④2　⑤2　⑥3
⑦2　⑧3
(2)①鳥類　②魚類

2 (1)A哺乳類　B鳥類　Cは虫類　D両生類
E魚類
(2)進化

考え方

1 (2)哺乳類と共通な特徴の数は，魚類は1，両生類は2，は虫類は2，鳥類は3である。

2 (1)脊椎動物は，魚類，両生類，は虫類，哺乳類，鳥類の順に地球上に出現した。
魚類の化石は古生代（約5億4100万年前〜約2億5200万年前）のはじめの地層，両生類とは虫類の化石は古生代の中期から後期の地層，哺乳類と鳥類の化石は中生代（約2億5200万年前〜約6600万年前）の地層から見つかっている。

p.26 ぴたトレ**1**

1 ①シソチョウ(始祖鳥)　②鳥類　③は虫類
④は虫類　⑤鳥類　⑥相同器官　⑦共通

2 ①胞子　②裸子植物　③被子植物
④魚類　⑤両生類　⑥・⑦は虫類・哺乳類
⑧鳥類

考え方

1 (4)現在の研究では，鳥類の直接の祖先はシソチョウではなく，羽毛恐竜であると考えられている。
(5)カエルやカメ，イヌの前あし，ハトやコウモリの翼，クジラのひれ，ヒトのうでは，相同器官である。相同器官は，このように，見かけの形やはたらきはちがっていても，基本的なつくりは同じで，もとは同じものであったと考えられている。

2 (1)胞子でふえるコケ植物やシダ植物よりも，種子植物のほうが乾燥した場所で生活できる。
(2)裸子植物は古生代の後期，被子植物は中生代の中期に出現した。

p.27 ぴたトレ**2**

1 (1)シソチョウ(始祖鳥)　(2)中生代　(3)は虫類
(4)鳥類

2 (1)A両生類　Bは虫類　C鳥類　(2)相同器官
(3)脊椎動物のなかまは，同じ基本的なつくりをもつ過去の脊椎動物から進化したこと。

3 (1)⑦(→)⑦(→)⑦　(2)魚類
(3)①両生類　②は虫類　③両生類

考え方

1 (2)シソチョウの化石は，約1億5千万年前（中生代中ごろ）のドイツの地層から発見されている。
(3)，(4)シソチョウの特徴は，次のように分けられる。
　・鳥類の特徴
　　羽毛があり，前あしが翼になっている。
　・は虫類の特徴
　　口には歯があり，翼の先に爪があり，尾に骨がある。

2 (2)チョウのはねと鳥類の翼はどちらも飛ぶための器官であるが，起源が異なるので，相同器官ではない。
(3)同じ基本的なつくりをもつ脊椎動物が，水中や陸上，空中などそれぞれの生活環境に都合がよいように進化したとされる。

③(1)胞子でふえるコケ植物やシダ植物が最初に陸上に現れた。シダ植物の中から、種子でふえる裸子植物が現れ、その後、裸子植物から被子植物が現れた。

(3)両生類の中から、陸上の乾燥にたえられるしくみをもった、は虫類や哺乳類が進化した。また、羽毛恐竜のようなは虫類から鳥類が進化したと考えられている。

p.28〜29 **ぴたトレ3**

① (1)背骨をもっている。

(2)A⑦　B⑨　C⑦　D⑨　E⑦

(3)①D　②B　③E

② (1)進化

(2)A魚類　B両生類　Cは虫類　D鳥類
　E哺乳類

(3)海　(4)⑨　(5)水中から陸上へと広がった。

③ (1)相同器官　(2)①⑦　②⑦　③⑨

(3)同じ基本的なつくりをもつ過去の脊椎動物（共通の祖先）から進化したこと。

(4)⑨

考え方

①(1)背骨をもっている動物を脊椎動物という。

(2)魚類、両生類、は虫類、鳥類が卵生、哺乳類が胎生である。

肺で呼吸することがあるのは両生類、は虫類、鳥類、哺乳類、えらで呼吸することがあるのは魚類と両生類である。

魚類とは虫類はうろこで、両生類はうすい皮膚でおおわれていて、これらはまわりの温度の変化にともなって体温が変化する。鳥類は羽毛、哺乳類は毛でおおわれ、これらはまわりの温度が変化しても体温をほぼ一定に保つことができる。

(3)Aと共通する特徴の数は、Bは2、Cは1、Dは3、Eは0。共通点が多いほど、なかまとして近い関係にあるので、Aとなかまとして近いものから順に、D、B、C、Eとなる。

②(2)地球上に最初に現れたのは魚類である。魚類の中から陸上生活に適した両生類が現れた。両生類のあるものから、乾燥した陸上生活にたえられるは虫類や哺乳類が進化した。は虫類は中生代に繁栄し、数多くの恐竜が現れた。その中の、羽毛恐竜のようなは虫類から鳥類が現れた。

(4)地球が誕生したのは約46億年前で、その後約38億年前に海の中で生命が誕生したと考えられている。

(5)脊椎動物は、魚類から両生類に、両生類からは虫類や哺乳類に、は虫類から鳥類に進化してきた。魚類は水中でしか生活できないが、両生類の成体は陸上でも生活できる。は虫類や鳥類、哺乳類は陸上生活に適した体のつくりをしている。

③(1)鳥類の翼やは虫類の前あしも相同器官である。

(2)、(3)コウモリは、空を飛んで小さな昆虫を食べるので、前あしが翼になっている。クジラは、海の中で生活しているので、泳ぐために前あしがひれになっている。ヒトは2本あしで歩行するので、前あしはうでになり、物を持ったりつかんだりできる。このように、生活する環境に都合がよいように、前あしの形やはたらきが変化している。

(4)最初に出現した脊椎動物は魚類で、その後、両生類、は虫類、哺乳類、鳥類の順に地球上に出現した。

最初に陸上に現れた植物は、胞子でふえるコケ植物とシダ植物で、シダ植物の中から裸子植物が進化し、裸子植物から被子植物が進化した。

宇宙を観る

p.30 **ぴたトレ1**

① ①酸素　②液体　③クレーター　④ガス
⑤黒点　⑥自転　⑦球形　⑧恒星　⑨黒点
⑩プロミネンス（紅炎）

② ①地軸　②自転　③自転周期　④公転
⑤公転周期　⑥地軸　⑦自転　⑧公転

考え方

①(3)太陽は、おもに水素とヘリウムのガスからできている。

(7)星座をつくる星は恒星である。

②(1)北極と南極を結ぶ軸を地軸という。

(2)公転軌道をふくむ平面を公転面といい、太陽も公転面上にある。地球の公転と自転は、地球の北極側から見ると、どちらも反時計回りになっている。

1. (1)プロミネンス(紅炎) (2)コロナ
   (3)黒点 (4)①⑦ ②⑦
2. (1)右 (2)⑦ (3)太陽は球形であること。
3. (1)(地球の)公転 (2)地軸
   (3)(地球の)自転 (4)ⓑ

考え方

1. (1), (2)コロナの温度は100万℃以上である。プロミネンスやコロナは、皆既日食(かいき)のときに見ることができる。
   (3), (4)太陽の表面温度は約6000℃であるが、黒点は周囲より1500〜2000℃ほど温度が低いので、暗く見える。
2. (1)3月12日から15日までは、黒点はしだいに右に向かって移動していて、31日には左端(はし)に黒点が現れ、その後中央部へ向かって移動している。これは、太陽が東から西へ自転しているためである。
   (2)太陽は公転していない。また、太陽の年周運動は、地球の公転による見かけの運動である。

1. ①太陽系 ②惑星 ③地球 ④木星
   ⑤小惑星 ⑥衛星 ⑦すい星
   ⑧太陽系外縁天体 ⑨地球型惑星
   ⑩木星型惑星 ⑪金星 ⑫火星 ⑬木星
   ⑭土星
2. ①1光年 ②100 ③銀河系(天の川銀河)
   ④銀河

考え方

1. (2)惑星(わくせい)は、恒星(こうせい)のまわりを公転し、みずからは光を出さずに恒星からの光を反射(はんしゃ)して光る天体の中で、ある程度の質量と大きさをもったものの総称(そうしょう)である。
   (3)地球型惑星(水星・金星・地球・火星)は、赤道半径や質量は小さいが、平均密度(みつど)は大きい。一方、木星型惑星(木星・土星・天王星・海王星)は、赤道半径や質量は大きいが、平均密度は小さい。
   (4)太陽系外縁(がいえん)天体には、冥王星(めいおうせい)やエリスなどがある。
2. (1)1光年は、光が1年間に進む距離(きょり)(約9兆5000億km)である。
   (2)いちばん明るく見える恒星は太陽で、−26.8等級(マイナス)である。

(4)銀河(ぎんがけい)には、銀河系と同じようなうずまき状のもの以外に、だ円形のものや不規則な形のものなど、さまざまな形のものがある。

1. (1)A金星 B水星 C地球 D火星
   E木星 F土星 G海王星 H天王星
   (2)太陽系 (3)E (4)E, F, G, H
   (5)木星型惑星 (6)⑦ (7)小惑星 (8)衛星
2. (1)光年 (2)銀河系 (3)凸レンズ状 (4)⑨
   (5)銀河

考え方

1. (1)太陽系(たいようけい)の惑星(わくせい)は、太陽から近い順に、水星B、金星A、地球C、火星D、木星E、土星F、天王星H、海王星Gの8つである。
   (2)太陽系には太陽と惑星以外に、小惑星、衛星、すい星、太陽系外縁天体(がいえん)などがある。
   (3)赤道半径が大きい順に、木星、土星、天王星、海王星(以上木星型惑星)、地球、金星、火星、水星(以上地球型惑星)。
   (4), (5)木星型惑星は、おもに水素やヘリウムなどからなる大気をもち、赤道半径や質量が大きく、平均密度(みつど)が小さい。これに対して、地球型惑星は、表面は岩石、内部は金属などでできている。このため、赤道半径や質量は小さくても、平均密度が大きい。
   (6)太陽系の惑星は、地球と同じ向きに公転し、それぞれの惑星の公転軌道(きどう)がほぼ同じ平面上にある。これは、惑星の起源(きげん)が同じである証拠(しょうこ)の1つとされている。
   (7)小惑星の多くは、火星と木星の間にあり、軌道もさまざまで、地球の公転軌道の近くを通るものは、いん石となって地球に落下することがある。
   (8)水星と金星以外の太陽系の惑星は、衛星をともなう。
2. (1)地球から恒星までの距離(きょり)は非常に遠いので、光が1年間に進む距離(約9兆5000億km)を1光年とした単位で表される。
   (2)太陽系は、銀河系(ぎんがけい)の中心部から約2万8000光年の位置にある。
   (3)銀河系は、横から見ると凸レンズ状(とつ)、上から見るとうずまき状の形をしている。

(5)銀河系の外にあり，銀河系のような恒星の集まりを銀河という。

p.34～35 ぴたトレ**3**

❶ (1)恒星　(2)コロナ

(3)黒点

(4)周囲の表面温度よりも温度が低いから。

(5)プロミネンス(紅炎)

(6)⑦　(7)右図

太陽　北

西　●B　東

南

❷ (1)A 海王星　B 天王星　C 土星　D 木星

E 火星　F 地球　G 金星　H 水星

(2)すい星

(3)① 金星　②○　③○　④同じ　⑤小さい

⑥ある

❸ (1)銀河系　(2)⑦　(3)天の川

(4)①星団　②星雲　(5)銀河

考え方

❶(1)星座の星も恒星である。

(2)コロナは太陽をとり巻く高温(100万℃以上)のガスで，可視光線(ふつうの光)では観察されないが，皆既日食のときに観察できる。

(4)黒点の温度は，表面温度(約6000℃)よりも1500～2000℃ほど低い。

(5)プロミネンスは約10000℃の高温のガスがふき出したものである。その高さは，地球の直径よりもはるかに高い場合がある。

(6)黒点を連続して観察すると，その位置がしだいに東から西へ動いていき，約27～30日で1周する。このことから，太陽が自転していることがわかる。

(7)中央部で円形に見える黒点が周辺部では横に縮んだ縦長の形になる。黒点は東から西へ移動することに注意して図にかきこむ。

❷(1)太陽に近いほうから，水星，金星，地球，火星，木星，土星，天王星，海王星。この問題では，太陽から遠い惑星から順に答えることに注意する。

(2)すい星は細長いだ円軌道で公転する。すい星は太陽に近づくと，太陽と反対の方向にガスの尾とちりの尾をつくることがある。

(3)①太陽からの距離は，金星は約1億1000万km，地球は約1億5000万km，火星は約2億3000万kmなので，金星のほうが火星よりも地球に近い。

②太陽系の惑星で衛星がないのは，水星と金星である。

④太陽系の惑星は，ほぼ同じ平面上をすべて同じ向き(地球の北極側から見て反時計回り)に公転している。

⑤木星型惑星は地球型惑星よりも赤道半径や質量は大きいが，平均密度は小さい。

⑥小惑星や太陽系外縁天体もある。

❸(1)太陽をふくむ恒星の集まりなので，銀河系である。

(3)太陽系は，銀河系の中心部から約2万8000光年の位置にある。地球から銀河系の中心の方向を見ると，銀河系は帯状の天の川として見える。

(4)プレアデス星団(昴)のように，誕生して間もない若い恒星の集まりを散開星団といい，オメガ星団のように，銀河系をとり囲むように分布している10万～100万個の恒星の集団を球状星団という。星雲はみずから光を出さず，周囲の恒星の光を受けてかがやいて見える。

p.36 ぴたトレ**1**

❶ ①自転　②日周運動　③真南　④子午線

⑤南中　⑥南中高度　⑦東　⑧西　⑨南中

⑩南中高度　⑪天頂　⑫天の子午線

⑬西　⑭東

❷ ①高く　②低く　③北　④南　⑤冬至

⑥秋分　⑦夏至

考え方

❶(2)透明半球の頂点(観測者の真上)を天頂，天頂と南と北を結ぶ半円を天の子午線という。また，地平線から太陽までの角度を太陽の高度という。

(5)経線は，地球の北極点と南極点を結ぶ線で，子午線ともよばれる。

❷(2)夏至のときは，日の出・日の入りの位置がもっとも北よりで，南中高度がもっとも高い。

(3)冬至のときは，日の出・日の入りの位置がもっとも南よりで，南中高度がもっとも低い。

1 (1)〇

(2)E 日の出（の位置）　F 日の入り（の位置）

(3)⑦　(4)⑦　(5)(太陽の)南中　(6)南中高度

(7)∠DOG（∠GOD）　(8)(太陽の)日周運動

2 (1)①B　②C　③B　④A　(2)①C　②A

考え方

1 (1)フェルトペンの先の影を透明半球の中心（点〇）に合わせると，点〇，フェルトペンの先，太陽が一直線上に並び，太陽の位置と透明半球上に記録した点が一致する。

(2)日本では，太陽は真南にあるときにもっとも高度が高いので，Dが南で，Aが東，Cが西になる。よって，Eは太陽が東の地平線に現れたところで日の出の位置，Fは太陽が西の地平線に沈むところで日の入りの位置になる。

(3)，(4)地球は，一定の速さで1日に1回自転している。太陽の日周運動は地球の自転による見かけの運動なので，太陽が移動する速さも一定になり，透明半球上に記録した点も等間隔になる。

(5)，(6)太陽が天の子午線上にあるとき，つまり真南にあるとき，太陽の高度がもっとも高くなる。このときの太陽の高度を南中高度という。

(7)点Gにあるとき，太陽は南中している。観測者は点〇にいるので，地平線から太陽（点G）までの角度が南中高度になる。

2 (1)春分と秋分のときは，太陽は真東から出て真西に沈む。夏至のときは，太陽は真東より北よりの位置から出て，真西より北よりの位置に沈む。冬至のときは，太陽は真東より南よりの位置から出て，真西より南よりの位置に沈む。

(2)南中高度がもっとも高いのは夏至，もっとも低いのは冬至である。

1 ①地軸　②23.4　③公転　④高く　⑤長く
⑥低く　⑦短く　⑧0　⑨真東　⑩真西
⑪夏至　⑫春分　⑬冬至

2 ①高い　②長い　③エネルギー

考え方

1 (1)北極と南極を結ぶ軸を地軸という。公転軌道をふくむ面を公転面といい，太陽も同じ平面にある。

(2)，(3)北半球では，夏は北極側が太陽の方向に傾くので，昼間の長さが夜間の長さより長くなる。また，冬は北極側が太陽と反対方向に傾くので，昼間の長さが夜間の長さより短くなる。

北極側の公転面に垂直なところから見た図

昼間の長さが長い。　昼間の長さが短い。
夏至　　　　　　　　冬至

(4)春分と秋分のときは，太陽の方向に対して地軸の傾きが0°になるので，昼間の長さと夜間の長さが等しくなる。

昼間の長さと夜間の長さが等しい。
春分・秋分

2 (1)太陽の光が当たる角度が垂直に近いほど，多くの太陽のエネルギーを受けとることができる。

1 (1)ⓐ　(2)⑦

(3)A夏至　B秋分　C冬至　D春分

(4)①A　②C　③B，D　④B，D

(5)太陽の南中高度や昼間の長さは，1年を通して変化しない。

2 (1)A　(2)昼間の長さ

(3)地軸が公転面に垂直な方向に対して傾いたまま，地球が公転しているから。

考え方

1 (1)地球の公転の向きは，地球の自転の向きと同じで，北極側から見て反時計回りである。

(3)北半球では，夏は北極側が太陽の方向に傾くので，Aが夏至のときの地球の位置になる。また，冬は北極側が太陽と反対方向に傾くので，Cが冬至のときの地球の位置になる。よって，Bが秋分のとき，Dが春分のときの地球の位置になる。

(4)①夏至のときは，北極側が太陽の方向に
　傾くので，北半球では南中高度がもっ
　とも高くなり，昼間の長さがもっとも
　長くなる。
②冬至のときは，北極側が太陽と反対方
　向に傾くので，北半球では南中高度が
　もっとも低くなり，昼間の長さがもっ
　とも短くなる。
③，④春分と秋分のときは，太陽の方向
　に対して地軸の傾きが0°になるので，
　太陽は真東から出て真西に沈み，昼間
　の長さと夜の長さがほぼ等しくなる。
(5)地軸が公転面に対して垂直な状態で太陽
　のまわりを公転していると，太陽の南中
　高度や昼間の長さが変化しないので，気
　温の変化もなく，季節が生じない。

② (1)太陽の南中高度は，夏至のときにもっと
　も高く，冬至のときにもっとも低い。気
　温の変化が太陽の南中高度よりも遅れる
　のは，太陽のエネルギーによってあたた
　められた地面によって空気があたためら
　れるからである。
(2)昼間の長さが長いほど，太陽の光を受け
　る時間が長くなり，地面が得るエネル
　ギーが大きくなる。
(3)夏至の南中高度＝90°−(緯度−23.4°)，
　冬至の南中高度＝90°−(緯度＋23.4°)な
　ので，夏至と冬至では，南中高度が地軸
　の傾きの2倍のちがいがある。

p.40〜41　　　　ぴたトレ3

① (1)右図
(2)①D　②I
(3)㋑
(4)㋐

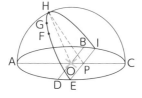

② (1)(太陽の)日周運動　(2)ⓒ　(3)㋒
(4)A ⓒ　B ⓑ　C ⓐ　D ⓑ
(5)①60°　②83.4°　③36.6°

③ (1)㋑　(2)(太陽の)南中　(3)もっとも大きい。
(4)ⓐ　(5)①南中高度　②昼間の長さ

考え方
① (1)観測者の位置は透明半球の中心。
(2)①北半球で太陽の高度がもっとも高くな
　るのは，太陽が真南にきたときなので，
　Aが南で，Bが西，Cが北，Dが東。

②日の出の位置はE，日の入りの位置は
　Iである。
(3)太陽が点Hにあるときに南中しているの
　で，南中高度は∠AOHになる。
(4)FGは1時間に進んだ距離を表している
　ので，EF間を進むのにかかった時間は，
　114 mm÷24 mm＝4.75より，4.75時間
　＝4時間45分である。よって日の出の
　時刻は，午前10時の4時間45分前の5時
　15分である。

② (2)日の出・日の入りの位置が南によってい
　るⓐが冬至，北によっているⓒが夏至で
　ある。また，太陽が真東から出て真西に
　沈むⓑが春分，秋分である。
(3)地軸が，公転面に垂直な方向に対して傾
　いている角度である。
(4)北極側が太陽の方向に傾いているAが夏
　至，太陽と反対方向に傾いているCが冬
　至である。よって，Bが秋分，Dが春分
　になる。
(5)①春分・秋分のときの南中高度は，90°−
　緯度なので，90°−30°＝60°　②夏至のと
　きの南中高度は，90°−(緯度−23.4°)より，
　90°−(30°−23.4°)＝83.4°　③冬至のとき
　の南中高度は，90°−(緯度＋23.4°)より，
　90°−(30°＋23.4°)＝36.6°

③ (1)Aは，日の出・日の入りの位置が北によっ
　ているので，夏至のときの太陽の通り道
　を表している。
(2)天の子午線は，天頂と南と北を結ぶ半円
　なので，太陽が天の子午線上にあるとき，
　太陽は真南にある。
(3)夏至のときは，太陽の南中高度がもっと
　も高く，昼間の長さももっとも長いので，
　地表が太陽から受けとるエネルギーが
　もっとも大きい。
(4)夏至(A)の9か月後は，春分(3月下旬)
　である。
(5)日本では，夏には太陽の南中高度が高く，
　昼間の長さが長いので，太陽から受けと
　るエネルギーも大きいが，冬には太陽の
　南中高度が低く，昼間の長さが短いので，
　太陽から受けとるエネルギーが小さい。

p.42　　　　ぴたトレ1

1 ①天球　②上　③高度　④天球　⑤高度
⑥方位

2 ①北極星 ②15 ③反時計 ④南
⑤西 ⑥日周運動 ⑦緯度 ⑧地軸
⑨南極 ⑩自転 ⑪北極 ⑫北極(点)
⑬赤道 ⑭南半球

考え方

1 (1)天球は，天体の位置や動きを示すために，空を球状に表したものである。太陽の観測で使った透明半球も，天球のモデルの1つである。
(2)天球は，地球をとり巻く球として考えられる。
(3)地平線から天体までの角度が高度である。

2 (1)北極星は，天の北極のすぐそばにあるので，北の空の星は，北極星を中心に回っているように見える。星座の星は，1回転する(360°回る)のに1日(24時間)かかるので，1時間に，360°÷24時間＝15°移動する。
(4)観察する場所の経度が変わっても，星の動き方は変わらない。
(5)北極点付近や南極点付近では，星は地平線とほぼ平行に動く。赤道では，北と南を軸にして地平線から垂直にのぼり，垂直に沈む。南半球では，星は天の南極を中心に回転して見える。

1 (1)天球 (2)天頂 (3)高度 (4)方位，高度
2 (1)⑦ (2)天の北極 (3)北極星 (4)C
(5)地平線 (6)地球が自転していること。
3 (1)緯度 (2)A⊥ B⑦ C④ D⑦

考え方

1 (1)太陽や星座の星などの天体の位置や動きを示すために，空を球状に表したものを天球という。
(2)観測者の真上の点を天頂という。
(3)高度は，地平線から天体などを見上げる方向までの角度で表す。
(4)天体の位置は，天体を観測した方位と天体の高度を使って表す。
2 (1)星は，点Eを中心に反時計回りに回転している。
(2)地軸を北と南に延長して天球と交わるところを，それぞれ天の北極，天の南極という。
(3)北極星はほぼ地軸の延長線上にあるので，ほとんど動かない。

(4)天の北極の位置から，Cは北，Aは南，Bは東，Dは西になる。
(6)星や太陽の日周運動は，地球の自転による見かけの運動である。
3 (1)観測する場所の緯度が変わると，見える天球の範囲が変わり，星の動き方も変わる。
(2)星は，北極点や南極点では地平線とほぼ平行に動き，北半球では天の北極，南半球では天の南極を中心に回転して見える。赤道では，地平線から垂直にのぼり，垂直に沈む。

1 ①南 ②30 ③西 ④1年 ⑤公転
⑥公転 ⑦黄道 ⑧1年 ⑨夏 ⑩冬
⑪秋 ⑫黄道 ⑬12 ⑭3
2 ①平行 ②1 ③30 ④西 ⑤30
⑥年周運動 ⑦約30°

考え方

1 (1)同じ時刻に見える星座の星は，1年でもとの位置にもどるので，1か月に，360°÷12か月＝30°西に移動する。
(2)季節による星座の移り変わりは，地球が太陽を中心として，公転軌道上を1年かかって公転しているための見かけの運動である。
(3)，(4)太陽は，地球の公転によって，星座の中を動いているように見える。この太陽の通り道を黄道という。
(5)太陽がある方向の星座は，地球から観測することができない。さそり座は夏，オリオン座は冬の真夜中に南中する。
2 (1)地球から恒星までの距離は，地球が公転によって太陽のまわりを動く範囲に比べて非常に遠いので，星座の見える方向は，平行線で表すことができる。
(2)，(3)地球は，1年(12か月)かかって公転軌道を1周(360°)するので，1か月に，360°÷12か月＝30°移動する。そのため，星座の星も1か月に約30°移動して見える。
(4)同じ時刻に見える星の位置は，1か月に約30°西に動き，1年で1周する。これを，星座の星の年周運動という。

ぴたトレ2

① (1)オリオン座 (2)(星座の星の)年周運動
(3)約30°
(4)①C ②東 ③E ④見られない (5)エ

② (1)黄道 (2)ウ
(3)地球が太陽を中心に公転しているから。

考え方

① (1)オリオン座は冬の代表的な星座である。
(2)地球の公転による見かけの運動を，年周運動という。一方，地球の自転による見かけの運動を，日周運動という。
(3)星は，1年かけて天球を1周するので，1か月に，360°÷12か月＝30°移動する。
(4)①星や太陽が真南にきたときを南中といい，このとき高度がもっとも高くなる。
②Yが南，南を向いて立ったとき，90°左（X）が東，90°右（Z）が西になる。
③同じ時刻に観察を続けると，1か月に30°西へ移動するので，2か月後の2月15日には，30°×2か月＝60°西へ動いて見える。
④6か月後の6月15日には，30°×6＝180°移動するので，見ることができない。

② (1)，(2)太陽は星座の中を1年かけて1周する。このときの太陽の通り道を黄道という。
(3)地球が太陽のまわりを1年かけて1周するので，太陽が1年かけて黄道を1周するように見える。

ぴたトレ3

① (1)天の北極 (2)天頂 (3)ア
(4)北極星は，地球の自転の中心である地軸のほぼ延長線上にあるから。
(5)ア (6)(地球の)自転 (7)エ

② (1)ア，ウ (2)(星座の星の)日周運動
(3)北極星 (4)AB (5)イ
(6)星の1日の動きは，地球の自転による見かけの運動なので，どの星も等しい速さで移動するから。

③ (1)B (2)黄道 (3)おとめ座 (4)おとめ座
(5)西(の空) (6)いて座 (7)A (8)ウ

考え方

① (1)地軸を延長したときに天球と交わる点のうち，北極点側を天の北極，南極点側を天の南極という。
(2)観測者の真上の天球上の点を天頂という。
(3)地平線から南中した星を見上げる方向までの角度が南中高度である。よって，南中高度が高いものから，星A，星B，星Cとなる。
(4)北極星は，天の北極のすぐそばにある。
(5)星は，南中高度が高いものほど地平線より上に出ている時間が長く，南中高度が低いものほど地平線より上に出ている時間が短い。
(6)星の日周運動は，地球の自転による見かけの運動である。
(7)高緯度の地点では，天の北極Pが天頂Qに近づき，星A・B・Cの南中高度が低くなる。緯度がいちばん高い北極では，天の北極と天頂が一致し，星は地平線とほぼ平行に動くようになる。このとき，星Aは地平線の下に沈まず，星Bは地平線上を移動し，星Cは地平線より上に出ることがない。

② (1)星などの天球上の位置は，方位と高度を用いて表す。
(2)，(3)北極星は，天の北極のすぐそばにあるので，北の空の星の日周運動のほぼ中心にある。
(4)右の図のように，北を向いて立つと，右側が東，左側が西になる。また，北の空の星は北極星をほ

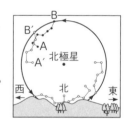

ぼ中心にして反時計回りに回るので，ABのほうがA´B´よりも観測した時刻が早い。
(5)北の空の星は，1時間に，360°÷24時間＝15°より約15°反時計回りに回転する。したがって，2時間では，15°×2時間＝30°より約30°移動する。
(6)星の1日の動きは日周運動(地球の自転による見かけの運動)である。地球は一定の速さで自転しているので，すべての星は一定の速さで動くように見えるため，星どうしの位置関係は変化せず，星座の形は変わらない。

❸(1)北極側が太陽の方向に傾くBが夏，北極側が太陽と反対方向に傾くDが冬なので，Aは春，Cは秋である。

(3)地球から見て，太陽と反対側にある星座が真夜中に南中する。

(4)地球がBの位置にあるとき，夕方にはおとめ座が南の方向，いて座が東の方向になる。

(5)星は1か月に30°西に動くので，3か月で，30°×3＝90°西に移動し，おとめ座は西の空で観測される。

(6)太陽と同じ方向にある星座は，見ることができない。

(7)いて座が真夜中に南中するのは，地球がBの位置にあるときである。星は，1か月に30°西に移動するので，いて座が真夜中に東の空に見えるのは，その90°÷30°＝3か月前で，地球がAの位置にあるときである。

(8)地球から見て，太陽の背後にある星座を順にたどっていく。

p.48 **ぴたトレ1**

1 ①衛星　②反射　③公転　④西　⑤東　⑥遅く　⑦29.5　⑧上弦の月　⑨満月　⑩新月

2 ①日食　②月食　③一直線　④部分日食　⑤皆既日食　⑥皆既月食

考え方

1 (1)地球のような惑星のまわりを公転している天体を衛星という。

(3)月が地球のまわりを公転し，地球も太陽のまわりを公転している。月の公転周期は約27.3日なので，月は1日に360°÷27.3日≒13°公転する。地球は1日に360°÷365日≒1°公転する。このため，月は1日に13°－1°＝12°ずつ，西から東へ移動して見える。次の日に月が同じ位置に見えるためには，地球が12°余分に自転しなければならない。地球が1°自転するのにかかる時間は，(24×60)分÷360°＝4分なので，月の出は，1日に4分×12°＝48分遅くなる。

(4)満月から満月までにかかる時間は，月の公転周期と同じではないことに注意しよう。

2 (1)太陽－月－地球と一直線上に並び，太陽が月にかくされる現象を，日食という。

(2)太陽－地球－月と一直線上に並び，月が地球の影に入る現象を，月食という。

(3)太陽，月，地球と並ぶと新月になるが，新月のときにいつも日食が起こるわけではない。また，太陽，地球，月と並ぶと満月になるが，満月のときにいつも月食が起こるわけではない。

p.49 **ぴたトレ2**

① (1)衛星
(2)A 上弦の月（半月）　B 満月　C 下弦の月（半月）　D 新月
(3)(A→) B (→) C (→) D
(4)右図
(5)④

② (1)日食　(2)月食
(3)(1)の現象：エ
　(2)の現象：ア
(4)(地球から太陽までの距離は地球から月までの距離の約400倍なので，)地球から見た太陽と月は，ほぼ同じ大きさに見えるから。

考え方

① (1)水星と金星以外の惑星はすべて衛星をともなう。

(2)新月のときは，太陽の光を反射している面が地球から見えない。

(3)上弦の月（A）→満月（B）→下弦の月（C）→新月（D）と満ち欠けする。

(4)図で，地球の下側から観測するので，右半分が欠けた下弦の月が見える。

(5)月の日周運動は，地球が自転しているために起こる見かけの動きである。

② (1)太陽が月にかくされる現象を日食といい，太陽全体がかくされることを皆既日食，一部がかくされることを部分日食という。

(2)月が地球の影に入る現象を月食といい，月全体が地球の影に入ることを皆既月食，一部が影に入ることを部分月食という。

(3)太陽，月，地球と並ぶと新月になるが，これらが一直線に並んだときにだけ日食が起こる。太陽，地球，月と並ぶと満月になるが，これらが一直線に並んだときにだけ月食が起こる。

(4)太陽の半径が月の半径の約400倍の大きさでも，地球から太陽までの距離が地球から月までの距離の約400倍なので，太陽と月はほぼ同じ大きさに見える。

p.50 ぴたトレ1

1 ①明けの明星 ②よいの明星 ③惑星 ④遠い ⑤近く ⑥反射 ⑦距離 ⑧真夜中 ⑨位置関係 ⑩丸い ⑪細長い ⑫小さい ⑬大きい ⑭夕方 ⑮明け方

考え方
1 (1)金星は，太陽や月についで明るくかがやく天体なので，明星とよばれる。

(2)金星は，地球よりも内側を公転している惑星である。

(3)，(4)地球に近いほど，金星の太陽に照らされた側が地球から見えにくくなるので，大きく欠けて見える。また，地球からの距離が近いほど大きく見える。

(5)金星は地球よりも太陽の近くを公転しているので，太陽から大きく離れることはない。

(6)惑星は，「惑っている星」という意味である。金星以外の惑星も，星座の中をいったりきたりしているように見える。

p.51 ぴたトレ2

1 (1)惑星 (2)ⓐ (3)夕方，西(の空) (4)ⓘ (5)A，E
(6)金星は，地球よりも太陽の近くを公転しているから。

2 (1)西(の空) (2)ⓒ (3)ⓓ

考え方
1 (1)太陽系の惑星は，太陽に近いほうから，水星，金星，地球，火星，木星，土星，天王星，海王星の8つである。

(2)北極側から見たとき，どの惑星も反時計回りに公転している。

(3)B，C，Dにあるときは，金星は夕方の西の空に見られる(よいの明星)。F，G，Hにあるときは，明け方の東の空に見られる(明けの明星)。

(4)金星は，地球から遠いほど丸くて小さく見え，地球に近づくと，細長くて大きく見える。

(5)地球から見て，金星が太陽と重なる方向にあるときは，地球から金星を見ることができない。

(6)真夜中に見えるためには，金星が地球をはさんで太陽と反対方向にくる必要があるが，金星は地球より太陽の近くを公転しているので，太陽と反対方向に位置することはできない。

2 (1)夕方に観測しているので，金星は西の空にある。

(2)金星は，右ななめ下に沈んでいく。

(3)左半分が欠けた金星は，その後，地球に近づいていき，しだいに大きく見えるようになり，欠け方が大きくなる。

p.52〜53 ぴたトレ3

1 (1)衛星 (2)C(→)B(→)A(→)D
(3)上弦の月 (4)ⓖ (5)A (6)ⓔ
(7)①ⓖ ②ⓒ
(8)月は，太陽の光を反射しながら，地球のまわりを公転しているから。

2 (1)よいの明星 ②ⓒ (3)ⓘ
(4)(C→)B(→)E(→)D(→)A
(5)地球からの距離が変化するから。
(6)金星は地球よりも太陽の近くを公転しているから。

3 (1)①ⓘ ②ⓐ (2)①新月 ②満月
(3)①ⓐ ②ⓑ
(4)月の影は地球の影よりも小さいから。
(5)約400倍

考え方
1 (2)新月→三日月(C)→上弦の月(B)→満月(A)→下弦の月(D)→新月と満ち欠けする。

(3)左側が欠けた半月を上弦の月，右側が欠けた半月を下弦の月という。

(4)新月になるのは，地球，月，太陽の順に並んだときである。

(5)満月のとき，月は太陽と反対方向にあるので，太陽が西に沈むころ，月が東からのぼる。

(6)下弦の月(D)は，太陽の方向から90°西(右)側のⓔの位置に月があるときに見られる。

(7)日食は，太陽－月(ⓑ)－地球と一直線に並んだときに見られる。また，月食は，太陽－地球－月(ⓒ)と一直線に並んだときに見られる。

(8)月は太陽の光を反射して光っていることと，地球のまわりを公転していることから，太陽，月，地球の位置関係が変わり，月がかがやいている部分の見え方が変化する。

❷(1)夕方に見えるので，よいの明星という。

(2)西の空に見えているので，地平線の下に沈む向きに動いていく。

(3)⑦はどちらにもあてはまらない。⑦，⑤，⑦は金星だけにあてはまる。

(4)よいの明星なので，金星はだんだん地球に近づいていく。したがって，丸くて小さいものから順に並べる。

(5)実際の金星の大きさは変化していないが，地球からの距離によって見かけの大きさが変わる。

(6)真夜中に見えるのは，地球よりも外側の軌道を公転している惑星である。地球よりも内側を公転している惑星(水星，金星)は，太陽から大きく離れることがない。

❸(1)，(2)日食は，地球から見て太陽が月にかくされる現象なので，太陽－月－地球と並んでいる。このときの月は，新月になる。月食は，地球の影に月が入る現象なので，太陽－地球－月と並んでいる。このときの月は，満月になる。

(3)月の濃い影に入っているところでは，太陽全体がかくされて皆既日食が見られる。うすい影に入っているところでは，太陽の一部がかくされて部分日食が見られる。

(4)地球の赤道半径は約6400kmで，月の赤道半径は約1740kmなので，月の影よりも地球の影のほうがかなり大きい。

(5)太陽の半径が月の半径の400倍のとき，図のように，地球から太陽までの距離が地球から月までの距離の400倍であれば，太陽と月はほぼ同じ大きさに見える。

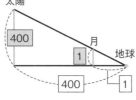

化学変化とイオン

1 ①ない　②電解質　③非電解質　④電流　⑤非電解質

2 ①青　②陰　③水素　④漂白　⑤塩素　⑥音　⑦消える　⑧プール　⑨＋　⑩－

考え方

1 (2)電解質の水溶液に電流が流れたとき，電極付近では，気体が発生したり，電極の色が変わったりするなどの変化が見られる。

2 (1)青色は，銅原子が電気を帯びたものに特有の色である。青色のしみが陰極側に移動したということは，銅原子は＋の電気を帯びていると考えられる。

(2)，(3)塩酸の電気分解では，陰極付近から水素が発生し，陽極付近から塩素が発生する。発生する水素と塩素の体積は同じであるが，塩素は水にとけやすいので，電気分解装置の管にたまりにくい。

(4)水素や銅をふくむ電解質の水溶液中では，水素原子や銅原子は＋の電気を帯びた粒子になっていて，電流を流すと陰極側に移動する。また，塩素をふくむ電解質の水溶液中では，塩素は－の電気を帯びた粒子になっていて，電流を流すと陽極側へ移動する。

❶ (1)⑦，⑤，⑦，⑦　(2)電解質

❷ (1)陽極

(2)プールを消毒したときのようなにおい。

(3)色が消える。　　(4)①－　②陽

(5)電極A：Cl_2　電極B：H_2

❸ (1)陰極：Cu　陽極：Cl_2　(2)陰極側

(3)銅(原子)　(4)＋

考え方

❶ (1)，(2)水にとけると水溶液に電流が流れる物質を電解質，流れない物質を非電解質という。

❷ (1)電源の＋極につないだ電極を陽極，－極につないだ電極を陰極という。

(2)塩酸の電気分解では，陽極(電極A)付近から塩素が発生する。塩素はプールを消毒したときのようなにおいがある。

(3)塩素には漂白作用があるため，着色した水の色が消える。

(4)塩酸中では，塩素原子は−の電気を帯びた粒子になっていて，電流を流すと陽極側に移動する。

(5)電極A（陽極）から塩素（Cl_2）が，電極B（陰極）から水素（H_2）が発生する。

❸(1)塩化銅水溶液を電気分解したときの化学変化は次の化学反応式で表される。

$$CuCl_2 \longrightarrow Cu + Cl_2$$

陰極には赤色の銅（Cu）が付着し，陽極からは塩素（Cl_2）が発生する。

(2)〜(4)青色のしみは，銅原子が電気を帯びたものに特有の色である。銅原子は水溶液中では＋の電気を帯びていて，電流を流すと陰極側へ移動する。

p.56 ぴたトレ**1**

① ①原子核　②−　③陽子　④中性子　⑤電子
⑥中性子　⑦陽子　⑧原子核　⑨電子
⑩同位体　⑪電子　⑫イオン　⑬陽イオン
⑭陰イオン　⑮ナトリウムイオン
⑯塩化物イオン　⑰e^-　⑱Cl^-

② ①陰イオン　②電離　③H^+　④Cl^-

考え方

① (5)陽子と電子の質量は大きく異なるが，陽子1個あたりの＋の電気の量と，電子1個あたりの−の電気の量は等しい。ふつうの状態では，陽子と電子の数は等しいので，＋の電気と−の電気はたがいに打ち消され，電気的に中性になっている。

(7)〜(9)イオンを記号で表すには，元素記号の右肩に，それが帯びている電気の種類（＋か−）と数（受けとったり失ったりした電子の個数）を書き加えた化学式で表す。

② (2)例えば，塩化ナトリウム NaCl が電離して，ナトリウムイオン Na^+ と塩化物イオン Cl^- に分かれると，水溶液中では，ナトリウムイオンと塩化物イオンは1：1の割合で存在する。

$$NaCl \longrightarrow Na^+ + Cl^-$$

$Na^+ : Cl^- = 1 : 1$

塩化銅が銅イオンと塩化物イオンに電離すると，水溶液中では，銅イオンと塩化物イオンが1：2の割合で存在する。

$$CuCl_2 \longrightarrow Cu^{2+} + 2Cl^-$$

$Cu^{2+} : Cl^- = 1 : 2$

p.57 ぴたトレ**2**

① (1)陽子　(2)中性子　(3)原子核　(4)⑦，⑨，⑰

② (1)①−　②陰イオン　③1価　④＋
⑤陽イオン　⑥2価
(2)①H^+　②ナトリウムイオン　③Cu^{2+}
④塩化物イオン　⑤OH^-
⑥硫化物イオン
(3)電離　(4)①・②H^+・Cl^-

考え方

① (1)〜(3)原子の中心にある原子核は，＋の電気をもつ陽子と，電気をもたない中性子からできている。

(4)⑦，⑨原子核を構成する陽子と中性子の質量はほぼ同じであるが，電子の質量は陽子や中性子と比べると，きわめて小さい。⑨，⑭陽子1個のもつ＋の電気量と電子1個のもつ−の電気量は同じであり，原子では陽子と電子の数が等しいので，＋の電気と−の電気はたがいに打ち消し合い，電気的に中性になっている。⑥，⑰原子中の陽子と電子の数は元素によって決まっているが，多くの元素では，同じ元素でも中性子の数が異なる原子が存在する。このような原子をたがいに同位体という。

② (1)原子が電子を受けとると，−の電気を帯びた陰イオンになる。電子を失うと，＋の電気を帯びた陽イオンになる。塩化物イオン Cl^- のように原子が電子を1個受けとってできたイオンを1価の陰イオン，硫化物イオン S^{2-} のように原子が電子を2個受けとってできたイオンを2価の陰イオンという。また，ナトリウムイオン Na^+ のように原子が電子を1個失ってできたイオンを1価の陽イオン，マグネシウムイオン Mg^{2+} のように原子が電子を2個失ってできたイオンを2価の陽イオンという。

(2)水酸化物イオン OH^- やアンモニウムイオン NH_4^+ のように，複数の原子からできたイオン（多原子イオン）もある。

(4)イオンの場合も，元素記号と数字を使って表した式を化学式という。

　理科

❶ (1)右図　(2)蒸留水

(3)A，C，D

(4)電解質

(5)非電解質

(6)電解質の食塩をふくむため，電流は流れる。

電源装置

ステンレス電極

豆電球　電流計

❷ (1)銅　(2)手であおぐようにしてかぐ。

(3)塩素　(4)電極B　(5)$CuCl_2 \longrightarrow Cu + Cl_2$

(6)塩化物イオン　(7)エ

❸ (1)ナトリウムイオン　(2)1：1　(3)粒子B

(4)砂糖の分子

(5)砂糖は(分子の状態で水にとけていて)，陽イオンと陰イオンに電離していないから。

(6)① Mg^{2+}　② NH_4^+　③ NO_3^-

(7)①亜鉛イオン　②硫酸イオン

③水酸化物イオン

考え方

❶ (1)電源装置の＋端子と電流計の＋端子をつなぎ，電流計の－端子→豆電球→電極→電源装置の－端子とつながるようにかく。

(2)異なる水溶液が混ざらないように，別の水溶液を調べる前に，蒸留水でよく洗う。蒸留水は電流が流れない。

(3)，(4)水にとけると水溶液に電流が流れる物質を電解質といい，電解質がとけている水溶液は電流が流れる。

(5)水にとけても水溶液に電流が流れない物質を非電解質という。

(6)電解質である食塩(塩化ナトリウム)がふくまれていることから，電流が流れると考えられる。レモンやオレンジの果汁なども，クエン酸などの電解質がふくまれているため，電流が流れる。

❷ (1)電極Aは電源装置の－極とつながっているので，陰極である。塩化銅水溶液を電気分解すると，陰極には赤色の銅が付着する。

(2)気体には有毒なものもあるので，においをかぐときには，近づき過ぎないようにして，手であおぐようにしてかぎ，必要以上に吸いこまないようにする。

(3)電極Bは陽極で，塩素が発生する。

(4)図2では電極Bが陰極になるので，銅は電極Bに付着する。

(6)「塩素イオン」ではなく「塩化物イオン」であることに気をつける。

(7)塩化銅 $CuCl_2$ は分子をつくらず，銅イオン Cu^{2+} と塩化物イオン Cl^- が交互に規則正しく並んでできた物質である。水にとけると電離して，銅イオンと塩化物イオンに分かれる。

$CuCl_2 \longrightarrow Cu^{2+} + 2Cl^-$

❸ (1)，(2)塩化ナトリウム $NaCl$ は分子をつくらず，ナトリウムイオン Na^+ と塩化物イオン Cl^- が交互に規則正しく並んでいる。水にとけると，陽イオンのナトリウムイオンと，陰イオンの塩化物イオンに電離する。ナトリウムイオンと塩化物イオンの数の比は，1：1である。

(3)陽極に引かれるのは，－の電気を帯びている粒子B(塩化物イオン)である。

(4)，(5)砂糖は非電解質で，水にとけても電離せず，分子の状態で水の中にばらばらに広がっている。

(6)①マグネシウムイオンは2価の陽イオンなので，Mg^{2+} と表す。②アンモニウムイオン NH_4^+ は複数の原子からできた1価の陽イオンである。③硝酸イオン NO_3^- も複数の原子からできていて，1価の陰イオンである。

(7)①金属のイオンの名称は，どれも「元素名」＋「イオン」である。②，③複数の原子からできたイオン(多原子イオン)の名称と化学式はセットで覚えておこう。

① ①硝酸　② Ag^+　③銀　④青　⑤起こらない

⑥銅イオン　⑦電子　⑧2　⑨銀イオン

⑩ Cu^{2+}　⑪ e^-　⑫ $2Ag^+$　⑬銅　⑭灰

⑮赤　⑯亜鉛片　⑰ Zn　⑱ Cu　⑲イオン

考え方

① (4)〜(5)金属が水溶液中にとけるとき，金属は電子を失ってイオンに変化する。水溶液から金属が出てくるときは，水溶液中の金属イオンが電子を受けとって原子に変化する。

(7)マグネシウム片に硫酸亜鉛水溶液を加えたときの変化を化学式で表すと，

$Mg \longrightarrow Mg^{2+} + 2e^-$

$Zn^{2+} + 2e^- \longrightarrow Zn$

マグネシウムはイオンとなって水溶液中にとけ，亜鉛が原子となって出てくる。

(8)マグネシウム片に硫酸銅水溶液を加えたときの変化を化学式で表すと，

$$Mg \longrightarrow Mg^{2+} + 2e^-$$
$$Cu^{2+} + 2e^- \longrightarrow Cu$$

マグネシウムはイオンとなって水溶液中にとけ，銅が原子となって出てくる。

(9)亜鉛片に硫酸銅水溶液を加えたときの変化を化学式で表すと，

$$Zn \longrightarrow Zn^{2+} + 2e^-$$
$$Cu^{2+} + 2e^- \longrightarrow Cu$$

亜鉛はイオンとなって水溶液中にとけ，銅が原子となって出てくる。

---

p.61 ぴたトレ**2**

① (1)①・②Ag⁺・NO₃⁻ (2)青色 (3)Cu²⁺
(4)銀色の結晶が現れる。（銀色の結晶が，樹木の枝のように成長していく。）
(5)⑦ (6)銅

② (1)Zn (2)変化は起こらない。
(3)① 2 ②マグネシウムイオン ③電子
④ 2
(4)Mg²⁺

考え方

① (1)硝酸銀 AgNO₃ は水溶液中で銀イオン Ag⁺ と硝酸イオン NO₃⁻ に電離する。
(2)，(3)銅原子 Cu の一部が銅イオン Cu²⁺ に変化し水溶液中に広がると，水溶液は銅イオンをふくむ水溶液に特有の青色に変化していく。
(4)，(5)水溶液中の銀イオン Ag⁺ の一部が銀原子 Ag に変化し，銀色の結晶として現れる。樹木の枝のように成長するようすは，銀樹ともよばれる。
(6)銀がイオンから原子に変化し，銅が原子からイオンに変化したことから，銅のほうがイオンになりやすいといえる。銅のほうがイオンになりやすいので，硝酸銅水溶液中に銀線を入れても，変化は起こらない。

② (1)水溶液中の亜鉛イオンが原子に変化して，灰色の固体として現れる。このとき，マグネシウムは原子からイオンになって，水溶液中にとける。

---

(2)(1)より，マグネシウムのほうがイオンになりやすいといえるので，亜鉛片に硫酸マグネシウム水溶液を加えても変化は起こらない。

(3)マグネシウムと亜鉛の変化を化学式で表すと次のようになる。

$$Mg \longrightarrow Mg^{2+} + \boxed{2e^-}$$
$$\underline{Zn^{2+} + \boxed{2e^-} \longrightarrow Zn}$$
$$Zn^{2+} + Mg \longrightarrow Zn + Mg^{2+}$$

---

p.62 ぴたトレ**1**

1 ①化学エネルギー ②・③電池・化学電池
④銅 ⑤亜鉛 ⑥電子 ⑦- ⑧+ ⑨電子
⑩- ⑪+ ⑫Zn²⁺ ⑬2e⁻

2 ①一次 ②二次 ③電流 ④化学 ⑤充電
⑥燃料電池 ⑦水素 ⑧水

考え方

1 (4)，(5)ダニエル電池にモーターをつないだままにすると，亜鉛板の表面はぼろぼろになり，銅板には新たな銅が付着する。
(6)電子は，-極となる亜鉛板から+極となる銅板の向きに移動する。したがって，電流の流れる向きは，銅板(+極)から亜鉛版(-極)の向きとなる。
(7)図はダニエル電池のしくみをモデルで表している。セロハンがあることで，2つの水溶液が混ざりにくく，亜鉛板と硫酸銅水溶液が直接反応することを防いでいる。また，セロハンには小さな穴があいているので，イオンなどの小さい粒子は少しずつ通過することができるため，電気的なかたよりを防ぐことができる。セロハンのかわりに，素焼きの容器を用いることもある。

2 (1)身のまわりで使われる電池には，次のようなものがある。

	名前	電圧
一次電池	アルカリマンガン乾電池	約1.5 V
	リチウム電池	約3.0 V
	空気亜鉛電池	約1.4 V
二次電池	鉛蓄電池	約2.0 V
	リチウムイオン電池	約3.7 V
	ニッケル水素電池	約1.2 V

(3)，(4)燃料電池は，ビルや家庭用の電源，燃料電池自動車などに使われている。

ぴたトレ2

① (1)亜鉛板：表面がぼろぼろになる。
銅板：新たな銅が付着する。
(2)④　(3)ⓑ　(4)電子　(5)Cu^{2+}
(6)セロハンには小さな穴があいていて，イオンが少しずつ移動して，電気的なかたよりができないようにしている。

② (1)ⓒ　(2)二次電池　(3)$2H_2 + O_2 \longrightarrow 2H_2O$

考え方

①(1)ダニエル電池では，より陽イオンになりやすい亜鉛原子が，電子を失って亜鉛イオンになりとけ出す。そのため，亜鉛板の表面はぼろぼろになる。亜鉛板に残った電子は導線を通って銅板へ移動し，水溶液中の銅イオンが銅板の表面で電子を受けとって銅原子になる。そのため，銅板の表面には新たな銅が付着する。
(2)電子オルゴールは，＋極と－極を正しくつながないと音が鳴らない。
(3)亜鉛板が－極，銅板が＋極となるので，電流の向きは銅板（＋極）→亜鉛板（－極）の向きとなる。
(4)亜鉛板→銅板の向きには，亜鉛原子が失った電子が移動している。
(5)移動してきた電子は，銅板の表面で銅イオン Cu^{2+} が受けとる。
(6)セロハンや素焼きの容器を用いることで，小さな穴からイオンなどの小さい粒子が通過できる。また，2つの水溶液がすぐに混ざってしまうと，銅イオンが亜鉛板から直接電子を受けとって銅になり，亜鉛板に付着してしまい，電池のはたらきをしないので，これを防ぐ役割もある。
②(1)，(2)充電できる電池である二次電池には，鉛蓄電池のほかにリチウムイオン電池，ニッケル水素電池などがある。
(3)水素と酸素から水ができる化学変化を利用して，水素と酸素がもつ化学エネルギーを電気エネルギーとしてとり出す。このような装置を燃料電池という。

ぴたトレ3

① (1)ⓑ，ⓒ　(2)④
(3)①マグネシウム原子　②銅イオン
(4)ⓐ$Zn^{2+} + 2e^- \longrightarrow Zn$
ⓒ$Zn \longrightarrow Zn^{2+} + 2e^-$
(5)Mg，Zn，Cu

② (1)銅板
(2)亜鉛のほうが銅より（陽）イオンになりやすいから。
(3)$Cu^{2+} + 2e^- \longrightarrow Cu$
(4)銅イオンが亜鉛原子から直接電子を受けとって亜鉛板に付着してしまうため，電流は流れない。

③ (1)一次電池　(2)①化学　②電気　③充電
(3)水素　(4)$2H_2 + O_2 \longrightarrow 2H_2O$
(5)反応で発生するのが水だけだから。

考え方

①(1)ⓐでは灰色の固体である亜鉛が，ⓑ，ⓒでは赤色の固体である銅が現れる。
(2)硫酸銅水溶液の青色は，銅イオンがふくまれる水溶液に特有の色である。反応が進むと，水溶液中の銅イオンは電子を受けとって銅原子となるので，青色はうすくなる。ⓒでも同様の変化が見られる。
(3)マグネシウム原子が電子を2個失ってマグネシウムイオンとなり，水溶液中の銅イオンが電子を2個受けとって銅原子になる。
(4)ⓐでは亜鉛よりマグネシウムのほうが陽イオンになりやすいので，マグネシウム原子が電子を2個失ってマグネシウムイオンとなり，亜鉛イオンが電子を2個受けとって亜鉛原子となる。ⓒでは亜鉛は銅より陽イオンになりやすいので，亜鉛原子は電子を2個失って亜鉛イオンになり，水溶液中の銅イオンが電子を2個受けとって銅原子になる。
(5)陽イオンへのなりやすさは，ⓐより Mg＞Zn，ⓑより Mg＞Cu，ⓒより Zn＞Cu であるから，Mg＞Zn＞Cu
②(1)，(2)亜鉛と銅では，亜鉛のほうが陽イオンになりやすいので，亜鉛原子が電子を失って亜鉛イオンとなり，水溶液中にとけ出す。亜鉛板に残った電子は導線を通って銅板へ移動し，銅板の表面で銅イオンが受けとって銅原子となる。よって，電子は亜鉛板から銅板へ移動し，亜鉛板が－極，銅板が＋極となる。
(3)銅板の表面では，銅イオンが電子を2個受けとって銅原子になる変化が起こる。

(4)ダニエル電池では，電子が導線を通って亜鉛板から銅板に移動することで電流が流れる。セロハンをとり除くと，銅は亜鉛板の亜鉛原子から直接電子を受けとれるので，導線を通ることはなく，電流は流れなくなる。

❸(1)電池には，使いきりタイプの一次電池と，充電してくり返し使える二次電池がある。

(3)燃料電池は，水素と酸素がもつ化学エネルギーを電気エネルギーとしてとり出す装置である。酸素は空気からとりこめるので，燃料の水素を供給し続ければ，継続して電気エネルギーをとり出せる。

(4)水の電気分解の逆の化学変化である。

(5)燃料電池で起こる化学変化では，水だけが発生して有害な排出ガスが出ることはない。

p.66 **ぴたトレ1**

1 ①青 ②赤 ③赤 ④青 ⑤酸 ⑥アルカリ
⑦黄 ⑧緑 ⑨青 ⑩酸性 ⑪アルカリ性
⑫赤 ⑬酸 ⑭アルカリ ⑮酸 ⑯水素
⑰酸 ⑱アルカリ

考え方

1(3)〜(6)水溶液の酸性・アルカリ性を調べるには，BTB溶液，フェノールフタレイン溶液，pH試験紙などを使う。水溶液の酸性・アルカリ性で色が変わる薬品を指示薬という。

(7)塩酸や酢酸など酸性の水溶液にマグネシウムリボンを入れると，水素が発生する。アルカリ性の水溶液にマグネシウムリボンを入れても，変化しない。

p.67 **ぴたトレ2**

❶(1)塩酸 (2)A，B，F，G (3)C，E，H
(4)D (5)ウ (6)①二酸化炭素 ②酸性
❷(1)H_2 (2)ウ，エ (3)ア，エ

考え方

❶(1)塩化水素は水によくとける気体で，その水溶液は塩酸という。

(2)緑色のBTB溶液を青色に変えるのは，アルカリ性の水溶液の性質である。

(3)青色リトマス紙を赤色に変えるのは，酸性の水溶液の性質である。

(4)pH試験紙が緑色を示すのは，中性の水溶液である。

(5)Xの水溶液はすべてアルカリ性で，Yの水溶液は中性または酸性である。ア〜エのうち，アルカリ性の水溶液のみが示す性質は，フェノールフタレイン溶液を赤色に変える性質である。

(6)呼気(はく息)には，まわりの空気よりも二酸化炭素がふくまれる割合が大きい。二酸化炭素がとけた水溶液は炭酸水といい，弱い酸性を示す。

❷(1)，(2)酸性の水溶液にマグネシウムリボンを入れると，水素H_2が発生する。

(3)酸性の水溶液に共通の性質は，マグネシウムなどの金属を入れると水素が発生することのほかには，次のようなものがある。
・青色リトマス紙を赤色に変える。
・緑色のBTB溶液を黄色に変える。
・pH試験紙につけると黄色〜赤色になる。

p.68 **ぴたトレ1**

1 ①電流 ②赤 ③陰 ④青 ⑤陽 ⑥赤色
⑦青色 ⑧水素 ⑨酸 ⑩水酸化物
⑪アルカリ

2 ①pH ②中性 ③酸性 ④アルカリ性
⑤酸性 ⑥アルカリ性

考え方

1(1)乾燥したろ紙やpH試験紙では電流が流れないため，結果に影響を与えない中性の電解質の水溶液(硝酸カリウム水溶液や硫酸ナトリウム水溶液など)で湿らせる。

(2)pH試験紙が赤色になるのは酸性のとき，青色になるのはアルカリ性のときである。

(4)，(5)硫酸H_2SO_4，硝酸HNO_3なども，水溶液中で電離して水素イオンH^+を生じるので酸である。

$$H_2SO_4 \longrightarrow 2\boxed{H^+} + SO_4{}^{2-}$$
$$HNO_3 \longrightarrow \boxed{H^+} + NO_3{}^-$$

(6)，(7)水酸化カリウムKOH，水酸化バリウム$Ba(OH)_2$なども，水溶液中で電離して水酸化物イオンOH^-を生じるのでアルカリである。

$$KOH \longrightarrow K^+ + \boxed{OH^-}$$
$$Ba(OH)_2 \longrightarrow Ba^{2+} + 2\boxed{OH^-}$$

2(3)うすい塩酸やうすい硫酸の pH はおよそ
1で酸性が強い。うすい酢酸の pH はお
よそ3で，うすい塩酸やうすい硫酸より
も酸性が弱い。

p.69 ぴたトレ**2**

1 (1)⑦ (2)陰極 (3)H^+ (4)陽極 (5)OH^-
(6)pH 試験紙は赤色に変化し，その部分は陰
極に向かって広がっていく。

2 (1)酸 (2)①$H^+ + Cl^-$ ②$2H^+ + SO_4^{2-}$
(3)アルカリ
(4)①$Na^+ + OH^-$ ②$Ba^{2+} + 2OH^-$ (5)⑦

考え方
1 (1)乾燥したろ紙や pH 試験紙では，電流が
流れないため，硝酸カリウム水溶液など
の中性の電解質の水溶液で湿らせる。
(2), (3)pH 試験紙が赤色に変わったのは，塩
化水素が電離して生じた水素イオン H^+
のためである。水素イオンは＋の電気を
帯びた陽イオンなので，電圧を加えると
陰極側へ移動する。
(4), (5)pH 試験紙が青色に変わったのは，
水酸化ナトリウムが電離して生じた水酸
化物イオン OH^- のためである。水酸化
物イオンは－の電気を帯びた陰イオンな
ので，電圧を加えると陽極側へ移動する。
(6)硫酸は，塩化水素と同様に，水溶液中で
電離して水素イオンを生じる。したがっ
て，塩酸の場合と同様の変化が起こる。
2 (1)水溶液中で電離して水素イオン H^+ を生
じる物質を酸という。

$$\boxed{酸} \longrightarrow H^+ ＋ 陰イオン$$

(2)塩化水素 HCl も硫酸 H_2SO_4 も酸なので，
電離すると水素イオン H^+ と陰イオンに
分かれる。生じる陰イオンは，塩化水素
では塩化物イオン Cl^-，硫酸では硫酸イ
オン SO_4^{2-} である。
(3)水溶液中で電離して水酸化物イオン OH^-
を生じる物質をアルカリという。

$$\boxed{アルカリ} \longrightarrow 陽イオン ＋ OH^-$$

(4)水酸化ナトリウム NaOH も水酸化バリ
ウム $Ba(OH)_2$ もアルカリなので，電離
すると陽イオンと水酸化物イオン OH^-
に分かれる。生じる陽イオンは，水酸化
ナトリウムではナトリウムイオン Na^+，
水酸化バリウムではバリウムイオン Ba^{2+}
である。

(5)pH の値が7のとき，水溶液は中性で，
7より小さいほど酸性が強く，7より大
きいほどアルカリ性が強い。⑦〜①のう
ち，酸性のものは⑦の食酢と①の1％塩
酸であるが，pH がより小さい値を示す
塩酸が，もっとも酸性が強いといえる。

p.70〜71 ぴたトレ**3**

1 (1)電流を流れやすくするため。
(2)①
(3)右図
2 (1)①⑦ ②①
(2)①⑦ ②①
(3)①酸性 ②アルカリ性 (4)電流が流れる。
3 (1)①OH^- ②H^+ (2)C，E
(3)①赤色 ②A，D (4)B
4 (1)マッチの火を近づける。 (2)⑦

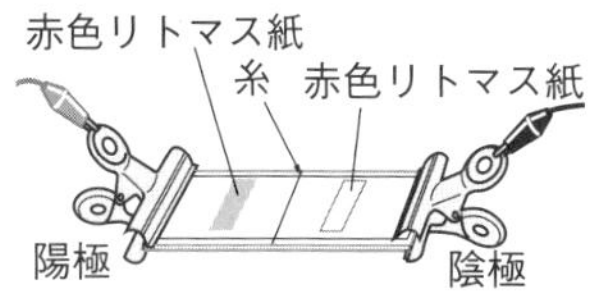

赤色リトマス紙／糸／赤色リトマス紙／陽極／陰極

考え方
1 (1)乾いたろ紙では電流が流れない。また，
結果に影響を与えないために，硫酸ナト
リウム水溶液などの中性の電解質の水溶
液を用いる必要がある。
(2)塩酸中には，塩化水素の電離によって生
じた水素イオン H^+ と塩化物イオン Cl^-
があり，青色リトマス紙を赤色に変える
はたらきがあるのは，水素イオンである。
水素イオンは＋の電気を帯びた陽イオン
なので，陰極に向かって移動する。
(3)水酸化ナトリウムの電離によって生じた
水酸化物イオン OH^- が，陽極に向かっ
て移動し，陽極側の赤色リトマス紙を青
色に変える。
2 (1)〜(3)塩酸は酸性，水酸化ナトリウム水溶
液はアルカリ性の水溶液である。酸性の
水溶液は，BTB 溶液を黄色に変え，青
色リトマス紙を赤色に変える性質がある。
アルカリ性の水溶液は，BTB 溶液を青色
に変え，赤色リトマス紙を青色に変える
性質がある。
3 (1)pH 試験紙を青色に変えるのはアルカ
リ性の水溶液，赤色に変えるのは酸性の
水溶液である。したがって，①はアルカ
リ性の水溶液，②は酸性の水溶液である。
水溶液がアルカリ性の性質を示すもとに
なるのは水酸化物イオン OH^-，酸性を示
すもとになるのは水素イオン H^+ である。

(2)BTB溶液を黄色にするのは，酸性の水溶液((1)の②)である。

(3)フェノールフタレイン溶液を加えると赤色に変わるのは，アルカリ性の水溶液((1)の①)である。酸性や中性の水溶液では，フェノールフタレイン溶液の色は変わらない。

(4)pHの値がほぼ7であるのは，中性の水溶液である。A～Eのうち，酸性でもアルカリ性でもないものは，Bだけであるから，中性であるのは，Bであると考えられる。

④(1)発生した気体は水素である。水素は燃える気体なので，マッチの火を近づけるとポンと音を立てて激しく燃えることで確認できる。

(2)塩化水素が電離して生じた水素イオンH^+が，気体の水素H_2に変化して発生する。

---

p.72　ぴたトレ1

1 ①フェノールフタレイン溶液　②こまごめ　③かき混ぜ　④無　⑤酸　⑥水　⑦ゴム球

2 ①中和　②塩　③塩化ナトリウム　④陽　⑤硫酸バリウム　⑥白　⑦発

考え方

1(2)こまごめピペットは，少量の液体を必要な量だけとるときに使う。液の色が変化するときは，少量の液体を加えるだけで変化するので，加えすぎないように1滴加えるごとにかき混ぜる。

(4)塩化ナトリウムの結晶が現れる。

(5)こまごめピペットで液体を吸い上げるときは，親指と人さし指でゴム球を押して，先端を液につけ，吸い上げる。ゴム球を軽く押すと，液体を1滴ずつ落とすことができる。

2(1)～(4)中和によって水ができることは，酸とアルカリの種類に関係なく共通しているが，生じる塩の種類は異なる。

酸　＋　アルカリ　⟶　塩　＋　水

---

p.73　ぴたトレ2

◆(1)こまごめピペット　(2)黄色　(3)中性
(4)中和　(5)青色　(6)⑦

◆(1)硫酸バリウム
(2)①Ba^{2+}　②SO_4^{2-}　③$BaSO_4$　(3)塩
(4)水にとけやすい性質。

考え方

1(1)こまごめピペットは，少量の液体を必要な量だけとるときに用いられる。

(2),(3)BTB溶液は，酸性では黄色，中性では緑色，アルカリ性では青色になる。

(4)塩酸に水酸化ナトリウム水溶液を加えていき，やがて水溶液が中性になったところが(3)の状態である。この反応では，水素イオンH^+と水酸化物イオンOH^-から水H_2Oが生じることにより，酸とアルカリがたがいの性質を打ち消し合っている。このような反応を中和という。

(5)さらに水酸化ナトリウム水溶液を加えていくと，水溶液はアルカリ性になるため，BTB溶液を入れた水溶液は青色になる。

(6)塩酸にマグネシウムリボンを入れると，水素が発生し，泡が活発に出る。これに水酸化ナトリウム水溶液を加えていくと，しだいにアルカリによって酸の性質が打ち消されていくので，水素の発生は弱くなり，泡の出方も弱くなっていく。

2(1),(2)硫酸H_2SO_4に水酸化バリウム$Ba(OH)_2$水溶液を加えると，中和が起こる。白い沈殿は，アルカリの陽イオンであるバリウムイオンBa^{2+}と，酸の陰イオンである硫酸イオンSO_4^{2-}が結びついた硫酸バリウム$BaSO_4$である。

(4)水酸化ナトリウム$NaOH$水溶液に塩酸HClを加えると，中和が起こり，塩化ナトリウム$NaCl$が生じる。塩化ナトリウムは水にとけやすい塩で，水溶液中ではナトリウムイオンNa^+と塩化物イオンCl^-に電離しているため，水溶液は無色透明である。

---

p.74　ぴたトレ1

1 ①中和　②水　③アルカリ　④中
⑤塩化ナトリウム　⑥H_2O　⑦酸
⑧アルカリ性　⑨酸性

考え方

1(1)～(6)水溶液中の水素イオンH^+と水酸化物イオンOH^-が結びついて水H_2Oができる反応が中和である。中和が起こって，水溶液中の水素イオンと水酸化物イオンがなくなると中性となるが，水酸化物イオンが残っているときはアルカリ性，水素イオンが残っているときは酸性となる。

1 (1)①酸 ②NaCl
　　③H₂O
　(2)⑦(→)⑦(→)⑨
　(3)ⓐ
　(4)pH：7　塩化ナト
　　リウム（水溶液）

2 (1)Na⁺　(2)右図

考え方

1 (1)酸である塩酸 HCl とアルカリである水酸化ナトリウム NaOH 水溶液が中和して，塩である塩化ナトリウム NaCl と水 H₂O が生じる。

(2)はじめはうすい塩酸に BTB 溶液を入れた状態なので，水溶液は酸性で黄色を示す。水酸化ナトリウム水溶液を加えていくと，中和が起こり，水素イオンが減っていき，水素イオンがなくなったところで水溶液は中性となり緑色を示す。さらに水酸化ナトリウム水溶液を加えていくと，水酸化物イオンがふえていくので，水溶液はアルカリ性となり，青色を示す。

(3)BTB 溶液が緑色になったときは，水溶液は中性であるから，水素イオン H⁺ も水酸化物イオン OH⁻ も残っていないⓐの状態となる。

(4)BTB 溶液が緑色のとき，水溶液は中性で pH の値はほぼ 7 である。このとき水溶液は(3)のⓐの図からわかるように塩化ナトリウム水溶液となっている。

2 (1)塩酸を加えていくと，水溶液中に水素イオン H⁺ と塩化物イオン Cl⁻ が加わり，水素イオン H⁺ と水酸化物イオン OH⁻ から水 H₂O を生じる。このとき，もともと水溶液中に存在していたナトリウムイオン Na⁺ は数が変わらない。

(2)中性になったときは，水素イオン H⁺ も水酸化物イオン OH⁻ も残っていないので，もともとあった水酸化物イオン 2 個は水分子 H₂O 2 個になっているはずである。図中には水分子が 1 個しかかかれていないので，水分子 1 個をかき足す。また中性になったときは，塩化ナトリウム水溶液となっているので，ナトリウムイオンと塩化物イオンが 1：1 の割合で存在する。ナトリウムイオンはもともと 2 個で，数は変わらないので，塩化物イオンも 2 個となり，イオンの数は正しい。

1 (1)こまごめピペット　(2)H₂
　(3)①中和　②HCl＋NaOH─→NaCl＋H₂O
　　③熱が発生する。
　(4)⑦　(5)①NaCl　②塩　(6)⑨，⑤
　(7)中和させて中性に近づけてから捨てる。

2 (1)A水酸化ナトリウム水溶液　B塩酸
　(2)塩化ナトリウム　(3)酸性
　(4)①2個　②0個　③3個　④1個
　(5)⑦，⑤　(6)水酸化物イオン　1個

考え方

1 (1)こまごめピペットはゴム球を押す強さで，落とす液体の量を調節できる，軽く押すと，液体を 1 滴ずつ加えることができる。

(2)酸性の水溶液にマグネシウムリボンを入れると，水素 H₂ が発生する。

(3)，(5)水素イオンと水酸化物イオンから水が生じることにより，酸とアルカリがたがいの性質を打ち消し合う反応を中和という。中和では，水と塩が生じる。塩酸 HCl と水酸化ナトリウム NaOH 水溶液の中和でできる塩は塩化ナトリウム NaCl である。また，中和は熱が発生する発熱反応である。

(4)BTB 溶液が青色のとき，水溶液はアルカリ性で，緑色のときは中性である。

(6)炭酸水素ナトリウム水溶液，アンモニア水，セッケン水はアルカリ性，炭酸水，食酢は酸性である。

(7)酸性の水溶液とアルカリ性の水溶液はそのまま流さず，それぞれ別々の廃液容器に保管し，処理する際は中和して中性にしてから捨てる。

2 (1)A は水溶液中で電離してナトリウムイオンと水酸化物イオンに分かれているので，水酸化ナトリウム水溶液である。B は水溶液中で水素イオンと塩化物イオンに分かれているので，塩化水素の水溶液の塩酸である。

(2)水酸化ナトリウム水溶液と塩酸の中和では水と塩化ナトリウムが生じる。
　HCl ＋ NaOH ─→ NaCl ＋ H₂O

(3)A に水酸化物イオン OH⁻ が 2 個，B に水素イオン H⁺ が 3 個あるので，混ぜ合わせると，2 個の水 H₂O 分子ができて，水素イオン H⁺ が 1 個残る。水素イオンが残るので，水溶液は酸性である。

(4)①ナトリウムイオン Na+ の数は変わら
ないので，２個。②水酸化物イオンOH−
２個は水素イオン H+ ３個のうちの２個
と結びついて水 H_2O になるので，０個に
なる。③塩化物イオン Cl− の数は変わら
ないので，３個。④水素イオン H+ は３個
のうちの２個が水酸化物イオン OH− と
結びついて水 H_2O となるので，残りは
１個。

(5)酸性の水溶液を中性にするためには，ア
ルカリ性の水溶液を選ぶ。

(6)残っている１個の水素イオン H+ を中和
して中性にするためには，水酸化物イオ
ン OH− １個が必要である。

運動とエネルギー

1 ①水圧　②あらゆる　③大きく　④垂直
⑤水圧　⑥大きく　⑦小さい　⑧反対
⑨浮力　⑩深さ　⑪重力　⑫浮力　⑬浮力
⑭重力　⑮つり合って　⑯水圧　⑰同じ
⑱大きい　⑲浮力　⑳浮力

考え方

1 (2)ゴム膜をはった筒を水中に沈めることに
よって確かめることができる。

(3)水中では，深くなるほど，その地点より
上にある水の量が多くなって水の重さが
増すため，水圧も大きくなる。

(6)空気中でばねばかりが示す値と水中でばね
ばかりが示す値の差が浮力の大きさである。

(14)水中にある物体の上面と下面では，下面
のほうが深さが深いので，下面のほうが
水圧が大きい。

(15)水中での物体の深さが変わっても，上面
と下面にはたらく力の差は変わらないた
め，浮力の大きさは深さに関係しない。

1 (1)b，e　(2)d　(3)水圧　(4)⑦，⑤

2 (1)浮力　(2)0.9N　(3)⑤

考え方

1 (1)水面からの深さが等しい位置にあるゴム
膜には，同じ大きさの水圧がはたらく。

(2)もっとも深い位置にあるゴム膜dにはた
らく水圧が，もっとも大きい。

(3)，(4)水圧は，その上にある水の重さに
よって生じるので，水の深さが深いほど
大きい。また，水中にある物体のあらゆ
る面に対して垂直にはたらいている。

2 (1)，(2)おもりの位置がBのとき，ばねばか
りが示す値が位置Aのときより小さく
なったのは，浮力がはたらいているため
である。位置Bのときの値と位置Aのと
きの値の差が，浮力の大きさである。
1.2 N−0.3 N＝0.9 N

(3)物体全部が水中にあれば，水の深さに関
係なく，浮力は同じである。

1 ①合力　②合成　③和　④同じ　⑤差
⑥大きい　⑦0　⑧F_1+F_2　⑨$F_2−F_1$

2 ①対角線　②力の平行四辺形　③平行四辺形
④対角線

考え方

2 (1)，(2)力の平行四辺形の法則を使って合力
を求めるときは，２つの三角定規，また
はコンパスを使って作図する。

1 (1)合力　(2)力の合成　(3)図1：右　図2：右
(4)図1：F_1+F_2　図2：$F_2−F_1$

2 (1)下図(作図に使った線は省略)

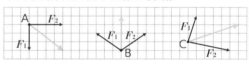

(2)力の平行四辺形の法則　(3)C（→）A（→）B
(4)①⑦　②⑦

考え方

1 (1)，(2)２つの力と同じはたらきをする１つ
の力を，もとの２つの力の合力といい，
合力を求めることを力の合成という。

(3)，(4)２力が同じ向きの場合(図1)…合力
の向きは２力と同じ，合力の大きさは２
力の和。２力が反対向きの場合(図2)…
合力の向きは２力の大きいほうの力と同
じ向き，合力の大きさは２力の差。

2 (1)F_1，F_2の矢印を２辺とする平行四辺形
をかき，それぞれ点A，B，Cから対角
線をかくと，その対角線が合力となる。

(3)合力の矢印の長さを比べる。

(4)角度をもってはたらく2力では，2力の大きさがそれぞれ変わらない場合，2力の角度が大きいほど合力は小さくなる。2力の間の角度が180°になると，一直線上で反対向きにはたらく2力となるので，合力の向きは2力のうち大きいほうの力の向きとなる。

p.82 ぴたトレ1

1 ①つり合って ②合力 ③F_3 ④F_2

2 ①分解 ②分力 ③対角線 ④分力 ⑤方向 ⑥向き ⑦合力 ⑧平行四辺形 ⑨分力

1 (2)となり合う2力の大きさや，2力の間の角度が変わっても，2力の合力と残りの力がつり合っていれば，3力は必ずつり合う。
(3)(a)，(b)と同様に，F_2とF_3の合力はF_1とつり合っている。

2 (1)2人で荷物を持つと，1人で持つより楽になる。このとき，荷物を真上に引き上げている力の分力が，2人がそれぞれ引く力だと考えられる。また，2人の間の距離（きょり）が変わると，それぞれが荷物を引く力の大きさも変わる。

p.83 ぴたトレ2

1 (1)，(2)下図 (3)力A，力B，力D

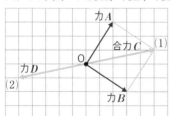

2 (1) (2)

3 (1)下図 (2)⑦

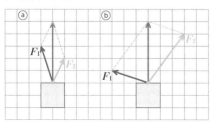

1 (1)右図のように，点Xを通り直線OYに平行な直線と，点Yを通り直線OXに平行な直線を引く。点Oを作用点とし，この2つの直線の交点まで矢印をのばすと，その矢印が合力Cである。

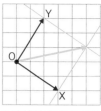

(2)力Dを表すには，合力Cと同一直線上にあり，作用点が同じで，向きが反対，長さが同じ矢印をかく。
(3)力Dは，力A，Bの合力とつり合うので，A，B，Dの3力がつり合っている。

2 (1)，(2)x方向，y方向に引いた破線上に2辺があり，Fの矢印が対角線となるような平行四辺形をかくと，その2辺が分力となる。

3 (1)赤い矢印を対角線とし，1辺がF_1の矢印となる平行四辺形をかくと，もう1辺がF_2の矢印となる。
(2)2つの分力の間の角度が小さいほうが，分力の大きさも小さい。

p.84〜85 ぴたトレ3

1 (1)1.5 N (2)0.4 N (3)0.4 N (4)ⓓ

2 (1)右図 (2)合力
(3)右図 (4)重力
(5)300 g (6)⑦
(7)3つの力はつり合っている。

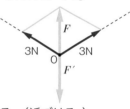

3 (1)下図 (2)小さくする。（近づける。）
(3)ロープの方向の分力を小さくするため。

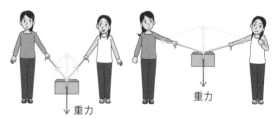

1 (1)質量150 gの物体にはたらく重力（じゅうりょく）の大きさは，$1\,\text{N} \times \dfrac{150\,\text{g}}{100\,\text{g}} = 1.5\,\text{N}$
(2)物体にはたらく重力の大きさが1.5 Nで，水中でのばねばかりの示す値が1.1 Nであるから，その差が浮力（ふりょく）の大きさとなる。
$1.5\,\text{N} - 1.1\,\text{N} = 0.4\,\text{N}$

(3)浮力の大きさは水面からの深さとは関係
　ないので，さらに深く沈めても浮力は
　0.4Nのままである。
(4)水圧はあらゆる向きからはたらくので，
　ⓐとⓑは誤り。また，水圧は，水面から
　の深さが深いほど大きいので，物体の上
　面よりも下面にはたらく水圧のほうが大
　きく，側面にはたらく水圧も下面に近づ
　くほど大きくなる。よって，ⓓが正しい。
❷(1)，(2) 2つの力と同じはたらきをする1つ
　の力を，もとの2力の合力という。角度
　をもってはたらく2力の合力は，力の平
　行四辺形の法則を使って作図する。
(3)力Fとつり合う力は，Fと同一直線上に
　あり(作用線が一致)，向きが反対，大き
　さが同じ(矢印の長さが同じ)である。
(4) 2力の合力Fは，おもりを上に引く力で
　あるから，Fとつり合う力は，おもりに
　はたらく重力である。
(5)おもりにはたらく重力の大きさは，合力
　Fと同じ大きさである。(1)で作図した
　平行四辺形には，合力の矢印を1辺とす
　る正三角形が2つできる。正三角形の3
　辺の長さはすべて等しいので，力Fの
　大きさは3Nで，おもりにはたらく重力
　の大きさも3Nである。100gの物体に
　はたらく重力の大きさが1Nであるから，
　3Nの重力がはたらくおもりの質量は
　300gである。
(6) 2力の合力の大きさが変わらないとき，
　2力の間の角度が小さくなるほど，2力
　は小さくなる。
(7)F_1，F_2の合力はおもりを上に引く力で，
　この合力がおもりにはたらく重力F_3と
　つり合っているので，3つの力はつり
　合っているといえる。
❸(1)まず，箱にはたらく重力とつり合う力を，
　2本のひもの交点を作用点として矢印で
　表す。この力の分力を，力の平行四辺形
　の法則を使って作図する。
(2)合力の大きさが変わらないとき，2つの
　分力の角度が小さいほど，分力の大きさ
　は小さくなる。つまり，2人の距離が小
　さいほど，小さな力で運べることになる。
(3)ロープウェイのロープがたるんでいると
　きのほうが，たるみのないときより，2
　つの分力の間の角度が小さくなり，分力
　も小さくなる。

1 ①速さ　②向き　③ストロボスコープ
　④ストロボ写真　⑤m/s　⑥距離　⑦時間
　⑧平均の速さ　⑨瞬間の速さ　⑩70

2 ①向き　②速さ　③テープ　④距離
　⑤平均の速さ　⑥0.1秒間に進んだ距離
　⑦40　⑧大きく　⑨小さく

考え方

1(3)速さの単位には，センチメートル毎秒
　(記号cm/s)なども使われる。1km/hは，
　日常的には時速1kmと表すことが多い。
(5)自動車のスピードメーターで示される速
　さは，瞬間の速さである。
2(2)記録タイマーの時間間隔は，地域の電源
　の交流周波数や器具によって異なる。東
　日本では1秒間に50回，西日本では1
　秒間に60回打点するものが多い。よっ
　て，テープを切るときは，東日本では5
　打点ごと，西日本では6打点ごとに切る。
(3)，(4)記録テープが長いほど，0.1秒間に
　移動した距離が大きく，平均の速さも大
　きい。

1(1)⑦　(2)210cm/s　(3)瞬間の速さ
2(1)①C　②B　③A　④D
(2)A(→)D(→)B(→)C
(3)60cm/s　(4)周波数

考え方

1(1)⑦ストロボスコープの発光間隔は0.1秒
　なので，AB間は0.5秒である。⑦0.5
　秒間で，ドライアイスはAからBまで
　移動(110cm)，木片はCからDの右ど
　なりの木片まで移動(96cm)しているの
　で，ドライアイスのほうが平均の速さが
　大きい。⑦どちらも一直線上に運動して
　いる。⑦最初の0.1秒間に，ドライアイ
　スは22cm，木片は24cm移動してい
　るので，このときの速さは木片のほうが
　大きい。
(2)木片の左端どうしで長さをはかると，
　CD間の距離は84cm(1目盛りは2cm)
　で，時間は0.4秒であるから，

　平均の速さは，$\dfrac{84\,\text{cm}}{0.4\,\text{s}}=210\,\text{cm/s}$

(3)瞬間の速さは，時々刻々と変化する速さ
　である。

② (1)打点の間隔がだんだん広くなっているところではだんだん速くなり，だんだんせまくなっているところではだんだん遅くなる運動である。間隔が一定のところでは，速さも一定である。

(2)図２の記録テープの範囲では，Aは10打点，Bは12打点，Cは14打点，Dは11打点である。テープの長さ（移動距離）は同じなので，打点数の少ないものほど，同じ距離を速く移動していることになり，速さが大きいといえる。

(3)PQ間は６打点なので0.1秒である。６cmを0.1秒で移動したのだから，

平均の速さは，$\dfrac{6\ \mathrm{cm}}{0.1\ \mathrm{s}} = 60\ \mathrm{cm/s}$

(4)交流の周波数は，１秒間にくり返す電流の変化の回数で，東日本では50Hz，西日本では60Hzである。

---

p.88 ぴたトレ1

1 ①大きく（速く）　②大きく
③平均の速さ（速さ）　④大きく　⑤大きい

2 ①等速直線運動　②速さ　③時間　④比例
⑤速さ　⑥等速直線運動　⑦慣性　⑧慣性

考え方

1 (3)テープの長さは0.1秒間に進んだ距離なので，平均の速さを表している。となりのテープとの長さの差が一定ということは，平均の速さの大きくなり方が一定ということなので，一定の割合で速さが大きくなっているといえる。

(4)ここでいう力とは，合力のことを表している。２つ以上の力がはたらいていて，それらがつり合っている場合は，力がはたらいていないのと同じである。

2 (5)摩擦力がなく，力がはたらいていないのと同じ状態の物体の運動は，エアトラックという装置で調べられる。摩擦のある水平面上では，物体の運動と逆向きに力がはたらくので，物体の速さはしだいに小さくなり，最後には停止する。

(6)慣性の例として，バスの発着時と停車時の乗客の動きやだるま落としなどがある。

---

p.89 ぴたトレ2

1 (1)0.1秒　(2)43cm/s
(3)①大きく（速く）　②差
③速さ（平均の速さ）
(4)大きくなる。

2 (1)変化していない。　(2)等速直線運動　(3)ⓑ

3 (1)左　(2)慣性

考え方

1 (1)図２のグラフの縦軸が「0.1秒間に進んだ距離」なので，0.1秒である。

(2)0.1秒間に4.3cm進んだのだから，

平均の速さは，$\dfrac{4.3\ \mathrm{cm}}{0.1\ \mathrm{s}} = 43\ \mathrm{cm/s}$

(3)打点の間隔が広くなっていることから，一定時間に移動した距離が大きくなっているので，速さは大きくなっている。

2 (1)図で，ドライアイスの間隔が一定なので，一定時間に進む距離は一定である。よって，速さは変化していない。

(3)等速直線運動では，移動距離は速さと時間の積で表される。速さは一定なので，移動距離は時間に比例するから，ⓑのグラフになる。ⓑのグラフの傾きは速さを表している。横軸に時間，縦軸に速さをとってグラフをかくとⓐのような横軸に平行な直線のグラフになる。

3 (1)，(2)物体に力がはたらいていないときやはたらいていてもつり合っているときは，静止している物体は静止し続け，動いている物体は等速直線運動を続ける。これを慣性の法則といい，物体がもっているこの性質を慣性という。静止しているバスが急に発進すると，乗客は静止の状態を続けようとして，進行方向と逆に傾く。

---

p.90 ぴたトレ1

1 ①大きく　②下　③大きく　④大きい
⑤分解　⑥垂直抗力　⑦平行　⑧大きく
⑨大きくなる　⑩下　⑪自由落下

考え方

1 (2)，(3)斜面上の物体の運動も，水平面上の物体の運動と同じで，運動の向きに一定の大きさの力がはたらき続けると，物体の速さは一定の割合で大きくなっていく。また，同じ物体では，運動の向きにはたらく力が大きいほど，速さが変化する割合は大きくなる。

(5)斜面に垂直な分力は，物体が斜面を押しつける力で，それとつり合う斜面からの垂直抗力は，斜面が物体を押し返す力である。

(6)斜面に平行な重力の分力は，斜面の角度が一定であれば，物体が斜面のどこにあっても変化しない。

1 (1)ⓦ (2)ⓐ (3)速さのふえ方が大きくなる。

2 (1)右図

(2)①大きくなる。

　②小さくなる。

3 (1)下

(2)ⓒ

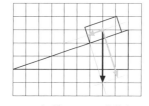

考え方

1 (1)赤い矢印が表す力は，斜面に平行な重力の分力なので，その大きさは，斜面の角度が一定であれば，物体が斜面のどの位置にあっても一定である。

(2)0.1秒間に移動した距離が一定の割合でふえているので，速さは一定の割合で大きくなっているといえる。

(3)斜面の傾きを大きくすると，斜面に平行な分力が大きくなるので，速さのふえ方が大きくなる。

2 (1)力の平行四辺形の法則を使って作図する。ここでは，2つの分力の間の角度が90°なので，長方形となる。

(2)斜面の傾きが大きいほど，斜面に平行な分力は大きくなり，斜面に垂直な分力は小さくなる。

3 (1)斜面を上る台車には，斜面に平行な重力の分力がはたらいている。

(2)運動の向きと反対の向きに力がはたらいているので，速さはしだいに小さくなる。

1 ①大きさ ②小さく ③60 ④作用

⑤反作用 ⑥等しく ⑦反対

⑧作用・反作用 ⑨反作用 ⑩等しい(同じ)

⑪反対 ⑫大きさ ⑬向き ⑭1 ⑮2

⑯作用・反作用

考え方

1 (2)Bさんの体重計が示す値は5kg大きくなったので，Aさんの体重計が示す値は5kg小さくなって60kgとなる。

(6)CさんがDさんを押すと，その力と同じ大きさで反対向きの力をCさんがDさんから受け，2人は同時に反対向きに動く。

(8)箱だけに注目すると，箱にはたらく力は，重力(地球が箱を引く力)と垂直抗力(床が箱を押す力)で，この2力はつり合っている。箱と床に注目すると，箱が床を押す力と，床が箱を押す力(垂直抗力)は，2つの物体の間で対になって同時に生じているので，作用と反作用である。

1 (1)52kg (2)50N (3)反作用

(4)作用・反作用の法則

(5)①同時 ②反対 ③大きさ ④反作用

2 (1)ⓐ (2)ⓔ，ⓚ (3)ⓘ

考え方

1 (1)Aさんの体重計が示す値は，53kg−48kg=5kg小さくなっている。したがって，Bさんの体重計が示す値は，5kg大きくなって，47kg+5kg=52kg

(2)作用と反作用は，同じ大きさである。

(3)〜(5)作用と反作用は，2つの物体間で同時にはたらき，大きさは等しく，一直線上で向きは反対になっている。これを作用・反作用の法則という。

2 (1)Bは，Aを押した力と大きさが同じで反対向きの力をAから受けるので，Aと反対向きに動く。

(2)AがBに加えた力と，BがAに加えた力は，2つの物体(AとB)に同時にはたらいている作用と反作用である。ⓔ作用と反作用は同一直線上で反対向きにはたらくので誤り。ⓚはつり合っている2力の説明なので誤り。

(3)Bが動こうとする向きと反対向きに，摩擦力はたらく。

1 (1)ⓦ

(2)左右のおもりとの間隔がもっとも広いから。

(3)瞬間の速さ (4)平均の速さ

2 (1)A，D (2)C (3)等速直線運動 (4)ⓦ

3 (1)ⓐとⓒ，ⓑとⓔ (2)ⓑとⓒ，ⓓとⓔ

4 (1)40cm/s (2)ⓐ (3)ⓒ

<table>
<tr><td rowspan="99">考え方</td></tr>
</table>

❶(1), (2)速さが大きいほど，一定時間に移動する距離は長くなるので，ストロボ写真でのおもりどうしの間隔が広くなる。

(4)速さは，移動距離をかかった時間で割って求める。この速さは，その時間の間，同じ速さで動き続けたと考えたときの平均の速さである。

❷(1)速さが一定の運動では，物体どうしの間隔が一定になっている。

(2)Bは速さが変化しているが，向きは一定，Cは速さも向きも変化している。

(3), (4)等速直線運動を続ける物体では，力ははたらいていないか，はたらいていてもつり合っている。運動の向きに一定の力がはたらき続けた場合は，物体の速さは一定の割合で大きくなる。

❸(1)おもりにはたらく力はⓐとⓒ，ばねにはたらく力はⓑとⓔ，天井にはたらく力はⓓである。つり合いの関係にある2力は，1つの物体にはたらいていて，おもりもばねも静止しているので，おもりにはたらく2力とばねにはたらく2力は，それぞれつり合っている。

(2)作用と反作用は，2つの物体の間で対になって同時にはたらく。おもりがばねを引く力ⓑに対して，ばねがおもりを引く力ⓒがはたらく。また，ばねが天井を引く力ⓓに対して，天井がばねを引く力ⓔがはたらく。この2組の2力が，作用・反作用の関係にある。

❹(1)ad間の移動距離は2.4 cm＋4.0 cm＋5.6 cm＝12 cmで，かかった時間は0.3秒であるから，平均の速さは，

$$\frac{12\ \text{cm}}{0.3\ \text{s}}=40\ \text{cm/s}$$

(2)図2の記録テープから，速さは一定の割合で大きくなっていることがわかる。斜面を下る台車の運動では，台車には斜面に平行な重力の分力がはたらいていて，この力は台車が斜面のどこにあっても同じ大きさである。

(3)AC間では，小球の速さはしだいに大きくなる。CD間では，力ははたらいていないとみなせるので，速さは一定である。DF間では，速さはしだいに小さくなる。また，AC間よりDF間のほうが斜面の傾きが大きいので，速さが変化する割合もDF間のほうが大きい。

---

p.96 ぴたトレ1

1 ①仕事 ②距離 ③ジュール ④大きさ
⑤150 J ⑥0 J

2 ①重力 ②300 ③150 ④摩擦力
⑤100 ⑥200

<table>
<tr><td rowspan="20">考え方</td></tr>
</table>

1 (1)〜(3)物体に力を加えても物体が動かない場合や，物体を手で持っているだけの場合には，力は加えているが移動距離が0 mなので，仕事の定義にあてはめると，仕事をしたことにはならない。

2 (1)重力より小さい力では，力を加えても物体は動かない。

(3), (4)摩擦力にさからってする仕事で加える力の大きさは，物体を一定の速さで動かすのであれば，摩擦力と同じ大きさでよい。

---

p.97 ぴたトレ2

❶(1)①力 ②向き ③仕事
(2)式：20 N×2 m（＝40 J） 答え：40 J
(3)イ

❷(1)1 N (2)いえる。 (3)0.6 J (4)1.5倍

❸(1)0 J (2)①摩擦力 ②0.14 J

<table>
<tr><td rowspan="30">考え方</td></tr>
</table>

❶(1)物体に力を加え，力の向きに移動したとき，力は物体に対し仕事をしたという。力を加えても物体が力の向きに移動しなければ，仕事をしたことにはならない。

(2)仕事〔J〕＝力の大きさ〔N〕×力の向きに移動した距離〔m〕の式にあてはめる。

(3)⑦は10 N×2 m＝20 J，④は5 N×5 m＝25 J，⑦は2 N×10 m＝20 J

❷(1), (2)物体を引き上げる力は，物体にはたらく重力と同じ大きさである。100 gの物体にはたらく重力の大きさは，問題文より1 Nである。

(3)1 N×0.6 m＝0.6 J

(4)150 gの物体にはたらく重力の大きさは1.5 Nで，移動距離は同じなので，仕事の量は1.5倍になる。

❸(1)木片が静止したままなので，移動距離は0 mとなり，仕事は0 Jである。

(2)①木片と紙が接する面から，運動の向きとは反対向きに摩擦力がはたらく。

②0.7 N×0.2 m＝0.14 J

ぴたトレ1

1 ①小さく　②長く　③仕事の原理　④0.05
　⑤0.05　⑥同じ

2 ①仕事率　②ワット　③時間　④0.2 m
　⑤0.12　⑥0.4 m　⑦0.06

考え方

1 (2)斜面の角度が30°の場合，引く力は直接
　引き上げる場合の半分になるが，力の向
　きに引き上げる長さは2倍になる。また，
　動滑車(物体とともに動く滑車)を使った
　場合は，2本の糸で物体を引き上げるた
　め，力は直接引き上げる場合の半分にな
　るが，力の向きに糸を引く距離は2倍に
　なる。したがって，どちらの場合も仕事
　の量は直接引き上げるときと変わらない。

2 (2)仕事率の単位は電力の単位と同じである。
　電力は電気による仕事率を表している。

ぴたトレ2

1 (1)動滑車　(2)0.2 N　(3)20 cm
　(4)実験1：0.04 J　実験2：0.04 J

2 (1)30 J　(2)30 J　(3)仕事の原理　(4)0.6 m

3 (1)6300 J　(2)500 W
　(3)① C (→) B (→) A　② B (→) C (→) A
　(4)大きい。

考え方

1 (1)Bのように物体とともに動く滑車を動
　滑車といい，力の大きさを半分にできる。
　力の向きだけを変えられる滑車を定滑車
　という。

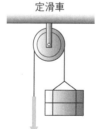

動滑車　　　定滑車

(2)動滑車を使うと，力の大きさは半分にな
　るので，0.4 N÷2＝0.2 N

(3)動滑車を使うと，力の向きに動かす距離
　は2倍になるので，10 cm×2＝20 cm

(4)実験1…0.4 N×0.1 m＝0.04 J
　実験2…0.2 N×0.2 m＝0.04 J
　動滑車を使うと，力の大きさは半分にな
　るが，力の向きに動かす距離は2倍にな
　るため，仕事の量は変わらない。

2 (1)100 Nの物体を0.3 m持ち上げたので，
　仕事の量は，100 N×0.3 m＝30 J

(2)，(3)道具を使っても使わなくても仕事の
　量は変わらない。これを仕事の原理とい
　う。これより，てこを押し下げる仕事は，
　(1)と同じ30 Jである。

(4)力の大きさは50 Nで，仕事の量は30 J
　であるから，力の向きに動かした距離は，
　30 J÷50 N＝0.6 m

3 (1)Aの体重は42.0 kgであるから，Aには
　たらく重力は420 N。かけ上がった距離
　が15 mなので，仕事の量は，
　420 N×15 m＝6300 J

(2)Bの仕事の量は，500 N×15 m＝7500 J
　である。かかった時間が15.0 sであるから，

　仕事率は，$\dfrac{7500 \text{ J}}{15.0 \text{ s}} = 500 \text{ W}$

(3)①力の向きに動いた距離は3人とも15 m
　であるから，力の大きさ(体重)が大き
　いほど，仕事の量も大きいといえる。

　②力の向きに動いた距離が同じなので，
　仕事率を比べるには，体重を時間で
　割った値を比べればよい。
　A：42.0÷21.0＝2.00，B：50.0÷15.0
　＝3.33…，C：54.0÷18.0＝3.00

(4)クレーンのした仕事の量は，Cと同じで，
　かかった時間は短いから，仕事率はCよ
　り大きい。

ぴたトレ3

1 (1)0 J
　(2)①0.8 N
　　②4 cm
　(3)①6 cm
　　②0.048 J
　(4)右図

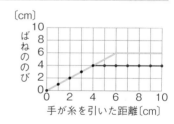

〔cm〕
ばねののび
手が糸を引いた距離〔cm〕

2 (1)ばねばかりが木片を引く力の大きさと，木
　片にはたらく摩擦力の大きさは等しい。
　(2)0.55 J　(3)1.8 倍
　(4)0.033 W

3 (1)右図
　(2)6 m
　(3)D

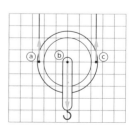

4 (1)60 J　(2)5 W

❶(1)物体が動いていないので仕事は0Jである。

(2)おもりが床から離れたとき，ばねがおもりを引く力の大きさは，おもりにはたらく重力と同じである。おもりの質量は80gだから，重力の大きさは0.8N。ばねののびは，図1より4cmである。

(3)糸を10cm引いたとき，図3よりばねののびは4cmであるから，床からおもりの底面までの距離は，10cm−4cm＝6cm手がおもりにした仕事は，
0.8N×0.06m＝0.048J

(4)図1より，このばねは120gのおもりをつるすと，6cmのびることがわかる。

❷(1)木片は等速直線運動をしているので，木片にはたらく力はつり合っているといえる。したがって，木片を引く力と摩擦力は，向きが反対で大きさが等しい。

(2)一定の速さで動いているとき，ばねばかりは1.1Nを示したことより，木片を引く力の大きさは1.1Nである。0.5m動かしたときの仕事は，1.1N×0.5m＝0.55J

(3)布の上と模造紙の上で，動かした距離は同じであるから，木片を引く力の大きさを比べればよい。1.1N÷0.6N＝1.83…

(4)3cm/sの速さで動かすとき，1秒間に動かした距離は3cm＝0.03mであるから，1秒間にした仕事，つまり仕事率は，1.1N×0.03m/s＝0.033J/s＝0.033W

❸(1)動滑車が静止していることから，滑車にはたらく上向きの2力の合力と，下向きの力（重力）はつり合っている。重力は400Nであるから，bから真下に向けて4目盛りの矢印を引く。また，上向きの力はそれぞれ200Nであるから，a，cそれぞれから，真上に向けて2目盛りの矢印を引く。

(2)Aは動滑車を使っているので，ひもを引く距離は荷物を持ち上げる距離の2倍になる。3m×2＝6m

(3)A…$\dfrac{400\,\text{N}\times3\,\text{m}}{20\,\text{s}}=60\,\text{W}$

B…$\dfrac{200\,\text{N}\times3\,\text{m}}{8\,\text{s}}=75\,\text{W}$

C…$\dfrac{(150+550)\,\text{N}\times3\,\text{m}}{21\,\text{s}}=100\,\text{W}$

D…$\dfrac{(100+500)\,\text{N}\times3\,\text{m}}{15\,\text{s}}=120\,\text{W}$

❹(1)20N×3m＝60J

(2)仕事の原理より，仕事の量は(1)と同じ60Jである。かかった時間は，
6m÷0.5m/s＝12s　仕事率は，$\dfrac{60\,\text{J}}{12\,\text{s}}=5\,\text{W}$

---

p.102　ぴたトレ1

1 ①エネルギー　②エネルギー　③仕事
④ジュール　⑤エネルギー　⑥減る

2 ①高い　②大きい　③位置エネルギー
④大きい　⑤質量　⑥大きい　⑦大きい

1(4)物体をある高さまで持ち上げる仕事をすると，物体のもつエネルギーは増加する。物体がほかの物体に仕事をすると，物体がもつエネルギーは減少する。

2(3)位置エネルギーは，高さの基準（基準面）をどこにとるかによって変わってくる。

---

p.103　ぴたトレ2

◆(1)仕事　(2)エネルギー（位置エネルギー）
(3)ふえる。　(4)エ
◆(1)位置エネルギー　(2)ⓒ　(3)ウ（→）イ（→）ア
(4)ウ　(5)ア，エ

◆(2)ほかの物体に仕事をすることができる能力をエネルギーという。

(3)ハンマーを振り上げると，再びくいを打ちこむ能力をもつので，エネルギーはふえるといえる。

(4)エネルギーの単位はジュール（記号J）である。仕事の量，発熱量，電力量の単位もジュールである。電力の単位はワット（記号W），力の大きさの単位はニュートン（記号N），物質の質量の単位はグラム（記号g）などである。

◆(1)高いところにある物体がもつエネルギーを位置エネルギーという。

(2)小球の高さが高いほど，木片の移動距離は大きく，この2つは比例している。

(3)，(4)小球の質量が大きいほど木片の移動距離は大きく，位置エネルギーも大きい。

(5)位置エネルギーの大きさは，物体の質量と高さによって変わる。質量が大きいほど，また，高さが高いほど位置エネルギーは大きい。

1 ①大きい ②大きい ③運動エネルギー
④大きい ⑤質量 ⑥移動距離 ⑦速さ

2 ①力学的エネルギー ②大きく ③小さく
④一定 ⑤力学的エネルギー保存の法則
⑥位置 ⑦力学的

考え方

1 (4)くいの移動距離を大きくするには，なる
べく重い小球を使って，小球を速く運動
させるとよいことがわかる。

2 (2)，(3)振り子の運動でもジェットコースター
の運動でも，位置エネルギーが減った分
だけ運動エネルギーがふえ，運動エネル
ギーが減った分だけ位置エネルギーがふ
えて，力学的エネルギーは保存される。
しかし，実際の運動では摩擦や空気の抵
抗がはたらくため，力学的エネルギーの
一部は熱や音など別のエネルギーに変わ
り，力学的エネルギーは保存されない。

1 (1)運動エネルギー (2)①⑦ ②⑦ (3)⑦

2 (1)①A，E ②C (2)①C ②A，E

(3)力学的エネルギー

(4)力学的エネルギーはいつも一定に保たれる。

(5)力学的エネルギー保存の法則

考え方

1 (2)運動エネルギーは，物体の質量が大きい
ほど，また，物体の速さが大きいほど大
きい。

(3)図2から，小球の速さが50 cm/sから
100 cm/sになると，木片の移動距離は
約4倍になる。また，図3から，小球の
質量が2倍になると，木片の移動距離は
約2倍になる。

2 (1)おもりの高さが高いほど，位置エネル
ギーは大きい。

(2)おもりの位置エネルギーが減った分，運
動エネルギーがふえるので，位置エネル
ギーが最小のところが運動エネルギーが
最大で，位置エネルギーが最大のところ
が運動エネルギーが最小となる。

(3)～(5)位置エネルギーと運動エネルギーの
和を力学的エネルギーといい，摩擦や空
気の抵抗がなければ，力学的エネルギー
はいつも一定に保たれる。これを力学的
エネルギー保存の法則という。

1 (1)位置エネルギー (2)C，B，A
(3)C，B，A (4)C

2 (1)右図

(2)比例（の関係）

(3)2.5 cm

(4)1.25 m/s

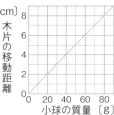

3 (1)⑦

(2)⑦

(3)右図

4 (1)C

(2)力学的エネルギーは
いつも一定に保たれ
るから。

考え方

1 (2)AとBでは，持ち上げる距離が長いBの
ほうが仕事の量が大きく，BとCでは，
質量が大きいCのほうが仕事の量が大き
い。

(3)おもりがされた仕事の量が大きいほど，
くいに当てたときに，くいの移動距離が
大きくなるので，(2)の順と同じである。

(4)落下させる前のおもりがもつ位置エネル
ギーの大小は，(2)，(3)と同じ順になる。

2 (1)，(2)図4のグラフは原点を通る直線にな
るので，木片の移動距離は小球の質量に
比例する。

(3)図2で，質量80 gの小球を高さ4 cmのと
ころから転がしたとき，木片の移動距離
は4 cmである。木片の移動距離は小球の
質量に比例するから，質量50 gのときは，

$4\,\text{cm} \times \dfrac{50\,\text{g}}{80\,\text{g}} = 2.5\,\text{cm}$　あるいは，図4より，

質量50 gの小球を高さ8 cmから転がし
たときの木片の移動距離は5 cmであり，
図2より，木片の移動距離は小球の高さに

比例するから，$5\,\text{cm} \times \dfrac{4\,\text{cm}}{8\,\text{cm}} = 2.5\,\text{cm}$

(4)図2より，質量80 gの小球を高さ3 cm
のところから転がすと，木片の移動距離は
3 cmである。図3より，80 gの小球を転
がして木片の移動距離が3 cmになると
きの小球の速さは，1.25 m/sである。

3 (1)Hは，はじめの位置Aと同じ高さになる。

(2)高さが変化しない区間では，位置エネルギーが変化しないので，運動エネルギーも変化しない。

(3)摩擦や空気の抵抗がないとき，力学的エネルギーは一定であるから，位置エネルギーが大きくなると，その分だけ運動エネルギーが小さくなり，位置エネルギーが小さくなると，その分だけ運動エネルギーが大きくなる。

④(1)，(2)振り子の長さが途中で変わっても，位置エネルギーと運動エネルギーの和である力学的エネルギーは一定なので，はじめの位置Aと同じ高さまで達する。

p.108 ぴたトレ1

① ①ジュール　②電気　③熱　④弾性　⑤力学的　⑥音　⑦光　⑧化学　⑨核　⑩変換効率　⑪LED電球　⑫エネルギー保存

② ①熱伝導　②伝導　③対流　④熱放射　⑤放射　⑥熱伝導(伝導)　⑦熱放射(放射)

考え方

①(1)エネルギーの単位は，仕事と同じ単位ジュールを用いる。

(3)エネルギーを有効に使うには，変換効率の高い器具を選ぶ必要がある。

(4)エネルギーは変換されるとき，目的とするエネルギー以外に，ほとんどの場合熱エネルギーにも変換される。しかし，利用目的以外のエネルギーもふくめると，エネルギーの総量は変化せず，つねに一定に保たれる(エネルギー保存の法則)。

②(2)上昇気流や下降気流が生じて，大気の動きが起こるのは，対流の一例である。

(3)日光に当たった部分があたたかくなるのは，太陽からのエネルギーが宇宙空間を光や赤外線によって運ばれ，それが当たった物体に熱が移動するからである。

p.109 ぴたトレ2

◆ (1)仕事　(2)電気エネルギー　(3)化学エネルギー　(4)①化学　②電気　③音　(5)変換効率

◆ (1)A熱放射(放射)　B対流　C熱伝導(伝導)　(2)①C　②A　③B

考え方

① (1)手が手回し発電機に仕事をすることによって，手回し発電機は運動エネルギーを得ている。

(2)運動エネルギーが電気エネルギーに変換されて，電気分解装置に電流が流れる。

(3)電気分解装置に電流が流れると，水が電気分解されて水素と酸素ができて，化学エネルギーをもつ。

(4)水の電気分解後に電子オルゴールをつなぐと，水の電気分解の逆の反応が起こり，電流が流れる。このような電池を燃料電池という。このときのエネルギーの変換は，化学エネルギー→電気エネルギー→音エネルギーである。

(5)エネルギーを有効に使うためには，変換効率のよい器具を選ぶ必要がある。

② (2)①熱が紅茶からマグカップに伝わっているので，熱伝導である。②太陽からのエネルギーが宇宙空間を光や赤外線によって運ばれ，それが水に当たって水に熱が移動して温度が上がる現象なので，熱放射である。③温度が異なる空気(気体)が流動して熱が運ばれる現象で対流である。

p.110 ぴたトレ1

① ①化石燃料　②電気エネルギー　③水力発電　④火力発電　⑤原子力発電　⑥化石燃料　⑦ダム　⑧二酸化炭素　⑨放射線　⑩化石燃料　⑪太陽

② ①β線　②中性子線　③イオン　④再生　⑤バイオマス

考え方

① (1)化石燃料は，大昔に生きていた動植物の遺骸などの有機物が，数百万年から数億年の長い年月を経て変化したものである。化石燃料や原子力発電に使うウランは，埋蔵量に限りがある。また，化石燃料をそのまま燃やすと，硫黄酸化物や窒素酸化物といった汚染物質，二酸化炭素が発生するという問題点がある。

(2)エネルギー資源の多くが電気エネルギーに変換されるのは，電気エネルギーが送電線を通して簡単に輸送でき，ほかのエネルギーに変換しやすく，利用しやすいためである。

(3)水力発電は，ダムにためた水を落下させて，発電機を回転させる。

(4)火力発電は，化石燃料をボイラーで燃焼させ，水を高温・高圧の水蒸気にして発電機を回転させる。

(5)原子力発電は，ウランなどが核分裂するときのエネルギーを利用して，水を高温・高圧の水蒸気にして発電機を回転させる。

(6)水力や風力，太陽光など，自然現象を利用していて減少することがないものを再生可能エネルギーという。

2 (1)ウランなどの放射性物質が放射線を出す能力を放射能という。放射線は人類が誕生する以前から自然界に存在し，このような放射線を自然放射線という。

(2)放射線の性質は，さまざまに利用されているが，人体に影響を与えるという問題もある。

(3)持続可能な社会をつくるために，エネルギー資源を有効に利用する方法の開発，環境への負荷をできるだけ少なくする再生可能な新しいエネルギー資源の開発が必要である。コージェネレーションシステム，スマートコミュニティなどのとり組みも，全国各地で進められている。

(4)植物を育てるときに大気中から減少する二酸化炭素の量と，燃料として使うときに放出する二酸化炭素の量が等しいので，大気中の二酸化炭素の量は変わらない。このことをカーボンニュートラルという。

p.111 **ぴたトレ2**

❶ (1)火力発電　(2)①化学　②熱　(3)ボイラー

(4)化石燃料　(5)⑦　(6)⑦，⑦，④

❷ (1)α線　(2)⑦　(3)原子力発電

(4)核エネルギー

考え方

❶(1)燃料が石油でボイラーなどがあるので，火力発電を表している。

(2)，(3)ボイラーで化学エネルギーが熱エネルギーに変換され，タービン・発電機で熱エネルギーが電気エネルギーに変換される。

(4)長い時間をかけて動植物の遺骸などからできた燃料を化石燃料という。

(5)化石燃料は埋蔵量に限りのある燃料で，加熱すると二酸化炭素が発生する。

❷(2)放射線は放射性物質から離れるほど弱くなり，放射線の種類に応じた物質の材料や厚さを選ぶことでさえぎることができる。

(3)原子力発電に使われるウランなどの核燃料や発電後の廃棄物からは放射線が出ているので，管理や安全対策は厳重に行われなければならない。

(4)原子力発電は，原子炉で核エネルギーが熱エネルギーに変換され，タービン・発電機で熱エネルギーが電気エネルギーに変換される。

p.112〜113 **ぴたトレ3**

❶ (1)1.2 J　(2)4.0 J　(3)30%

(4)熱エネルギー

❷ (1)⑨　(2)熱放射(放射)　(3)対流

(4)①⑦　②④　(5)再生可能エネルギー

(6)二酸化炭素や汚染物質を排出しない。エネルギーの変換効率が高い。再生可能エネルギーを使用している。など

❸ (1)核エネルギー　(2)放射線　(3)①⑦　②⑨

❹ (1)埋蔵量に限りがあるため，使い続けると枯渇する。汚染物質が大気中に放出され大気汚染が起こる。発生する二酸化炭素が地球温暖化の要因となる。など。

(2)⑨　(3)12000 kJ

考え方

❶(1)1.2 N のおもりを 1 m 引き上げたのだから，モーターがした仕事(おもりが得た位置エネルギー)は，1.2 N×1 m＝1.2 J

(2)2.0 V×0.2 A×10 s＝4.0 J

(3)$\dfrac{1.2 \text{ J}}{4.0 \text{ J}}$×100＝30　よって30%

(4)エネルギーが変換されるときは，目的とするエネルギー以外に熱エネルギーに変換されることが多い。

❷(1)太陽の光エネルギーが，光合成で化学エネルギーに変換される。

(2)高温の物体が光や赤外線などを出し，それが当たった物体に熱が移動し，物体の温度が上昇する現象を熱放射(放射)という。

(3)場所により温度が異なる液体や気体が流動して，熱が運ばれる現象を対流という。

(4)ダムにためた水を落下させて，水車・発電機で位置エネルギーを電気エネルギーに変換している。

❸(1)原子力発電は，核エネルギーを利用して，水を高温・高圧の水蒸気にして発電機を回転させる。

(2)，(3)放射線には α 線，β 線，γ 線，X 線，中性子線などがあり，α 線はヘリウムの原子核の流れ，β 線は電子の流れ，γ 線や X 線は電磁波の一種，中性子線は中性子の流れである。放射線を出す物質を放射性物質といい，放射性物質が放射線を出す能力を放射能という。

❹(1)石油の採掘可能な年数は，あと 50 年ほどと予測されている。

(2)従来の火力発電では利用できない排熱が 61%，コージェネレーションシステムでは 20% である。コージェネレーションシステムでは，排熱を暖房や給湯などに再利用するしくみがあり，利用される熱エネルギーは 50% となっている。

(3)利用される電気エネルギーが 30% で，その電力が 4500 kW であり，システム全体で利用されるエネルギーは，熱エネルギーも加えて，30% + 50% = 80% である。したがって，システム全体で利用されるエネルギーは，$4500 \text{ kW} \times \dfrac{80\%}{30\%} = 12000 \text{ kW}$

1 秒間に利用されるエネルギーは，
$12000 \text{ kW} \times 1 \text{ s} = 12000 \text{ kJ}$

自然と人間

p.114　　　ぴたトレ**1**

1 ①環境　②生態系　③食物連鎖　④食物網
⑤植物　⑥動物

2 ①生産者　②消費者　③生産者
④ピラミッド　⑤一定　⑥人間　⑦長い
⑧生物濃縮　⑨肉食　⑩草食　⑪消費者
⑫植物　⑬生産者

考え方

1 (1)水や大気，光，土，ほかの動物など，生物の生活に影響を与えるものを環境要因という。

(3)食物連鎖は，ふつう矢印で表され，矢印の向きは「食べられるもの」から「食べるもの」に向いている。

(5)水中に浮かんで生活している生物をプランクトンという。

2 (1)，(2)光合成を行い，みずから有機物をつくり出すことができる生物を生産者，ほかの生物から有機物を得る生物を消費者という。

(3)ある生態系での生物の数量的な関係を，生産者をもっとも下の層としてピラミッドの形で表したものを生態ピラミッドという。

(7)植物を食べる動物を草食動物，ほかの動物を食べる動物を肉食動物という。

p.115　　　ぴたトレ**2**

1 (1)B (→) A (→) D (→) C　(2)食物連鎖
(3)食物網

2 (1)生産者　(2)光合成　(3)消費者
(4)A ⑦　B ⑨　C ⑦　D ⑤　(5)A ⑦　C ⑦
(6)①生物濃縮　②食物連鎖

考え方

1 (1)食物連鎖のはじまりは，植物などの生産者である。

(3)1 種類の生物が複数の食物連鎖に関係するため，食物連鎖は網の目のように複雑にからみ合う。これを食物網という。

2 (4)A には生産者，B には草食動物，C には小形の肉食動物，D には大形の肉食動物があてはまる。

(5)B に食べられる A の個体数はふえ，B を食べる C の個体数は減る。

(6)水にとけにくい，脂肪と結びつきやすいなどの性質をもつ一部の物質は，生物体内に蓄積しやすい。

p.116　　　ぴたトレ**1**

1 ①消費者　②分解者　③菌類　④細菌類
⑤呼吸　⑥二酸化炭素

2 ①生産者　②二酸化炭素　③光　④光合成
⑤酸素　⑥消費者　⑦呼吸　⑧二酸化炭素
⑨分解者　⑩呼吸　⑪二酸化炭素　⑫酸素
⑬二酸化炭素

考え方

1 (2)生物の遺骸やふんなどから栄養分を得ている小動物や微生物(菌類・細菌類)を分解者という。

(3)カビやキノコなどの菌類の体は，細胞が糸状に集まった菌糸でできている。乳酸菌や大腸菌などの細菌類は単細胞生物である。

2 (1)光合成では，光のエネルギーを使い，無機物の水と二酸化炭素からデンプンなどの有機物をつくり出し，酸素が出される。

理科　37

(2), (3)呼吸では，酸素を使って有機物を水と二酸化炭素に分解し，生活に必要なエネルギーをとり出す。

p.117 ぴたトレ2

① (1)A　(2)F　(3)菌類　(4)細菌類
(5)生物の遺骸やふんなどの有機物を，水や二酸化炭素などの無機物に分解するはたらき。
(6)分解者　(7)B，C，G
② (1)X 酸素　Y 二酸化炭素　(2)食物連鎖
(3)A ⑦　B ⑦　C ⑦
(4)実線の矢印：無機物　点線の矢印：有機物

考え方
① (1)土の中の食物網のはじまりは，落ち葉や枯れ枝である。
(2)落ち葉や枯れ枝の数量がもっとも多く，落ち葉や枯れ枝を食べる動物，小形の肉食動物，大形の肉食動物の順に数量が少なくなる。
(5)有機物は，最終的に微生物によって分解される。
(7)分解者には，菌類・細菌類だけでなく，落ち葉や枯れ枝を直接食べる小動物もふくまれる。
② (1)すべての生物がとり入れている気体Xは酸素，すべての生物が放出している気体Yは二酸化炭素である。
(3)クローバーは植物，ウサギは草食動物，タカは肉食動物である。

p.118 ぴたトレ1

1 ①天然繊維　②合成繊維　③プラスチック
④通さない　⑤燃える　⑥高分子化合物
⑦にくく　⑧通さない　⑨通さない
⑩浮く　⑪沈む
2 ①蒸気機関　②産業革命　③大気汚染
④水質汚濁　⑤インターネット　⑥AI
⑦VR　⑧リニアモーターカー

考え方
1 (1)ポリエステルやナイロンなどは石油などを原料として人工的につくられたもので，合成繊維とよばれる。
(3)プラスチックには，いっぱんに，腐らずさびないため長持ちする，軽くて柔軟性がある，じょうぶで割れにくいなどの性質もある。

(5)廃棄されたプラスチックが海を漂流し，波や紫外線でくだけて細かくなったものをマイクロプラスチックといい，大きな問題になっている。
2 (1)蒸気機関の改良，実用化を行ったのは，ワットである。産業革命はイギリスからはじまった。
(2)大気汚染によって，酸性雨や光化学スモッグなどが発生する。
(4)AI（人工知能）はArtificial Intelligenceの略である。
(5)VR（仮想現実）はVirtual Realityの略である。

p.119 ぴたトレ2

① (1)石油　(2)⑦，⑦，⑤
(3)ポリエチレン，ポリプロピレン
(4)①PET　②PS　③PP　(5)高分子化合物
(6)ポリエチレンテレフタラート
(7)プラスチックは，菌類・細菌類によって分解されにくいから。
② (1)①天然繊維　②合成繊維　(2)蒸気機関
(3)①排出ガス　②排水　(4)コンピュータ

考え方
① (2)プラスチックは高温でとけてやわらかくなるので，加工しやすい。また，ポリプロピレンやポリエチレンテレフタラートなどは，熱すると炎をあげて燃える。
(3)密度が 1.0 g/cm³ より小さい物質は水に浮き，1.0 g/cm³ より大きい物質は沈む。
(5)デンプンやタンパク質も高分子化合物である。
(6)ペットボトル本体はポリエチレンテレフタラート，ふたはポリプロピレンなどでできている。
(7)「分解」という語句も使うこと。
② (1)綿や絹以外に，羊毛や麻も天然繊維である。
(2)蒸気機関がワットによって改良，実用化されたことで，イギリスの産業全体が急速な発展をとげ，それにともなって社会全体が大きく変化した。この変化を産業革命という。
(3)自動車や工場からの排出ガスには，窒素酸化物や硫黄酸化物がふくまれている。近年，排出ガス浄化装置の性能が向上し，大気汚染が改善されている。

ぴたトレ1

1 ①大陸　②海洋　③海洋　④暖気
　　⑤化石燃料　⑥二酸化炭素　⑦温室効果
　　⑧地球温暖化　⑨オゾン　⑩紫外線
　　⑪硝酸　⑫硫酸　⑬酸性雨　⑭赤潮
　　⑮外来生物　⑯温室効果ガス　⑰温室効果

2 ①循環型社会　②持続可能な社会

考え方

1(1)日本付近には４つのプレートがあり，プレートの境界付近では，地震や火山活動が活発である。
　(4)宇宙へ放射される熱の一部を地表にもどすはたらきを温室効果といい，温室効果のある水蒸気や二酸化炭素，メタンなどの気体を温室効果ガスという。
　(5)オゾン層には，地表に届く紫外線を減らすはたらきがある。
　(6)酸性雨は，金属などを腐食させたり，湖沼に流れこんで水を酸性にし，生態系に大きな影響をおよぼしたりすることがある。
　(7)赤潮やアオコによって，水中の酸素濃度が低下したり，生物のえらをいためたりして，魚などが大量に死ぬことがある。

2(1)循環型社会を築くために，ゼロ・エミッション(生産過程で発生した廃棄物を資源として有効活用することで，廃棄物を出さないようにするとり組み)などが進められている。
　(2)将来，資源が枯渇したりエネルギーが不足したりすることがないような範囲内で，現在の要求を満たすように開発することを「持続可能な開発」という。

ぴたトレ2

1(1)① A 化石燃料が大量に消費されること。
　　　 B 世界的な規模での森林の減少。
　　②温室効果　③地球温暖化
　(2)①酸性雨　②光化学スモッグ
　(3)⑦　(4)絶滅危惧種　(5)外来生物

2(1)ゼロ・エミッション
　(2)①リデュース　②リユース　③リサイクル
　(3)3R
　(4)限られた資源や自然環境を保全しながら，現在の生活を続けることができる社会。

1(1)産業革命以降，人口が急激に増加し，石油や石炭などの化石燃料が大量に消費され，二酸化炭素が多く排出されるようになった。また，開発などによって，森林の樹木がばっ採されたり燃やされたりするようになり，世界的に森林が減少している。
　(2)雨にはもともと大気中の二酸化炭素などがとけているので，雨はやや酸性を示す。
　(3)⑦硫黄酸化物をふくむ排煙は大気を汚染して，ぜんそくなどの被害を生み出す。
　　⑦冷蔵庫などに使われていたフロン類は，上空のオゾン層のオゾンの量を減少させる。

2(1)エミッションとは，「排出，放出」という意味である。
　(3)リデュース(Reduce)，リユース(Reuse)，リサイクル(Recycle)の頭文字をとって3Rという。
　(4)「資源や自然環境を保全しつつ，現在の生活を続ける」ということが書かれていればよい。

ぴたトレ3

1(1)食べる生物の数量より食べられる生物の数量のほうが多い。
　(2)植物　(3)⑦
　(4)右図

2(1)土の中の微生物を殺すため。
　(2)A ⑦　B ⑦
　(3)デンプンを別の物質に変える。

3(1)銅　(2)ポリプロピレン，木
　(3)電気を通さない。

4(1)食物連鎖　(2)生物濃縮　(3)⑦
　(4)①低下　②アオコ

5(1)インターネット　(2)AI　(3)VR

6(1)①⑦　②⑦　③⑦
　(2)①循環型社会　②持続可能な社会

考え方

1(1)ピラミッドの形で表されるので，生産者である植物の数量がもっとも多く，植物を食べる草食動物，動物を食べる肉食動物の順にその数量が少なくなる。
　(2)生産者は生態ピラミッドでは，もっとも下の層になる。

(3)海では植物プランクトン，土の中では落ち葉などをもっとも下の層とする，生態ピラミッドができる。

(4)Bはつり合った状態よりも植物の数量が多いので，Cでは草食動物の数量が増加する。その後，植物の数量は減少し，肉食動物の数量は増加して，つり合った状態にもどる。

❷(1)対照実験として，生きている微生物がいないものを準備する必要がある。

(2)寒天培地Aでは，微生物のはたらきで円形ろ紙の周囲の培地にふくまれるデンプンが分解される。

(3)「水と二酸化炭素に分解された」ことはこの実験からはわからないので，書かない。

❸(1)プラスチックはふつう電気を通さない。

(3)ポリプロピレンは水に浮くが，ポリエチレンテレフタラートは沈むので，「水に浮く」はプラスチックに共通の性質ではない。

❹(2)生物濃縮が起こるのは，水にとけにくい，脂肪と結びつきやすいなどの性質をもつ物質である。

(3)PCBが体内に蓄積した生物を食べると，その生物にふくまれていたPCBもとり入れて蓄積されるので，食物連鎖の上位にある生物ほど多くのPCBが体内に蓄積されることになる。

❺(1)コンピュータ技術の発展によるインターネットの普及や情報処理技術の進歩により，世界中の情報を瞬時に入手できる。

(2)AI（人工知能）を搭載したロボットがさまざまな分野で活躍している。

(3)VR（仮想現実）は，電車の運転士の訓練装置などに応用されている。

❻(1)ガラスびんなどを再使用する活動がリユース，ごみの発生を抑制する活動がリデュースである。

p.126～127　　　　　　予想問題 **1**

❶ (1)無性生殖　(2)栄養生殖
(3)①有性生殖　②生殖細胞　③受精卵

❷ (1)A花粉管　B精細胞　C卵細胞
(2)受粉　(3)発生　(4)①胚　②種子　(5)⑦

❸ (1)Y　(2)成長点
(3)(細胞壁どうしを結びつけている物質をとかし，)細胞を1つ1つ離れやすくするため。
(4)染色体
(5)A，E，D，C，F，B
(6)体細胞分裂

❹ (1)減数分裂
(2)①精細胞
　　②卵細胞
(3)右図
(4)⑦

種子　　　　　いも

(5)減数分裂で半分になった卵細胞と精細胞の受精によって，親と同じ数の染色体をもつようになるから。

考え方

❶(1)アメーバなどの単細胞生物の無性生殖を分裂という。
(2)植物の栄養生殖には，いもやむかご，ほふく茎，接ぎ木などがある。
(3)有性生殖では卵（卵細胞）や精子（精細胞）などの生殖細胞がつくられる。

❷(1),(2)花粉がめしべの柱頭につく（受粉）と，花粉は胚珠に向かって花粉管Aをのばし，その中を精細胞Bが移動する。花粉管が胚珠に達すると，精細胞の核と卵細胞Cの核が合体する（受精）。
(5)柱頭と同じような状態をつくるためにスライドガラスに砂糖水を落とす。

❸(1),(2)植物の細胞分裂は，根や茎の先端近くにある成長点でさかんに行われる。
(3)細胞が1つ1つ離れていたほうが顕微鏡で観察しやすい。
(4)染色体は，細胞分裂のときにしか見られない。
(5)細胞分裂は，次のような順に行われる。
❶核の形が消え，染色体が現れる（E）。
❷染色体が中央部分に集まる（D）。
❸染色体が細胞の両端に移動する（C）。
❹中央部分に仕切りができて，細胞質が2つに分かれる（F）。
❺染色体が見えなくなり，核の形が現れる（B）。
(6)体をつくっている細胞を体細胞という。

❹(1)減数分裂では，染色体の数がもとの細胞の半分になる。

(3)種子は有性生殖によってできたものなので、A、Bの染色体を半分ずつもつ。いもは無性生殖によってできたものなので、Bと同じ染色体をもつ。

(4)同じ親(ジャガイモB)からできたいもは、すべて親Bと同じ染色体をもち、体細胞分裂によってつくられた個体の細胞も親Bと同じ染色体をもつ。

(5)「減数分裂で半分になる」「受精でもとにもどる」の両方にふれること。

出題傾向

被子植物の受精の過程や細胞分裂のようすに関する出題が多い。有性生殖と無性生殖での染色体のようすとあわせて理解しておこう。

p.128~129　予想問題 2

① (1)対立形質
(2)赤
(3)分離の法則
(4)Aa
(5)AA, Aa, aa
(6)㋔
(7)①右図　②㋒

② (1)①背骨　②えら　③肺　(2)D卵生　E胎生
(3)ⓐ4　ⓑ3　ⓒ2　ⓓ3　ⓔ2　ⓕ3
(4)両生類、は虫類、鳥類、哺乳類　(5)進化
(6)魚類、両生類、は虫類、哺乳類、鳥類
(7)水中から陸上へと広がった。

考え方

① (2)対立形質をもつ純系どうしをかけ合わせたとき、子に現れる形質を顕性形質、子に現れない形質を潜性形質という。この場合、赤い花が顕性形質、白い花が潜性形質になる。

(4)赤い花を咲かせる純系のマツバボタンの遺伝子の組み合わせはAA、つくられる生殖細胞の遺伝子はAになる。白い花を咲かせる純系の遺伝子の組み合わせはaa、つくられる生殖細胞の遺伝子はa。よって、種子(子)の遺伝子の組み合わせは次のようになり、子の遺伝子の組み合わせはすべてAaとなる。

	A	A
a	Aa(赤)	Aa(赤)
a	Aa(赤)	Aa(赤)

(5),(6)子(遺伝子の組み合わせAa)の生殖細胞には遺伝子Aをもつものと遺伝子aをもつものがある。よって、種子(孫)の遺伝子の組み合わせは次のようになる。

	A	a
A	AA(赤)	Aa(赤)
a	Aa(赤)	aa(白)

よって、AA：Aa：aa＝1：2：1より、赤：白＝3：1

(7)白い花を咲かせる株(遺伝子の組み合わせはaa)の個体の生殖細胞はすべて遺伝子aをもつ。よって遺伝子の組み合わせがAaの個体とかけ合わせてできる子の遺伝子の組み合わせは次のようになる。

	A	a
a	Aa(赤)	aa(白)
a	Aa(赤)	aa(白)

よって、Aa：aa＝1：1より、赤：白＝1：1となり、赤い花を咲かせる株は全体の50％になる。

② (1)背骨をもっている動物を脊椎動物という。魚類や両生類(子)はえらで呼吸し、両生類(親)は肺と皮膚で呼吸し、は虫類、鳥類、哺乳類は一生肺で呼吸する。

(4)共通する特徴が多いほど、なかまとして近い関係にある。

(6)地球上に最初に現れた脊椎動物は魚類で、魚類の中から両生類が進化した。やがて、両生類の一部からはは虫類や哺乳類が進化し、さらに羽毛恐竜のようなは虫類の中から鳥類が現れた。

(7)魚類は水中で生活しているが、両生類は水辺で生活している。は虫類や鳥類、哺乳類は乾燥にたえられるしくみをもち、陸上で生活する。

出題傾向

子や孫の遺伝子の組み合わせなどを問う出題がよく見られる。遺伝子の記号を使って、遺伝子の伝わり方を考えられるようにしておこう。
進化の証拠に関する出題もよく見られる。

p.130~131　予想問題 3

① (1)㋑, ㋒　(2)太陽が自転しているから。
(3)太陽が球形をしているから。
(4)C, A, B, D

② (1)D (2)①北極星 ②ウ (3)ⓓ
(4)(星の)日周運動
(5)①自転 ②地軸 ③反時計
③ (1)図1
(2)①黄道
②ⓐB ⓑA
(3)右図
(4)ふたご座

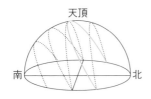

天頂

南　　　　北

考え方

①(2)「自転」という語句を必ず使うこと。
(3)中央部で円形に見える黒点が，周辺部に移動するのにつれてしだいに縦長(たてなが)になっていくことから，太陽が球形をしていることがわかる。
(4)コロナの温度Aは100万℃以上，太陽の表面の温度Bは約6000℃，中心部の温度Cは約1600万℃，黒点の温度Dは4000℃以上である。
②(1)北の空の星は，1時間に約15°，反時計回りに回転しているように見える。
(2)北極星は，天の北極(北極側の地軸(ちじく)を延長(えんちょう)したときに天球と交わるところ)の近くにあるので，北極点で観測すると天頂(てんちょう)にあるように見える。
(3)東の空に見えた星は時間とともに南の空に移動し，やがて西の地平線に沈(しず)む。
(4)，(5)地球の自転による見かけの動きを日周運動という。
③(1)同じ時刻に見える星座(せいざ)の位置は，1か月に約30°西に移動する。
(2)太陽，地球，いて座と並(なら)んだとき，いて座は真夜中に南中する。同じ位置に星座が見える時刻は1か月に2時間早くなる。図1では午後8時に南中しているので，4時間遅い真夜中に南中するのは，2か月前の7月12日ごろになる。いて座の位置はBになる。

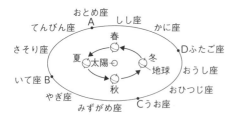

おとめ座
てんびん座　　A　　しし座
　　　　　　春　　　　かに座
さそり座　　　　　　　　Dふたご座
　　　夏　太陽　　冬　地球
いて座B　　　　　　　　おうし座
　　　　　　秋
やぎ座　　　　　　おひつじ座
　みずがめ座　Cうお座

おとめ座の方向に太陽が見えるのは，いて座の方向に太陽が見えるときの3か月前である。

---

(3)いて座が真夜中に南中するのは夏である。夏には，日の出，日の入りの位置が真東，真西よりも北側になり，南中高度も高い。
(4)太陽がいて座の方向にあるとき，地球をはさんでいて座と反対の位置Dにあるふたご座が真夜中に南中する。

出題傾向

黒点や太陽の通り道の観察，太陽や星の日周運動や年周運動に関する出題が多い。
黒点の観察結果からわかることを理解し，星が1時間に約15°，1か月に約30°動くことを覚えておこう。

p.132～133　予想問題4

① (1)C (2)東 (3)ア (4)イ (5)エ
② (1)①ア ②右図
③西
(2)ⓖ
(3)エ

(4)(地球から太陽までの距離が地球から月までの距離の約400倍なので，)地球から見ると，太陽と月はほぼ同じ大きさに見えるから。
(5)月が地球の影に入る現象。
③ (1)地球型惑星 (2)日の入り後 (3)よいの明星
(4)地球よりも太陽の近くを公転しているから。
(5)イ (6)B
(7)地球と金星の公転周期がちがうため。

考え方

①(1)東から出て南中した月は，西の地平線に沈(しず)む。
(2)月の出の時刻(じこく)は，1日に約50分遅(おそ)くなり，同じ時刻に見える月の位置は，1日に約12°西から東へ移動する。
(3)，(5)月の形は，新月→三日月→上弦(じょうげん)の月→満月→下弦(かげん)の月→新月と変化する。満月から次の満月まで約29.5日かかる。
②(1)月がⓔの位置にあるとき，月は日の出のころに南中し，地球から見ると左側が太陽の光を反射(はんしゃ)してかがやいて見えるので，下弦の月になる。
(2)，(3)日食は，太陽が月にかくされる現象で，地球－月－太陽と一直線上(なら)に並ぶ。このときの月は新月になる。

(5)月－地球－太陽と一直線上に並んだとき
に月食が起こる。このときの月は満月に
なる。

❸(1)地球型惑星は，岩石の表面をもち，中心
部は金属でできているので，密度が大き
い。地球型惑星には，水星，金星，地球，
火星がある。

(2)，(3)日の出前の東の空で見られる金星を
明けの明星，日の入り後の西の空で見ら
れる金星をよいの明星という。

(4)地球よりも太陽に近い軌道を公転する水
星と金星は，地球から見て太陽と反対の
方向に位置することがないので，真夜中
には見られない。

(5)金星は，地球に近づくほど，細長くて大
きく見える。

(6)図2で，金星は右側がかがやいているの
で，金星はA，Bの位置にあることがわ
かる。3月15日の金星は大きく，細長
いので，Bの位置と考えられる。

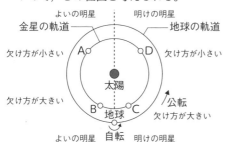

(7)太陽のまわりを地球は1年で1回公転し
ているが，金星は約0.62年で1回公転
している。

出題傾向

月の満ち欠けや日食，月食，金星の見え方の出
題が多い。
太陽，月，地球の位置関係から，満ち欠けのよ
うすや月の出や月の入りの時刻を理解しておこ
う。また，太陽，金星，地球の位置関係と，金
星の見える方位や時刻，形や大きさの変化など
の関係をつかんでおこう。

p.134〜135　　　予想問題 ⑤

❶(1)流れない。　(2)⑦，⑦，⑤　(3)流れない。
(4)イオン

❷(1)塩化水素　(2)2HCl ⟶ H₂ + Cl₂

(3)①陽極　②陽極から発生した塩素は水にと
けやすい気体だから。

❸(1)⑦，⑤　(2)⑦，⑦　(3)⑤
(4)⑦Na^+　⑦Mg^{2+}　⑦Cu^{2+}　⑤SO_4^{2-}
⑦OH^-　⑦Cl^-

❹(1)⑦　(2)無色から青色　(3)電子　(4)銅
(5)①⑦　②⑦

考え方

❶(2)電流が流れるのは，電解質がとけた水溶
液である。水酸化ナトリウム，塩化水素，
塩化ナトリウムは電解質である。砂糖や
エタノールは，水にとけても水溶液に電
流が流れない非電解質である。

(3)塩化ナトリウムは電解質であるが，結晶
(固体)のままでは電流が流れない。

(4)電解質に電流が流れるのは，水溶液中で
陽イオンと陰イオンに電離しているから
である。非電解質では，水溶液中に分子
のままとけていて，陽イオンと陰イオン
に電離していないため，電流が流れない。

❷(2)塩酸 HCl を電気分解すると，水素 H₂ と
塩素 Cl₂ が発生する。

(3)陰極からは水素が，陽極からは塩素が発
生する。水素はほとんど水にとけないが，
塩素は水にとけやすいため，発生しても
再び水溶液にとけてしまい，装置にたま
る体積は少なくなる。

❸(1)原子は，＋の電気をもつ原子核と－の電
気をもつ電子からできている。原子核は
＋の電気をもつ陽子と電気をもたない中
性子からできている。よって，⑦は誤り。
陽子と電子の数は元素によって決まって
いて，ふつうの状態では陽子の数と電子
の数は等しい。よって⑤は誤り。

(2)〜(4)⑦ナトリウムイオンは，原子が電子
を1個失って＋の電気を帯びた1価の陽
イオン。⑦マグネシウムイオンは，原子
が電子を2個失って＋の電気を帯びた2
価の陽イオン。⑦銅イオンは，原子が電
子を2個失って＋の電気を帯びた2価の
陽イオン。⑤硫酸イオンは複数の原子か
らできていて，電子を2個受けとって－
の電気を帯びた2価の陰イオン。⑦水酸
化物イオンは複数の原子からできていて，
電子を1個受けとって－の電気を帯びた
1価の陰イオン。⑦塩化物イオンは，原
子が電子を1個受けとって－の電気を帯
びた1価の陰イオン。

❹(1), (2)硝酸銀水溶液に銅線を入れると，銅線のまわりに銀色の結晶が現れ，樹木のように成長していくのが見られる（銀樹）。また水溶液は無色透明から青色に変わる。この青色は，銅イオンをふくむ水溶液に特有の色である。

(3)銅線のまわりに現れる銀色の結晶は，水溶液中の銀イオン Ag^+ が電子を1個受けとって銀原子 Ag となったものである。また，水溶液が青くなったことから，銅原子 Cu は電子を2個失って銅イオン Cu^{2+} となり，水溶液中にとけていると考えられる。したがって，金属の間で失ったり受けとったりしたものは電子 e^- である。

(4)この実験では，銀がイオンから原子になり，銅が原子からイオンになっているので，銀より銅のほうがイオンになりやすいといえる。硝酸銅水溶液に銀線を入れても変化が起こらないのも，銀より銅のほうがイオンになりやすいからである。

(5)下図はダニエル電池をモデル図で表したものである。

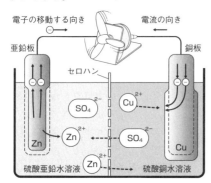

電子の移動する向き　電流の向き
亜鉛板　　　　　　　　　　銅板
セロハン
硫酸亜鉛水溶液　硫酸銅水溶液

より陽イオンになりやすい亜鉛原子 Zn が，電子を失って亜鉛イオン Zn^{2+} となり，水溶液中にとけ出す。亜鉛板に残った電子は導線を通って銅板へ移動し，銅板の表面で水溶液中の銅イオン Cu^{2+} が電子を受けとり，銅原子 Cu となって析出する。したがって，電子は亜鉛板→銅板の向きに移動している。このとき，亜鉛板は－極，銅板は＋極である。電流は＋極から－極の向きに流れると決まっているので，電流の向きは銅板→亜鉛板の向きである。

塩化銅水溶液や塩酸の電気分解の問題はよく出題される。陽極，陰極それぞれにおける変化をしっかり理解しておこう。

原子の構造は，用語とともに整理しておき，イオンのでき方，よび方，化学式での表し方もおさえておこう。

金属のイオンへのなりやすさについては，実験の結果とともに覚えておく。ダニエル電池のしくみは重要なので，自分でモデル図をかいて確実に理解しておこう。

p.136～137　　予想問題 6

❶ (1)指示薬　(2)食酢
(3)①水素イオン　②H^+　(4)⑦
(5)①食酢　②水　③セッケン水
④セッケン水　⑤食酢

❷ (1)⑦　(2)$2H_2 + O_2 \longrightarrow 2H_2O$
(3)⑦　(4)⑦，⑦
(5)水溶液中にイオンは存在するが，その数は（マグネシウムリボンを入れる前より）減っている。

❸ (1)OH^-　(2)ⓒ　(3)中和

❹ (1)塩
(2)A～Dになるにしたがって気体の発生が弱まり，E～Gでは発生しない。

考え方

❶(1)指示薬には，ほかにフェノールフタレイン溶液などがある。
(2)pH試験紙は，酸性で黄色～赤色，中性で緑色，アルカリ性で青色になる。黄色～赤色になるのは酸性の水溶液であるから，食酢である。
(3)水溶液が酸性の性質を示すのは，水素イオン H^+ のはたらきによる。また，アルカリ性の性質を示すのは，水酸化物イオン OH^- のはたらきによる。
(4)水溶液の pH の値は，7のとき中性で，7より小さいほど酸性が強く，7より大きいほどアルカリ性が強い。食酢の pH の値はおよそ3である。塩酸などの強い酸では pH はおよそ1である。

(5)食酢は酸性，水は中性，セッケン水はアルカリ性である。①青色リトマス紙を赤色に変えるのは酸性の水溶液である。②青色リトマス紙も赤色リトマス紙もどちらの色も変えないのは中性の水溶液である。③フェノールフタレイン溶液の色を赤く変えるのはアルカリ性の水溶液である。④緑色のBTB溶液を青色に変えるのはアルカリ性の水溶液である。⑤BTB溶液を黄色に変えるのは酸性の水溶液である。

❷(1)うすい塩酸は酸性であるから，BTB溶液を加えると黄色になる。

(2)発生した気体は水素である。水素が燃える化学変化は，水素が酸素と結びついて水になる燃焼反応である。

(3)，(4)マグネシウム，亜鉛，鉄，アルミニウムなどの金属を，うすい塩酸，うすい硫酸，うすい酢酸などの酸性の水溶液に入れると，水素が発生する。

(5)この実験の化学変化を化学反応式で表すと，$Mg + 2HCl \longrightarrow MgCl_2 + H_2$
マグネシウムリボンを入れる前は，水溶液中には，水素イオンH^+と塩化物イオンCl^-が存在している。反応により，水素イオンH^+2個が水素分子$H_2$1個に変化し，マグネシウム原子Mg1個がマグネシウムイオンMg^{2+}1個に変化し，塩化物イオンCl^-の数は変化しない。したがって，イオンの数に注目すると，反応前にあった水素イオン2個が，反応後にはマグネシウムイオン1個におきかわっていることになるから，全体としてはイオンの数は減っている。

❸(1)BTB溶液は酸性で黄色，中性で緑色，アルカリ性で青色になる。アルカリ性の性質を示すのは水酸化物イオンOH^-のはたらきである。

(2)，(3)うすい塩酸にうすい水酸化ナトリウム水溶液を少しずつ加えていくと，中和が起こり，水と塩(塩化ナトリウム)ができる。BTB溶液を入れた水溶液が緑色になるのは中性のときで，このとき水溶液中には水素イオンH^+も水酸化物イオンOH^-も残っていない。また，このとき水溶液は塩化ナトリウム水溶液となっている。

❹(1)中和では，酸の水素イオンとアルカリの水酸化物イオンで水ができ，酸の陰イオンとアルカリの陽イオンで塩ができる。
酸＋アルカリ $\longrightarrow$ 塩＋水

(2)この実験で起こっている反応を化学反応式で表すと，
$H_2SO_4 + Ba(OH)_2 \longrightarrow BaSO_4 + 2H_2O$
表を見ると，A～Dになるにしたがって，硫酸バリウム$BaSO_4$の乾燥後の質量はふえているが，E～Gでは乾燥後の質量がすべて同じである。これより，A～Dになるにしたがって，硫酸の量は減っていき，E～Gでは硫酸はすべて反応して残っていないと考えられる。マグネシウムリボンを加えると，硫酸と反応して水素が発生するので，残っている硫酸の量により，気体の発生のようすが変わってくる。したがって，A～Dになるにしたがって，気体の発生が弱まっていき，E～Gでは気体は発生しないと考えられる。

出題傾向

酸性・アルカリ性の性質と，指示薬の色の変化は必ず覚えておこう。また，酸，アルカリの性質を示すもとになる水素イオン，水酸化物イオンについてもしっかりおさえておく。
酸とアルカリを混ぜたときの中和についてはよく出題される。中和で水と塩ができること，酸にアルカリを加えていったときのようす，アルカリに酸を加えていったときのようすを，イオンのようすを示すモデル図をかいて整理し，しっかりと理解しておこう。

p.138～139　　　予想問題 **7**

❶ (1)浮力　(2)0.4 N　(3)1.6 N

❷ (1)右図　(2)5 N　(3)イ
(4)① 4 N　② 2 N

❸ (1)イ　(2)慣性

❹ (1)⑦　(2)⑦　(3)0.5 秒
(4)等速直線運動
(5)1.2 m/s
(6)斜面の傾きを大きくする。

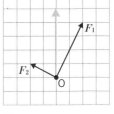

❶(1)水中の物体には，重力のほかに，重力と反対向きの力がはたらいている。これを浮力（ふりょく）という。

(2)浮力の大きさは，2.0 N－1.6 N＝0.4 N

(3)浮力の大きさは，水面からの深さとは関係しない。したがって，ばねばかりの示す値は，図2のときと同じ1.6 Nとなる。

❷(1)2力 F_1，F_2 を2辺とする平行四辺形（この場合は長方形）をかき，その対角線上に，点Oから上向きの矢印をかく。

(2)作図した合力の矢印の長さは，方眼の目盛り5つ分である。1目盛りが1Nだから，5Nである。

(3)F_1，F_2 の合力は，重力とつり合う力であるから，重力の大きさも5Nである。質量100 gの物体にはたらく重力の大きさは約1Nであるから，5Nの重力がはたらく物体の質量は，約500 g（0.5 kg）である。

❸(1)作用・反作用の法則により，Bがひもを引くと同時に，同じ大きさの力でBはひもに引き返される。したがって，Bがひもを引くことによりAは右に動き，Bはひもに引き返されることによって左に動く。

(2)Bがひもから手をはなすと，Bには力がはたらいていない（はたらいている重力と垂直抗力（すいちょくこうりょく）はつり合っている）状態になるので，そのまま動き続ける。このように，物体に力がはたらいていないか，はたらいていてもつり合っている場合は，静止している物体は静止し続け，運動している物体は等速直線運動を続ける。これを慣性の法則といい，物体がもつこのような性質を慣性という。この問題では摩擦（まさつ）や空気の抵抗（ていこう）を考えないが，実際には，摩擦や空気の抵抗があるので，しだいに速さが小さくなって最後には止まってしまう。

❹(1)台車にはたらく斜面（しゃめん）に平行で下向きの力は，物体にはたらく重力の斜面に平行な分力である。したがって，斜面の角度が変わらなければ，台車が斜面のどこにあっても，この力の大きさは変化しない。

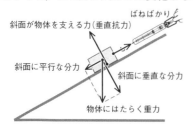

斜面が物体を支える力（垂直抗力）
ばねばかり
斜面に平行な分力
斜面に垂直な分力
物体にはたらく重力

(2)斜面上の台車には，運動の向きに一定の大きさの力がはたらき続けているので，台車の速さは一定の割合（わりあい）で大きくなっていく。

(3)テープの各区間は0.1秒である。

(4)FG間とGH間の長さが同じであることから，FH間の台車の速さは一定であるといえる。したがって，台車はこの間，等速直線運動を行っている。

(5)0.1秒間に12.0 cm移動しているから，

台車の速さは，$\dfrac{0.12\ \text{m}}{0.1\ \text{s}} = 1.2\ \text{m/s}$

(6)時間を短くするには，台車の速さを速くする。同じ物体では，運動の向きにはたらく力が大きいほど，速さが変化する割合は大きくなる。水平面では等速直線運動をしているので，斜面での台車にはたらく力を大きくすればよい。台車にはたらく斜面に平行な重力の分力を大きくするには，斜面の傾き（かたむ）を大きくすればよい。

出題傾向

> 水中の物体にはたらく浮力の大きさ，力の合成・分解に関する力の矢印の作図などがよく問われる。力の平行四辺形の法則を使って作図する方法をおさえておこう。物体の運動については，物体に力がはたらいている場合とはたらいていない場合，それぞれについて整理し，物体にはたらく力と運動の変化の関係を，記録タイマーを使った実験をもとにつかんでおく。記録テープの結果から，物体の運動を読みとれるようにしておくことも必要である。

p.140～141 　　　　予想問題 **8**

❶ (1)120 J　(2)ⓔ
(3)道具を使っても使わなくても仕事の量は変わらない。
(4)D　(5)①C　②40 W

❷ (1)ⓒ　(2)力学的エネルギー保存の法則　(3)ⓐ

❸ (1)ⓐ　(2)C電気　D光
(3)一部は熱エネルギーに変換されて失われるから。
(4)ⓒ

❶ (1)荷物の質量は 6 kg だから，荷物にはたらく重力の大きさは 60 N，移動距離は 2 m だから，仕事の量は，60 N×2 m＝120 J

(2)，(3)仕事の原理によると，道具を使っても使わなくても仕事の量は変わらない。したがって，A〜Dのいずれも，同じ荷物を 2 m の高さまで持ち上げる仕事なので，仕事の量は変わらない。Bは動滑車を使っているので，Aと比べて力の大きさは半分ですむが，ひもを引く距離は 2 倍になる。Cは斜面を使っているので，力の大きさは小さくなるが，ひもを引く距離は長くなる。Dは斜面と動滑車を使っているので，力の大きさはCの半分になるが，ひもを引く距離はCの 2 倍になる。このように，仕事の量はA〜Dのいずれも同じである。

(4)ひもを引く力がもっとも小さいのは，斜面と動滑車を使っているDである。

(5)仕事の量はどれも同じなので，仕事率がもっとも大きいのは，かかった時間がもっとも短いCである。$\dfrac{120\ \text{J}}{3\ \text{s}} = 40\ \text{W}$

❷ (1)ab 間は水平面で高さが変わらないので，位置エネルギーが一定となる。bc 間は上りの斜面なので，位置エネルギーが大きくなっていき，その分運動エネルギーが小さくなる。

(2)摩擦や空気の抵抗がなければ，位置エネルギーと運動エネルギーの和はつねに一定に保たれる。これを力学的エネルギー保存の法則という。

(3)力学的エネルギー保存の法則が成り立っているので，振り子と同じように，はじめの点Sと同じ高さまで動く。

❸ (1)CエネルギーをAエネルギーに変換する装置が，電気分解装置であるから，Cには電気が，Aには化学があてはまる。乾電池は化学エネルギー→電気エネルギー，蛍光灯は電気エネルギー→光エネルギー，アイロンは電気エネルギー→熱エネルギー，ろうそくは化学エネルギー→光エネルギーである。

(2)発電機は，電磁誘導を利用して運動エネルギーを電気エネルギーに変換している。また，豆電球は，電気エネルギーを光エネルギーに変換して利用している。

(3)電熱線に大きな電流を流すと，電熱線が高温になり，明るくかがやくようになる。豆電球や白熱電球はこの原理を応用したものである。そのため，原理的に熱エネルギーへの損失分が多い照明器具である。

(4)火力発電は，化石燃料をボイラーで燃焼させ，水を高温・高圧の水蒸気にして発電機を回転させる方法であり，図3の実験と同様に，化学エネルギーを熱エネルギーに変換し，それを電気エネルギーに変換している。原子力発電では，核エネルギーを熱エネルギーに変換する。

出題傾向

仕事の量や仕事率の計算問題は，よく出題される。公式を覚えるとともに，仕事の原理についてもよく理解しておこう。位置エネルギー，運動エネルギーについても力学的エネルギー保存の法則とともにおさえておく。エネルギーの種類やその変換については，おもな発電方法とともに整理しておく。熱の 3 つの伝わり方も，身のまわりの例とともに覚えておこう。

p.142〜143 　　　　予想問題 **9**

❶ (1)①(太陽の)光のエネルギー　②生産者
(2)D，C，B，A　(3)呼吸　(4)エ

❷ (1)石油　(2)B　(3)A，B，C
(4)プラスチックは微生物には分解されにくく，生物体内に蓄積し，食物連鎖を通して上位の生物にまで広がっていくから。

❸ (1)石油，石炭，天然ガス
(2)①開発などによって，森林がばっ採されたり，燃やされたりしているから。
②温室効果　③地球温暖化
(3)酸性雨

❹ (1)①資源　②自然環境　(2)循環型社会
(3)ゼロ・エミッション

❶ (1)①植物は，光のエネルギーを利用して，無機物の二酸化炭素と水からデンプンなどの有機物をつくり出す。

(2)生産者である植物の数量がもっとも多く，草食動物(D)，小形の肉食動物(C)，中形の肉食動物(B)，大形の肉食動物(A)の順に数量が少なくなる。

(3)動物がとり入れた有機物は，体をつくる
材料となるほか，生活に必要なエネル
ギーをとり出すための呼吸（こきゅう）に使われ，二
酸化炭素と水に分解される。

(4)人間の活動や自然災害などによって，生
物の数量的なつり合いが大きくくずれて
しまうと，もとの状態にもどらなくなる
ことがある。

❷(2)ペットボトル本体はポリエチレンテレフ
タラート，ふたはポリプロピレンなどで
できている。

(3)密度（みつど）が水(1.0g/cm³)より小さいものは
水に浮（う）き，大きいものは水に沈（しず）む。

(4)「微生物（びせいぶつ）に分解されにくい」「食物連鎖（れんさ）を
通じて広がる」の２点についてふれるこ
と。

❸(2)①開発による熱帯林のばっ採や焼き畑農
業などによって，熱帯地方の森林が減
少している。

②温室効果をもつ水蒸気（すいじょうき）や二酸化炭素，
などの気体を温室効果ガスという。

(3)酸性雨によって，野外の金属が腐食（ふしょく）され
たり，湖沼（こしょう）の水を酸性にして生態系（せいたいけい）に大
きな影響（えいきょう）をおよぼしたりする。

❹(1)将来（しょうらい）の世代の欲求を満たしつつ，現在
の世代の欲求も満足させるような開発を
持続可能（じぞくかのう）な開発という。2015年，国連
サミットで，「持続可能な開発のための
2030アジェンダ」が採択され，17の持続
可能な開発目標(SDGs)がかかげられた。

(2)持続可能な社会をつくるためには，循環（じゅんかん）
型（がた）社会のほかに，低炭素社会(温室効果
ガスの発生量を自然が吸収（きゅうしゅう）できる範囲（はんい）内
にとどめる社会)や自然共生社会(人間が
ほかの生物と共生し，自然の恵（めぐ）みを受け
続けられる社会)なども必要である。

出題傾向

生態（せいたい）ピラミッド，分解者のはたらき，物質の循
環の出題が多い。生態ピラミッドの変化や物質
の循環について，図を用いて理解しておこう。
また，環境問題や科学技術の発展など，ふだん
からニュースや新聞を見て，科学的な視点から
考えられるようにしておこう。